地球博物大百科

紫水晶和方解石晶洞

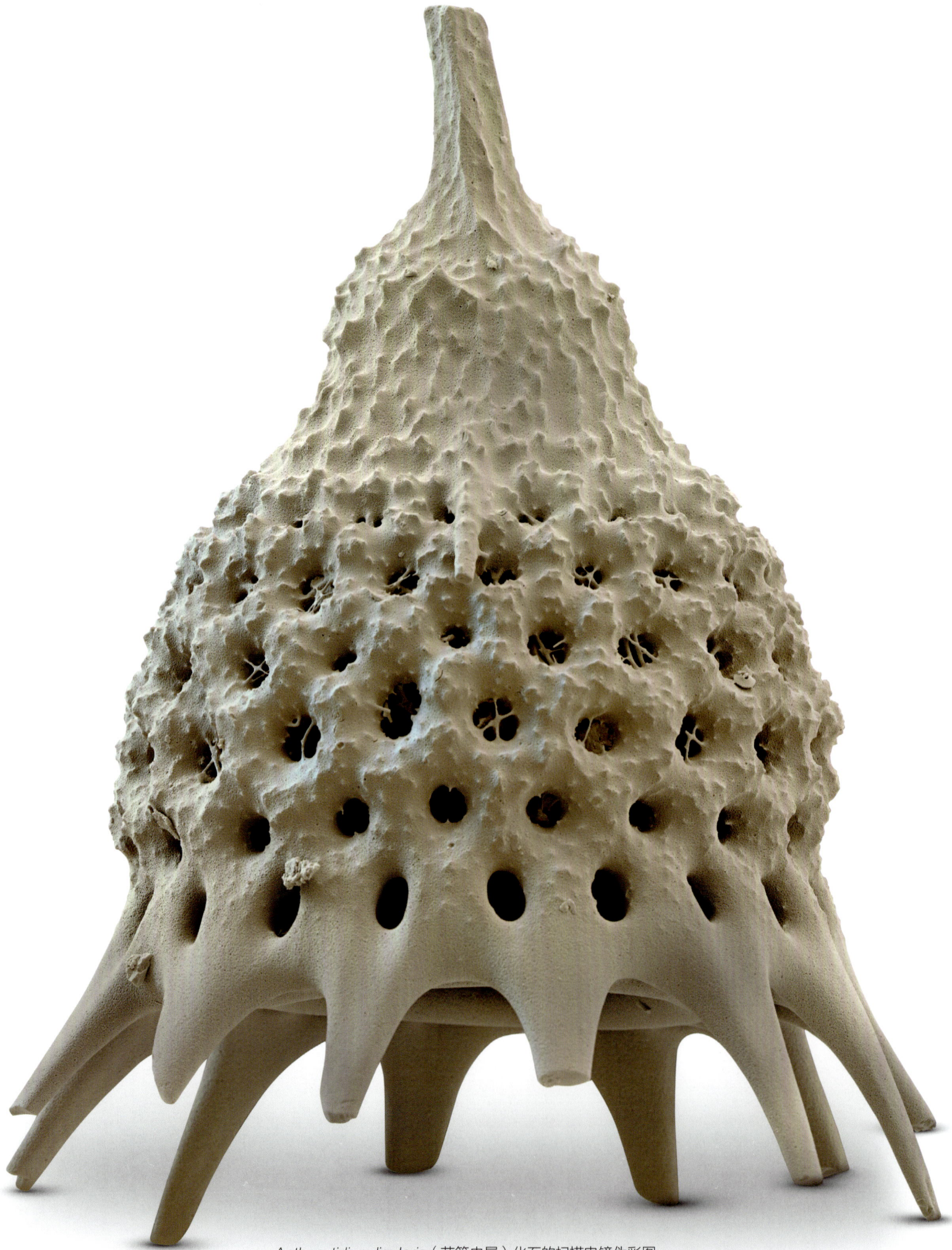

Anthocytidium ligularia（花篮虫属）化石的扫描电镜伪彩图

DK

地球博物大百科

英国 DK 公司｜编著　王烈｜译

清华大学出版社
北京

DK | Penguin Random House

Original Title: The Science of the Earth:
The Secrets of Our Planet Revealed
Copyright © Dorling Kindersley Limited, 2022
A Penguin Random House Company

北京市版权局著作权合同登记号　图字：01-2024-5503

本书插图系原文插图

图书在版编目（CIP）数据

DK地球博物大百科 / 英国DK公司编著；王烈译.
北京：清华大学出版社，2025.2（2025.5重印）. -- ISBN 978-7-302
-67991-2
　Ⅰ. P-49
中国国家版本馆CIP数据核字第2025S9B346号

责任编辑：陈凌云
封面设计：邱　宏
责任校对：刘　静
责任印制：杨　艳

出版发行：清华大学出版社
　　网　　址：https://www.tup.com.cn
　　　　　　　https://www.wqxuetang.com
　　地　　址：北京清华大学学研大厦A座
　　邮　　编：100084
　　社 总 机：010-83470000
　　邮　　购：010-62786544
　　投稿与读者服务：010-62776969
　　　　　　　c-service@tup.tsinghua.edu.cn
　　质量反馈：010-62772015
　　　　　　　zhiliang@tup.tsinghua.edu.cn

印 装 者：北京华联印刷有限公司
经　　销：全国新华书店
开　　本：252mm×301mm
印　　张：42
字　　数：677千字
版　　次：2025年3月第1版
印　　次：2025年5月第2次印刷
定　　价：268.00元

产品编号：109195-02

审图号：GS京（2025）0396号

FSC® C018179　混合产品　纸张｜支持负责任林业　www.fsc.org

www.dk.com

冰岛劳卡劳恩熔岩地的流纹岩和地热矿床

编写团队

菲利普·伊尔斯，曾在伦敦大学学院学习物理学和遥感。除撰写关于地球和空间科学的文章之外，他还经营一家计算机图形公司，专长于天文、地理数据及现象的视觉化。

格雷戈里·芬斯顿，古生物学家，曾在艾伯塔大学学习，现在爱丁堡大学做博士后研究。为了研究恐龙和哺乳动物，他遍访世界各地的化石发现地。

德雷克·哈维，博物学家，对演化生物学尤其感兴趣，曾在利物浦大学学习动物学。他指导了一代生物学家，曾带领学生考察队赴哥斯达黎加、马达加斯加、澳大利亚。

安西娅·拉基亚，作家、记者，居于爱尔兰。她主要撰写科学和自然方面的文章，拥有菊石化石研究的博士学位。菊石类是已经灭绝的动物，是鱿鱼和乌贼的近亲。

多里克·斯托，地质学家、海洋学家，著有300多篇论文和多部图书。他是爱丁堡赫瑞-瓦特大学的荣誉退休教授、中国地质大学（武汉）的特聘教授、利华休姆荣誉退休研究员。

顾问团队

大卫·霍姆斯，地理学家，曾在英国利兹大学学习，获自然地理学学士学位和环境科学硕士学位。他是英国皇家地理学会会员，著有多本知名的地理教科书。

凯莉·奥尔德肖，曾任英国自然历史博物馆宝石类负责人和英国宝石协会主席。她是地球科学教育顾问和讲师，著有许多书籍和文章。

道格拉斯·帕尔默，著有许多地球科学图书，并担任多本图书顾问。他原在都柏林三一学院讲授古生物学，现在剑桥大学塞奇威克地球科学博物馆工作。

金·丹尼斯-布赖恩，动物学家，曾在英国自然历史博物馆研究鱼类化石，后成为开放大学的自然科学讲师。她著有多本科学图书，也担任许多图书的顾问，包括DK出版的动物、海洋及史前生物类书籍。

中文版致谢：

感谢北京书田良仓文化传媒有限公司协助引进版权，感谢特约编辑莽昱、康晨，感谢美术设计邱宏和苔米视觉。

前言

　　最初岩浆翻涌，后来冰天雪地，曾是浩瀚汪洋，没有陆地，没有蓝天，也没有云彩……很难想象人类生活的地球曾经没有阳光雨露，毫无生机。这并不是因为人类对地球历史的科学理解存在缺陷，而是因为所涉及因素的复杂性，以及至关重要的、人类对时间的感知——时间是很难衡量的。

　　现在被人们称为家园的行星诞生于46亿年前，那时它还是个火球。早在37.7亿年前，甚至可能是44.1亿年前，地球上就已经出现了生命。所有生物都来源于"最后普遍共同祖先"（Last Universal Common Ancestor，LUCA），今天所有的物种都是从这个有机体进化而来的，每一株植物、每一只动物、每一个真菌都与这个状似现今所知细菌的单细胞生命形式有亲缘关系。虽然目前未发现LUCA化石，但认为它在42.8亿年前出现于深海热泉之中。这是个十分大胆的想法，而且时间非常久远！那么，如何利用已知的对地球复杂过去的了解，来探索如今的地球呢？

　　这本精美而非凡的书为人们提供了这样的机会。耐心地将大胆的想法化为细小的物理、化学、生物学基础知识，人们就能找出曾经塑造并正在塑造人类这个世界的各种过程。从晶体到龙卷风，从化石到火山，本书的每一页都能让人们窥见地球运转的秘密。这是最激动人心的故事，因为如果没有过往无数的篇章和反转，人们今天就不会在这里……这是一段相当漫长的旅程。

克里斯·帕卡姆

博物学家、主持人、作家、摄影师、环保主义者

挪威瓦朗格半岛上的砂岩山脊

目录

地球上的生命
234

产于多米尼加共和国的琥珀，内含苍蝇、蛀木虫、工蚁

地球概览

地球形成于46亿年前，那时它是一个滚烫、岩质的天体，围绕着新形成的太阳运动。它在太阳系中的位置使它成为诸多行星中独一无二的天体，因为它的表面有液态水。热能不停地从地球内部向外传输，这让它在地质上很活跃，外层地壳也处于持续的运动和循环中。

星际起源

除了氢、氦和锂这三种元素是在宇宙诞生时被创造出来的之外，地球上几乎所有的元素都在很久以前形成于恒星的熔炉中。恒星内核的温度和压力被认为高到可以将轻的元素聚变成重的元素，直至形成原子量为56的铁元素。比铁还重的元素，例如铅，则形成于恒星消亡、超新星爆炸时释放出的更强大的能量。超新星爆炸将恒星所创造的元素喷射到星际空间，为下一代恒星的形成播下种子。

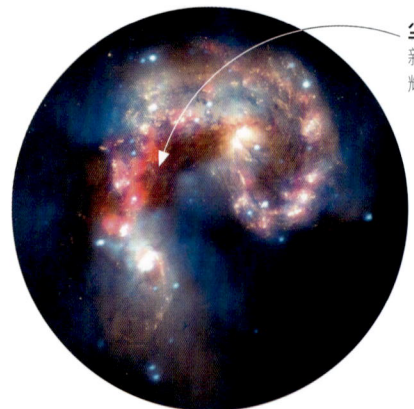

尘埃在数百万颗新形成恒星的光辉中呈现出红色

触发恒星形成

星系相撞会触发新一波的恒星的形成过程。触须星系1亿年来一直在发生碰撞，并抛出了大量由气体和尘埃组成的星云。

银河系

　　人类的家园星系银河系是一个包含1 000亿～4 000亿颗恒星的棒旋星系，其两大旋臂从中央密布着古老恒星的隆起区域伸出。随着银河系的转动，星际气体和尘埃被挤压到一起，产生恒星形成区域。太阳系位于一个名为猎户臂的小旋臂中，具体位置是银河系核心与外缘旋臂的中间往外一点。

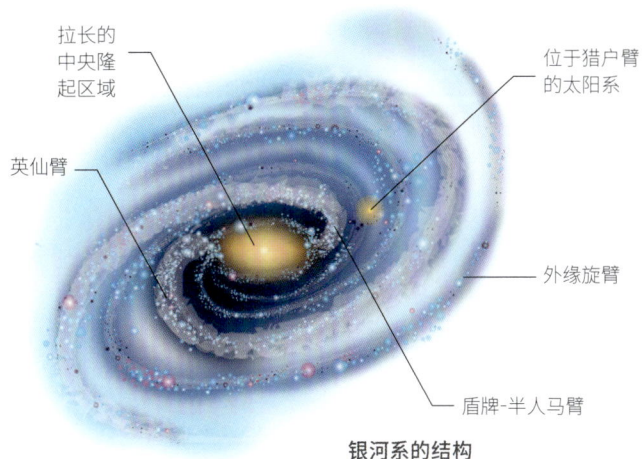

拉长的
中央隆
起区域

位于猎户臂
的太阳系

英仙臂

外缘旋臂

盾牌-半人马臂

银河系的结构

分子云

　　从恒星喷出的物质以气体和尘埃的形式积聚，这些物质主要由氢分子构成，被称为"分子云"。钥匙孔星云（见上图左侧）就是一例。分子云可因自身引力或外界触发而收缩，形成致密的小块，例如俗称"毛毛虫"的部分（见上图右侧），新的恒星由此诞生。

原行星盘

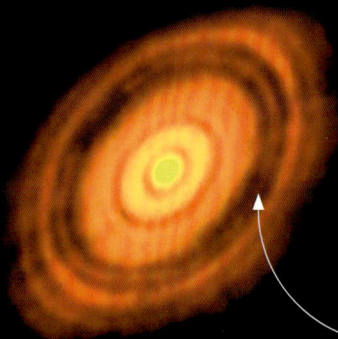

通过左边这幅射电望远镜拍摄的图像可以看到，在距地球450光年的年轻恒星金牛座HL周围有一个旋转的原行星盘，根据其中的明暗圆环可推测出哪里的尘埃正聚合为行星。

暗部代表可能有行星正在此形成

太阳

太阳的质量占太阳系总质量的99%，它是一颗黄矮星，已经走过了大约一半的生命历程，直径约140万千米。对地球上的生命来说，太阳是最重要的光与热的来源，其能量来自核心的核聚变，此处的温度可达1 500万摄氏度。

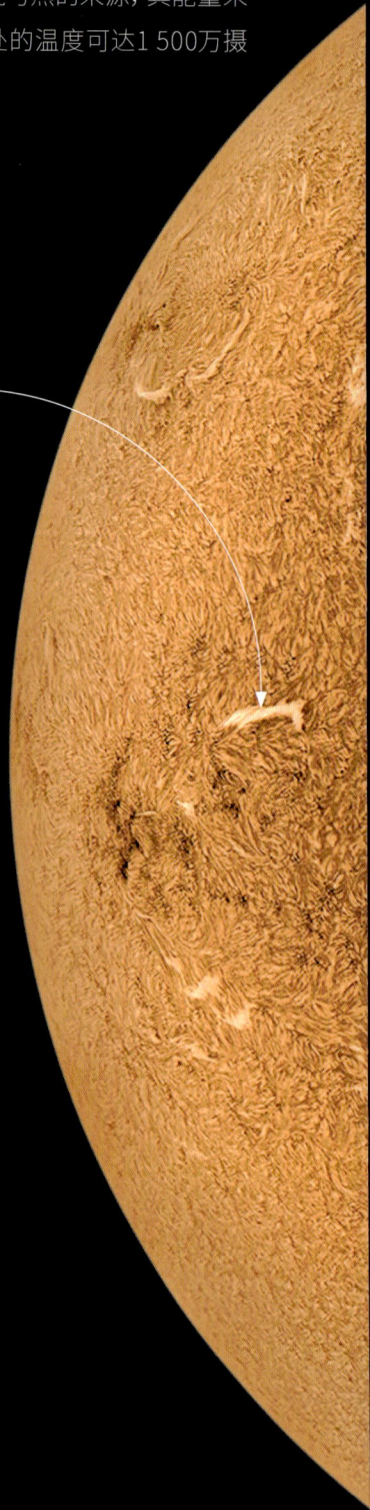

日珥和暗条

日珥由炽热的等离子体构成，从太阳表面升起；暗条也由等离子体构成，是日珥在太阳表面的对应现象。

太阳系的形成

　　大约46亿年前，一片巨大的星云可能受到了附近恒星爆炸发出冲击波的影响，开始坍缩，并逐渐开始旋转、变热，形成了一个由气体和尘埃组成的旋转盘。当星云中心的温度和压力达到足够高的程度时，氢原子开始聚变为氦原子，同时释放出巨大的能量。一颗新的恒星——太阳，就这样诞生了。引力将旋转盘中的其余物质聚集到一起，形成小行星、彗星、行星和卫星。

行星是如何形成的？

　　在年轻的太阳周围，原行星盘中包含的物质有尘埃、气体，在较冷的远端还有冰。这些物质在相撞的过程中，有时会聚集在一起，这一过程被称为"吸积"。尘埃聚集成石块，石块聚集成岩石，岩石聚集成微行星。有些能聚集得足够大，让引力将其塑造成球形，最终变成了行星或卫星。

太阳点燃

尘埃聚集成微行星

原行星（胚胎行星）将尘埃和岩石等碎片吸入自己的轨道

稳定轨道中的行星

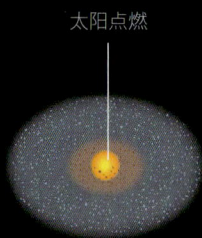

1. 原行星盘

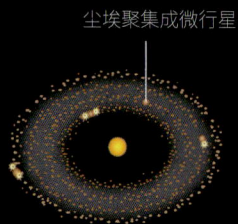

2. 冷吸积

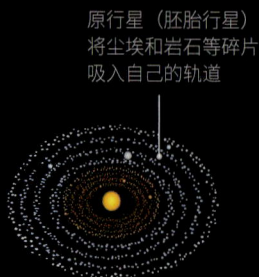

3. 原行星

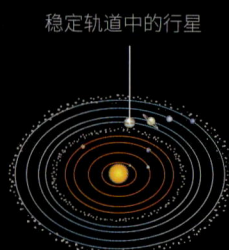

4. 今天的太阳系

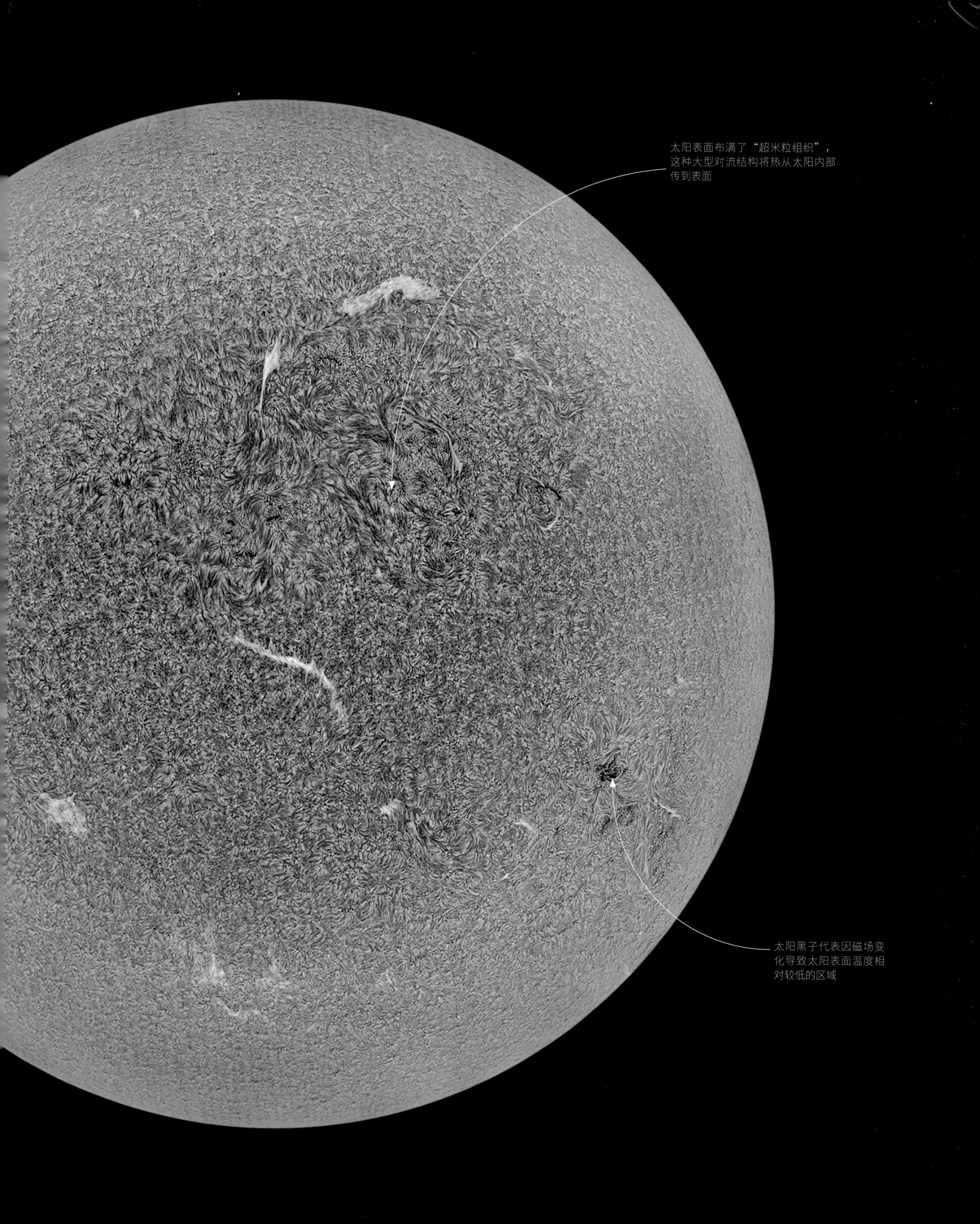

太阳表面布满了"超米粒组织"，
这种大型对流结构将热从太阳内部
传到表面

太阳黑子代表因磁场变
化导致太阳表面温度相
对较低的区域

球粒陨石的微陨石，最
宽处不超过2毫米

微陨石
　　左图是一颗微小陨石的扫描电镜
图，此陨石发现于美国东海岸某沙滩
上，属于球粒陨石，其组成成分与岩石
行星形成时的原始材料相同。

陨石

　　地球每年会吸入约7万吨的地外物质，其中大部分是由微小的尘埃颗粒组
成的，不过也有相当一部分较大的物体会落到地球表面，成为陨石。如今，
大部分陨石来自火星和木星之间的小行星带，小行星之间的撞击可能会把碎
石送向地球。其中有些陨石含有碳甚至复杂的有机分子，这些物质可能在生
命的起源中发挥了一定作用。和所有的行星一样，地球在太阳系形成初期接
受了许多物体的撞击。月球仍留有这些撞击产生的"伤疤"，而地壳因为板
块运动而不停循环再造，使得地表只留下了最近的撞击坑，之前的都已经消
失了。

岩石碎片 表明该碎
片形成于小行星的
金属核与硅酸盐幔
的边界上

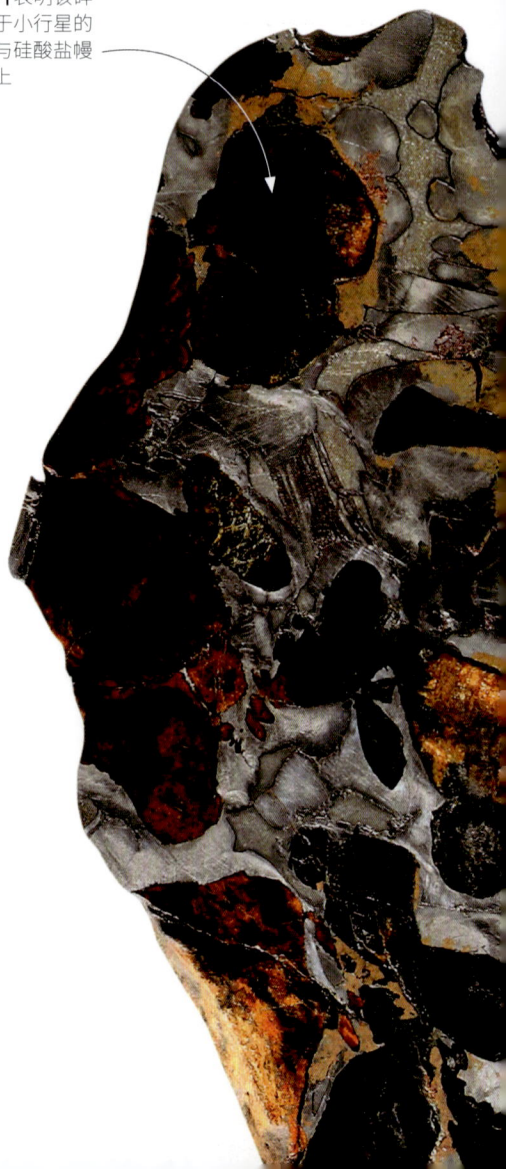

撞击坑

　　如果小行星或陨石足够大且速
度足够快，那么在它撞击地面并爆
炸时就会留下一个圆形的坑。其动
能瞬间转化为热能，能量可能大到
让陨石和部分地表岩石化为乌有。
也可能会有一部分陨石"幸存"下
来，变成熔岩或碎屑岩（角砾岩），
部分被抛出的碎片会在撞击坑周围
沉降、堆积。撞击坑下的岩层可能
会断裂、抬升或倒转。

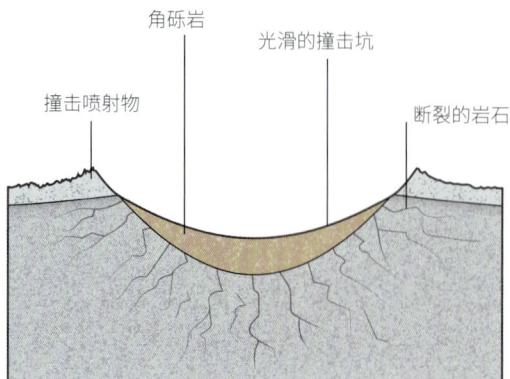

角砾岩　　光滑的撞击坑

撞击喷射物　　　　　　　　　　　　　　断裂的岩石

嵌在铁镍合金中的
橄榄石（含镁和铁
的硅酸盐）晶体

内核残留

    这些经过切割和抛光的石铁陨石来自俄罗斯的谢伊姆昌，其中有铁和镍的晶体，这些晶体形成于微行星或分异小行星的熔融内核，后者指产生了核、幔、壳分层结构的小行星。一些陨石是石质的，其中有些带有在母体中熔化的痕迹。还有一些陨石化学成分与太阳类似，被认为是代表了形成行星的太阳星云。

小行星炽热内核中
形成的**铁镍晶体**

铁陨石的截面被切割、抛光、用弱酸酸蚀后就会出现铁镍合金的独特纹理，被称为"魏德曼花纹"

地球表面的陨石坑原本应该有很多，但侵蚀作用和地表重塑消除了大部分的撞击坑，只留下最近形成的。澳大利亚中部有古老而稳定的岩石，又因缺乏植被，所以是发现撞击坑的好地方。特诺拉拉陨石坑，又名戈斯峭壁陨石坑，是地球遭受彗星和小行星撞击的为数不多的遗迹之一，位于澳大利亚北领地的爱丽斯泉以西约200千米处。

特诺拉拉陨石坑

特诺拉拉陨石坑形成于白垩纪早期，距今约1.42亿年。当时，有一颗直径达600米的小行星或彗星以40千米/秒的速度猛地撞进澳大利亚中部的平原，在地壳上留下了一个宽22千米的坑。今天，侵蚀作用几乎抹去了撞击坑外圈的所有痕迹，但隆起部分留存了下来，形成了直径约5千米的砂岩环形山。抗击坑的外圈虽然已被侵蚀抹平，但在卫星图像上依然可见一圈深色岩石。特诺拉拉现在的地面比撞击时低了约2千米。撞击留下了许多证据，包括变形、开裂的岩石，受到撞击、熔化的石英颗粒，以及最令人信服的证据——岩石中的撞裂锥，这是撞击发出的冲击波造成的。

当地民间传说认为，此坑是由天上落下的某种物体造成的。传说中，一群女人围绕着银河跳舞，把篓子中的一个婴儿扔到了地球上，当篓子落地时便堆起了群山。

岩石中这种含有细长凹槽的**马尾状结构**是由高压冲击波造成的

撞裂锥

砂岩环形山

特诺拉拉陨石坑由一圈砂岩环形山围成，其高度高出周围的平原180米。它是澳大利亚被研究得极多的撞击坑之一，其撞击起源最早在20世纪60年代被提出，主要基于区域内有丰富的撞裂锥。

月球表面布满了远古陨石、小行星、彗星撞击造成的坑

"双行星"

"阿波罗17号"的宇航员是最近一批从月球上看见地球的人。他们于1972年12月拍下了这张照片，新月形的地球正从月球表面升起。图中的月球看起来如此"大"，以至于某些行星科学家认为地球与月球是一个"双行星"系统，但实际上，地球和月球是两个截然不同的天体：前者地质活动活跃，充满生机；后者只是太阳系早期留下的光秃秃的遗迹。

地球的直径几乎是月球的4倍，大到可以留住厚厚的大气层。同时，地球拥有强大的磁场，可以保护大气层不被太阳风破坏

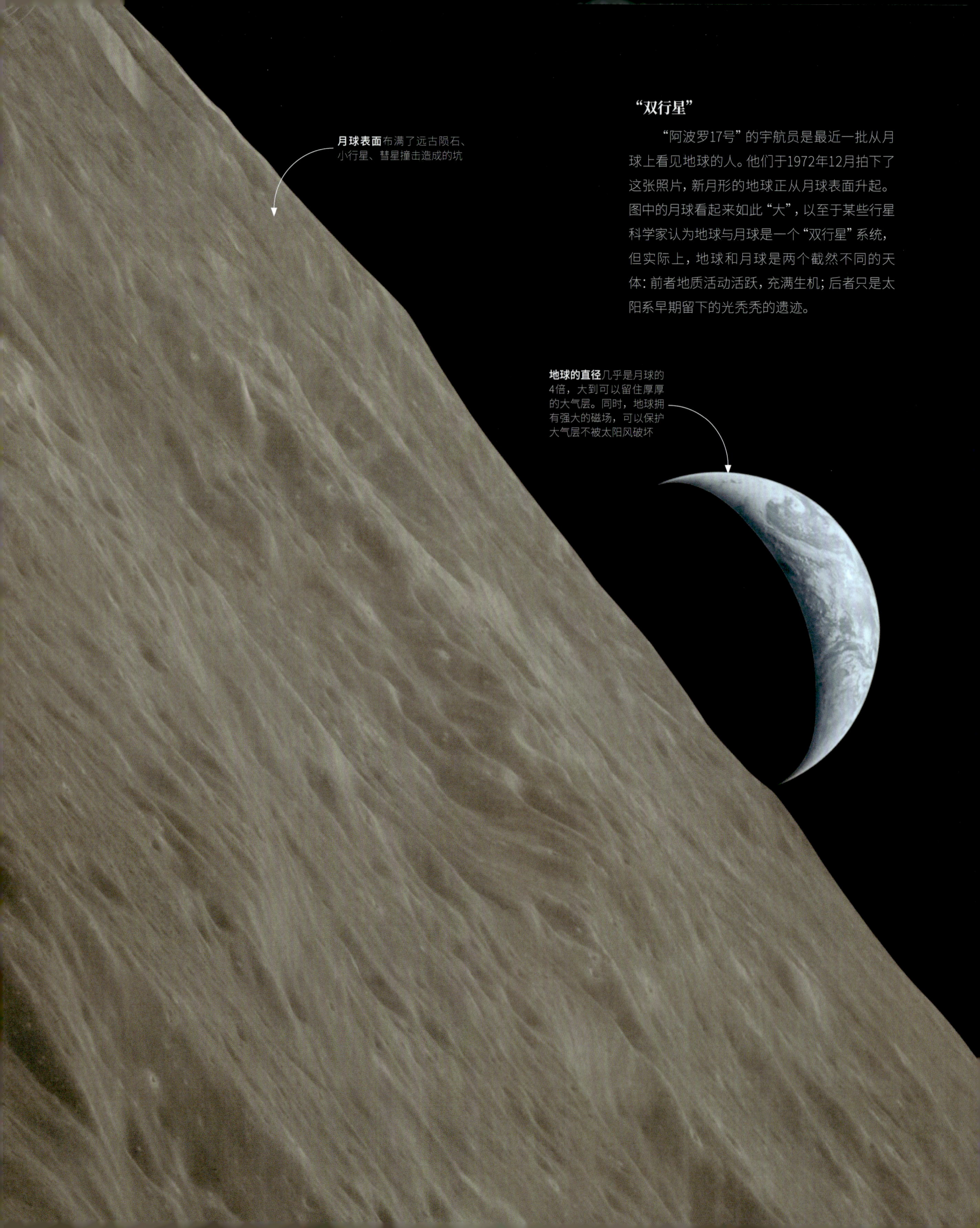

月岩

为实现载人登月飞行和对月球进行实地考察，美国国家航空航天局于1961—1972年组织了"阿波罗计划"。宇航员于1969—1972年带回的月球岩石样本显示，月球表面的成分与地幔相似。这些有44亿年历史的岩石可以帮助确定地球的早期历史和月球的起源。

岩石中的**孔洞**是由熔岩中的气泡造成的

这块有着35亿年历史的岩石样本由"阿波罗15号"的宇航员带回，它与美国夏威夷附近的玄武岩成分类似

月球

人们认为，在地球形成后不到1亿年时，有一颗火星大小的行星与之相撞，灾难性的碰撞熔化了这颗行星和地球的相当一部分地壳，并将炽热的碎片抛向太空，这些碎片聚集并凝固，形成了地球的唯一天然卫星——月球。新生的月球遭到彗星和小行星的猛烈撞击，表面布满撞击坑。某些大的撞击盆地曾被熔岩淹没，形成了人们在地球上看到的深色区域，即月海。月球的背面有更多山。月球是太阳系中相对于其所环绕行星（地球）大小而言质量最大的卫星，对地球及其上面生命形式的演化有巨大的影响。它不仅推动着潮汐，还有助于稳定地球的自转速率、转轴倾角和气候，同时还加强了地球的保护性磁场。明月高悬夜空，它是人类探索太空的早期目标。

月球轨道

月球的引力是地球上海洋潮汐的主要成因，月球对地球上的岩石同样有引力；地球反过来也对月球有引力作用。这种引力能量的交换让地球的自转周期从月球形成初期的5小时减慢到了现在的24小时，同时也让月球公转轨道的半径从128 000千米增加到了383 000千米，并使月球出现"潮汐锁定"，也就是使月球的自转周期和公转周期一致，于是从地球上只能看到月亮的一面，叫作"近地面"。

月球

月球正以约3.8厘米/年的速度远离地球

地球

月球永远以近地面朝向地球，月球的远地面只能从航天器上看到

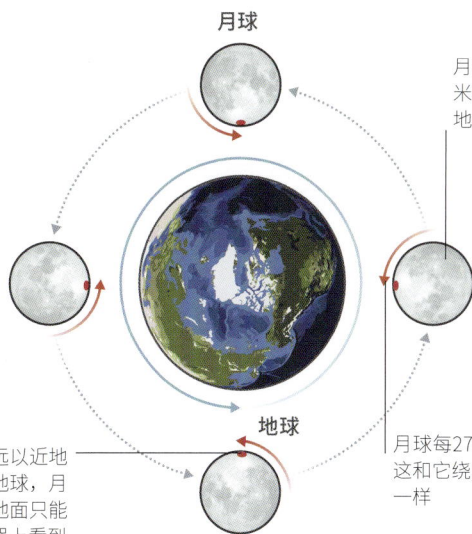

月球每27.3天自转一周，这和它绕地球公转的周期一样

我们在太阳系中的位置

当行星积累了足够的质量之后，它们自身的重力就开始将其压缩，将重力势能转变为热能。再加上内部放射性衰变产生的热能，行星内部的温度将逐渐升高到足以熔化其内部物质，使得较重的元素向内核下沉，而较轻的元素则浮到表面，这一过程被称为"行星分异"。地球因此拥有了一个固态的地壳和一个部分液态的铁核心，这样的核心能产生足够强大的磁场，防止太阳风（带电粒子流）侵扰它的大气层。地球独一无二的结构和位置为生命提供了繁衍的条件。

火山喷发和频繁的陨石撞击让地表一直处于熔融状态，直到温度下降、地壳形成

人间地狱
早期地球的表面像人间地狱一般，原行星碎片从天而降，地下则散发着如火的炽热。

太阳系轨道

太阳系是靠太阳引力维系在一起的天体系统，以太阳为核心，其他主要天体从内而外包括：岩石行星（水星、金星、地球、火星），小行星带，气态巨行星（木星、土星），冰巨行星（天王星、海王星），柯伊伯带（由矮行星冥王星等遥远"冰天体"组成），以及最远端的奥尔特云。太阳系内的距离可以用天文单位来度量。地球是太阳系宜居带中的唯一行星，既不太冷也不太热，液态水得以稳定地存在于其表面。

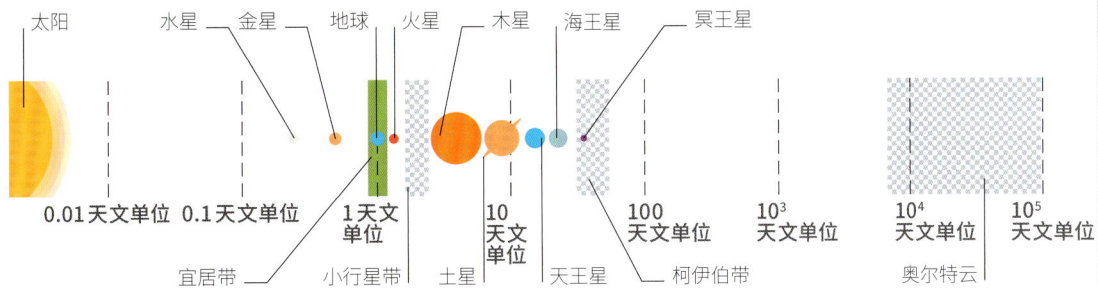

太阳　水星　金星　地球　火星　木星　海王星　冥王星

0.01天文单位　0.1天文单位　1天文单位　10天文单位　100天文单位　10^3天文单位　10^4天文单位　10^5天文单位

宜居带　小行星带　土星　天王星　柯伊伯带　奥尔特云

充满冰的陨石坑

火星上蕴藏着大量的水，足以覆盖其表面并达到至少30米的深度，但液态水无法在火星表面自然稳定存在，因为火星的大气压太小、温度也极低。火星位于太阳系宜居带的外缘之外，其上面的水只能以冰的形式存在。其中大部分存在于火星表面之下，有时也可存在于陨石坑底部，如火星北极附近的科罗廖夫陨石坑（见下图）。

冬季落叶之后，山毛榉会留有叶芽，被芽鳞层层包裹保护起来，以便在春天时萌发

季节适应

地球上的生物已经适应了阳光的季节性变化。一些树进化出了坚韧的常绿针叶，可耐冬季的严寒；另一些树，如右图中所示的山毛榉，则进化出了薄薄的阔叶，这种叶片能在夏季最大限度地接受阳光，茁壮生长，在冬季则进入休眠状态。

在传播条件最理想的情况下，即天气凉爽且干燥时，**山毛榉**的雄花会借助风力来散播花粉

长而硬的枝条将叶子扩散到离树干远的地方

地轴倾角

创造了月球的行星撞击（见第10、11页）导致地球的自转轴相对于它绕太阳公转的轨道平面发生了倾斜，这本来会让地球运行不稳，但月球的引力稳住了地球。地球的转轴倾角100万年才改变几度，这样便形成了相对稳定的气候，南北半球才有可预见的年度日照变化，从而孕育了人类所熟知的四季更迭。

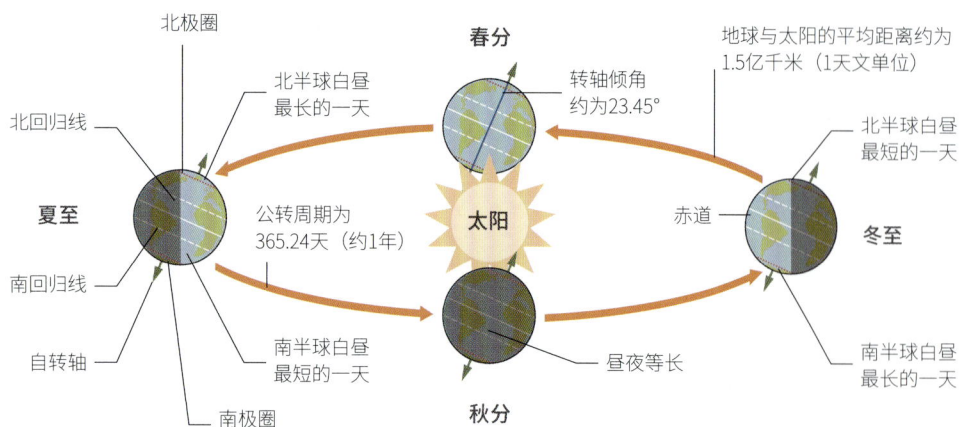

北极圈

春分

地球与太阳的平均距离约为1.5亿千米（1天文单位）

北回归线

北半球白昼最长的一天

转轴倾角约为23.45°

北半球白昼最短的一天

夏至

太阳

公转周期为365.24天（约1年）

赤道

冬至

南回归线

自转轴

南半球白昼最短的一天

昼夜等长

南半球白昼最长的一天

南极圈

秋分

昼夜与季节

地球自转一周约需23小时56分钟，但它同时也在绕太阳公转，公转使太阳相对于地球某一固定点回到相同位置所需时间会稍长一点（约为4分钟），从而构成了人们通常所说的"一天"，即24小时。在赤道地区，昼夜都是12小时，但在赤道以南或赤道以北地区，由于地球存在转轴倾角，因此夏天时白昼更长而冬天时夜晚更长。由于昼夜长短和正午太阳高度的时空变化，太阳辐射量在一年中呈现有规律的变化，形成四季。

褐色芽鳞在冬天时保护叶芽不受严寒侵害，在春天到来、新叶萌发时脱落

春天时，**新叶**萌发

叶子中的**叶绿素**能够高效地将阳光、水和营养成分结合起来，转化为树木生长所需的能量与养分

极昼

北极圈以北或南极圈以南（南北纬66.5°以上）地区，夏季至少有一天太阳不会落到地平线以下（极昼），冬季至少有一天太阳完全不会升起（极夜）。右边这幅多重曝光的图像显示了北极圈内的太阳随着午夜的来临逐渐向地平线靠近，但不会落到地平线以下，而是在午夜之后立刻又向上升起。南、北两极每年各有长达6个月的极昼；然后是6个月的极夜，这段时间完全看不到太阳。

巴黎的傅科摆

　　上图是原始傅科摆的复制品，放置在巴黎的先贤祠中。傅科利用温琴佐·维维亚尼设计的体系，将一根长67米的钢索从穹顶垂下，悬吊起一个重28千克的铅锤。

气旋

右边的卫星图是澳大利亚上空的一个低压系统，展现了科里奥利效应的作用。由于地球的自转，科里奥利效应导致气旋在北半球呈逆时针方向旋转，在南半球呈顺时针方向旋转。

地球科学的历史

地球的自转

尽管公元前5世纪的印度天文学家和10世纪的伊斯兰天文学家都已经认为地球每天自转一周，但在16世纪的欧洲，普遍的看法仍是地球固定不动，天空围绕地球转动。1543年，尼古拉·哥白尼提出地球会自转的观点，作为其日心说的一部分，但一个世纪之后批评者仍不愿接受他的理论，因为缺乏地球自转的物理证据。

寻找地球自转证据的工作集中在通过做实验观察运动物体是否会发生微微偏向，这一现象被称为"科里奥利效应"。直到18世纪末，该效应才被测得并证实。当把重物从高150米以上的塔楼上扔下时，科学家们观察到重物的落地点确实会偏离几厘米。

1851年，法国物理学家让·伯纳德·莱昂·傅科提供了更清楚的地球自转证据。他制作了一个很长的摆，配备有特殊的支架，使之可以自由摆动。如果地球没有自转，那么摆会在一个固定平面内摆动，遵守角动量守恒定律；但如果地球在自转，那么要满足角动量守恒，摆平面就要相对于地球表面旋转（进动）。

对于在北极点或南极点的摆，摆平面会用24小时完成整整一圈360°的旋转。纬度越低，效应越小，进动速度就越慢，到赤道变为零。傅科的实验是在巴黎做的，在此纬度上，他的摆花了将近32小时才完成一圈的旋转，每小时沿顺时针方向进动约11°。欧洲和美洲有不少人按照傅科的方法进行实验，相似的实验结果引起了公众很大的兴趣。

虽然科里奥利效应对人类活动的影响很微小，但对整个地球十分重要，它能影响地球大气和海洋的流动模式。

" 明日三时至五时，诚邀您莅临巴黎天文台的子午线大厅，亲眼见证地球自转的奥秘。"

莱昂·傅科，邀请函，1851年2月3日

放射性定年

地球的某些材料，包括其中的古老锆石，可以用放射性定年法测定年代。此方法利用放射性同位素缓慢但稳定的衰变（如铀-235衰变为铅），提供可测量地质年代的绝对尺度。于是，岩石中铀-235与铅的比例可以表明岩石的年龄。其他元素的同位素可以表明岩石形成时的环境，例如，氧-18与氧-16的比例可以表明是否有液态水存在，而碳-12与碳-13的比例则可以表明是否有生命存在。

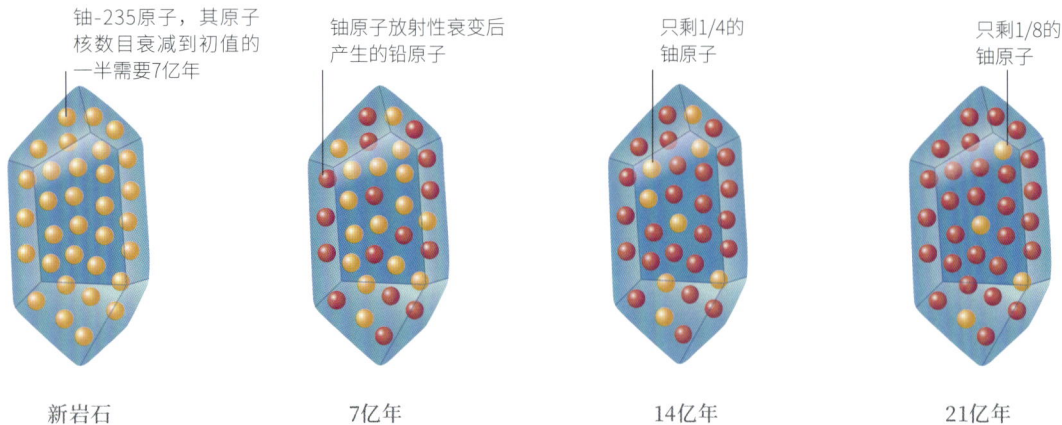

铀-235原子，其原子核数目衰减到初值的一半需要7亿年

铀原子放射性衰变后产生的铅原子

只剩1/4的铀原子

只剩1/8的铀原子

新岩石　　　　　7亿年　　　　　14亿年　　　　　21亿年

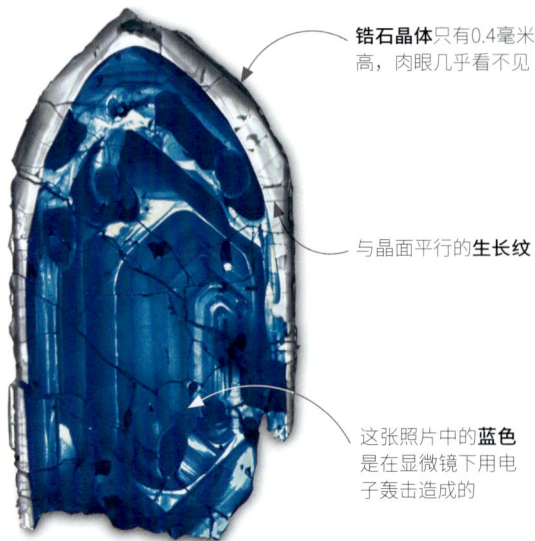

锆石晶体只有0.4毫米高，肉眼几乎看不见

与晶面平行的生长纹

这张照片中的蓝色是在显微镜下用电子轰击造成的

来自地球外部的水

地球上的水有一部分来源于撞击这颗年轻行星的诸多彗星。彗星主要由冰和尘埃组成。当彗星进入内太阳系时，温度骤升，引发壮观的间歇泉式喷发，因而失去一部分冰体，其中约有80%是水。"罗塞塔"号探测器于2014年接近67P/丘留莫夫-格拉西缅科彗星，近距离拍下了右边的图像。

最初海洋的遗迹

迄今为止，地球上发现的最古老的物质是44亿年前形成的锆石晶体（见左图）。它们含有氧同位素，表明当时存在液态水。锆石和钻石一样坚硬，能长久地保存地质记录。

海洋的起源

地球在分异过程中（见第12页）逐渐分层，剧烈的火山活动将挥发性物质从地球内部排出，产生了由氮气、氧气、二氧化碳、水蒸气等组成的大气层。地表迅速冷却，形成固态的地壳，使水蒸气凝结汇集，形成第一个海洋。西澳大利亚州杰克山区发现的古老锆石晶体证明，至少在44亿年前，即地球形成后仅1.6亿年，就有地表水存在。一些陨石含有15%～20%的水，早期地球被认为具有类似的成分，为第一个海洋提供了足够的水。

大陆克拉通

大陆克拉通是大陆地壳中长期稳定的构造单元，其内部往往存有地球上最古老的岩石，这些岩石记录了地球早期的地质事件。左图这块变质岩来自加拿大阿卡斯塔河的一座岛屿，距今约有40亿年。

在**漫长的岁月**中，高温高压下的变质作用使这块岩石产生了条带

陆地的形成

在地球分异（见第12页）过程中，地球内部逐渐分化出不同的层次结构。最内部是金属核心，外面是富含硅酸盐的地幔，最外层是轻质的地壳。这个原始地壳原本是统一的，后来慢慢开始分为两种截然不同的类型：海洋地壳和大陆地壳。地壳与上地幔共同组成岩石圈，"漂浮"在滚烫涌动的物质之上。内部传来的热量导致外层移动、断裂成构造板块（简称"板块"），有些板块被拖入地幔中，板块分开的地方又有新的地壳形成。地壳这样不停地循环再生，导致较轻的元素富集在某些区域，创造出厚厚的、可以漂浮的大陆地壳。大陆地壳现在大约覆盖了地球表面40%的面积。

熔岩瀑布

在夏威夷大岛的卡莫库那熔岩三角洲，熔岩流入太平洋，蒸发出大量水汽（见右图）。随着滚烫的熔岩从基拉韦厄火山流入大海，为夏威夷岛的外围源源不断地添加岩石材料，岛也逐渐变大。今天在夏威夷还在继续的这一过程也是早期陆地形成过程的一部分。

最早的陆地是如何形成的？

大约40亿年前，地球的板块开始运动，某些原始地壳被拖入地幔之中，熔融并释放出水，导致地幔熔融，产生富含轻元素的岩浆。这些岩浆上升，形成火山岛。板块运动将这些岛推到一起，形成大陆克拉通。风化和沉积进一步将较轻的材料集中到大陆克拉通。板块运动将大陆克拉通聚集到一起，形成更大的大陆地壳。

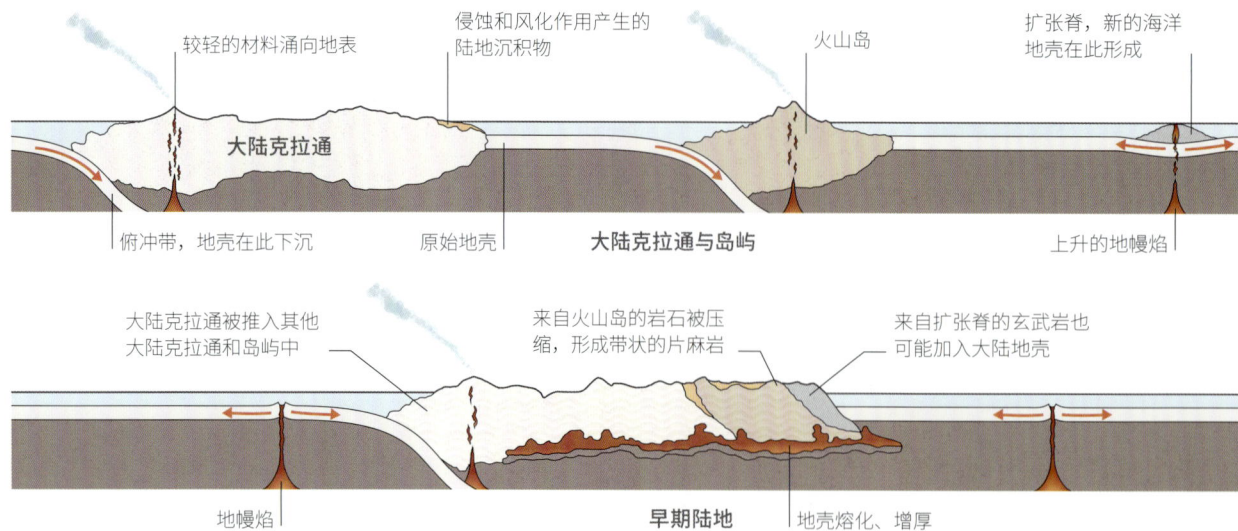

较轻的材料涌向地表　　　侵蚀和风化作用产生的陆地沉积物　　　火山岛　　　扩张脊，新的海洋地壳在此形成

大陆克拉通

俯冲带，地壳在此下沉　　　原始地壳　　　**大陆克拉通与岛屿**　　　上升的地幔焰

大陆克拉通被推入其他大陆克拉通和岛屿中　　　来自火山岛的岩石被压缩，形成带状的片麻岩　　　来自扩张脊的玄武岩也可能加入大陆地壳

地幔焰　　　**早期陆地**　　　地壳熔化、增厚

地球的年代

如果将地球的历史浓缩为一天，那么恐龙将会在22:40前后出现约1小时，而人类的祖先直到午夜前2分钟才会出现。地质时间不是以小时、分钟、秒为单位，而是以宙、代、纪为单位。不同宙、代、纪的时间长度并不相同，岩石记录是划分地质时间单位的主要依据之一。冥古宙是第一宙，可惜这一时期的岩石几乎没有留存下来。太古宙的岩石里已有少量的细菌遗迹。随着时间的推移，地球从元古宙进入到显生宙，岩石中蕴含的陆地和海洋形成、环境发展及生物演化的证据愈发丰富。

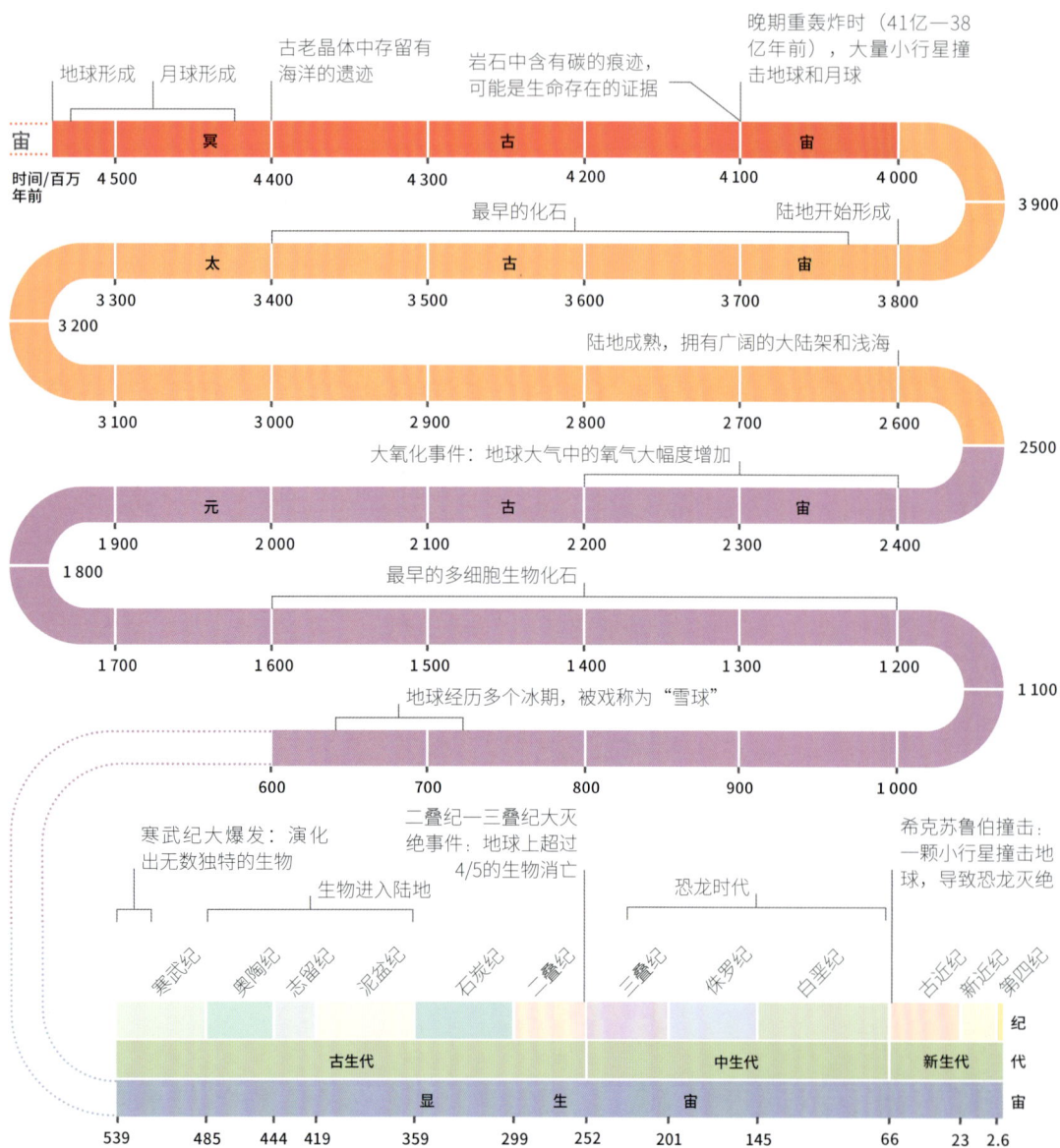

冥古宙

地球形成　月球形成　古老晶体中存留有海洋的遗迹　岩石中含有碳的痕迹，可能是生命存在的证据　晚期重轰炸时（41亿—38亿年前），大量小行星撞击地球和月球

时间/百万年前　4 500　4 400　4 300　4 200　4 100　4 000　3 900

太古宙

最早的化石　陆地开始形成

3 300　3 400　3 500　3 600　3 700　3 800
3 200
3 100　3 000　2 900　2 800　2 700　2 600

陆地成熟，拥有广阔的大陆架和浅海

2 500

元古宙

大氧化事件：地球大气中的氧气大幅度增加

1 900　2 000　2 100　2 200　2 300　2 400
1 800
最早的多细胞生物化石
1 700　1 600　1 500　1 400　1 300　1 200
1 100

地球经历多个冰期，被戏称为"雪球"

600　700　800　900　1 000

寒武纪大爆发：演化出无数独特的生物　生物进入陆地　二叠纪—三叠纪大灭绝事件：地球上超过4/5的生物消亡　恐龙时代　希克苏鲁伯撞击：一颗小行星撞击地球，导致恐龙灭绝

寒武纪	奥陶纪	志留纪	泥盆纪	石炭纪	二叠纪	三叠纪	侏罗纪	白垩纪	古近纪	新近纪	第四纪	纪
古生代						中生代			新生代			代
显生宙												宙

539　485　444　419　359　299　252　201　145　66　23　2.6

我们星球的故事

通过地质年代的划分，科学家们编制了地球形成46亿年来的大事年表。左边图表中最近的一个宙——显生宙被分成不同的代，代又被分为不同的纪。具体的划分依据是新生命形式的出现和灭绝。

岩石记录

在某些地方，我们可以像读历史书一样解读地球的岩层。上图为美国犹他州膨润土山的页岩和黏土岩层，这是侏罗纪时泥浆、细砂和火山灰沉积在沼泽及湖泊中形成的。通过研究这样的岩层，我们可以了解1.45亿年前地球上的生命是什么样子的。

地球的物质

　　地球外层薄薄的地壳由许多种岩石组成，它们是数十亿年地质活动的结果。组成岩石及宇宙中众多固体的基本单元是矿物。地壳表面覆盖着更薄的一层，包括土壤和植被，以及液态或冰冻的水体。

白铁矿晶体

　　白铁矿（见右图）是黄铁矿的同质异象体，即它和黄铁矿有同样的化学成分，但晶体结构稍有不同。另外，与黄铁矿不同的是，白铁矿在接触到空气时会很快暗淡并脆裂。

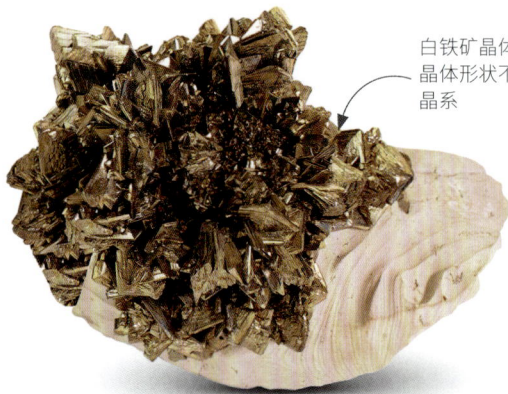

白铁矿晶体呈**矛状**，与黄铁矿晶体形状不同，分属于不同的晶系

黄铁矿晶体

　　黄铁矿分布广泛，几乎遍布地球的每一个角落，其晶体可呈立方体、八面体或五角十二面体。右图中的立方体黄铁矿晶体来自中国广西。黄铁矿的英文名Pyrite源自希腊语的"火"——用锤子重击黄铁矿时会迸出火花。

晶体结构

　　矿物是无机固体，在自然界中天然存在，由化学元素组成，其原子通常在内部以一定规律排列。

　　在能够自由生长的开放空间中，矿物会长成规则的几何形状，形成晶体，通常肉眼可见。晶体形状反映了矿物内部的结构——其原子或离子（离子即带电荷的原子或分子）在三维单位中的规则排布。通过对称轴可以描述晶体的对称性，对称轴是连接晶体相对的两面中心并穿过晶体的中心的假想直线。晶体分为七个晶系，每一个晶系都有独特的形状和对称性。大部分晶体并不会长成完美的晶形，因为它们是在自然界的受限空间中形成的。

立方体是所有晶形中对称性最高的，有三个同等的、互成直角的对称轴，且四重对称（即完整旋转一周时在四个点看起来形状一样）

因为**呈黄色**又有金属光泽，黄铁矿有时会被误认作黄金，所以又称"愚人金"

双晶

　　有时同一种矿物的两个及以上晶体会对称地长在一起，被称为"双晶"。双晶主要有两种类型：接触双晶和贯穿双晶。接触双晶有明显的界线，两边的晶体呈镜像生长；贯穿双晶则互相穿插生长。世界上最丰富的矿物长石通常就是双晶形态。石英和尖晶石会形成接触双晶，而正长石、黄铁矿、萤石会形成贯穿双晶。双晶类型可帮助人们识别矿物。

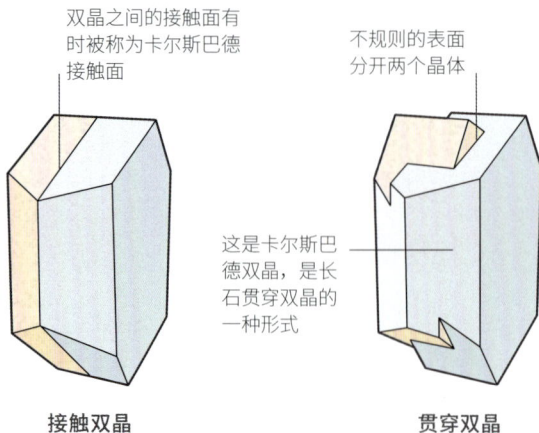

双晶之间的接触面有时被称为卡尔斯巴德接触面

不规则的表面分开两个晶体

这是卡尔斯巴德双晶，是长石贯穿双晶的一种形式

接触双晶

贯穿双晶

立方体黄铁矿晶面上的**条纹痕迹**通常是由于两个不同的晶形同时生长造成的

晶形与晶面

　　"晶形"是指晶体是否有同等、对称的晶面，有"开放"和"闭合"之分。在闭合晶形，如立方体或八面体中，其晶面完全等同；而在开放晶形中，晶面具有不同的形状和大小，如棱柱晶形，主要由平行的棱柱面组成（见右图），但它必然要以另一种晶面围合起来（图中为金字塔面）。晶体包含超过一种晶面时，以占主导地位的晶面（图中为棱柱面）来命名。

金字塔形尖端

立方体晶体的晶习，每个晶体有6个相同的面

八面体晶体，有8个相同的面

6个棱柱面
两两平行

棱柱
石英

立方体
岩盐

八面体
赤铜矿

外观

　　有些晶习以外观命名，而不是以晶形或晶面命名。集合体通常就是这样，因为它们是许多晶体聚集生长形成的，不是单独生长的，这通常会导致晶体发育不完全。在某些集合体中，晶体小到只有显微级别。集合体在大小和晶习方面差异很大，用来描述它们的术语有很多。

固体，无明显结构，不可见单一晶体

晶体呈同向的细长条状

长而细的晶体从中心点放射出去

块状
蓝线石

纤维状
透闪石

放射状
叶蜡石

晶体细长扁平，具有曲线边缘，好像刀刃一样

大量长而细的针状晶体从中心点放射出来

一簇簇晶体形成细长、分叉的样子，其外观酷似蕨类植物的枝条

晶体围绕中心点形成一圈圈的条带

刀刃状
蓝晶石

针状
中沸石

树枝状
铜

同心圆状
红纹石

晶习

　　晶习指的是晶体的外部形态，包括晶形、晶面等，可以指单个的、发育良好的晶体，也可以指晶体聚集生长形成的集合体。自然界中，形态完美的晶体极少见，因为其发育受制于所在腔体的大小和形状，以及重力。根据形成时的条件，一种矿物可以有好几种晶习。

棱柱形**晶体**会形成六个面的金字塔形尖端

晶体呈球状聚集生长，好像一串葡萄

葡萄状
孔雀石

扁平的板状晶体形成平行的长方形或正方形晶面

此**晶体**生长成了长条的六棱柱形

玻璃光泽是绿柱石族晶体的特征

板状
铜铀云母

海蓝宝

　　海蓝宝是绿柱石家族中的一个蓝色品种，形成于地球深处，通常被认为与花岗岩（火成岩的一种）侵入体有关（见第124、125页）。其晶体形成一个六棱柱形，棱柱晶面平行于中心轴。右图的标本来自尼日利亚的乔斯高原。

刚制成的铋是典型的**银白色**，但一段时间之后会显现出彩虹色

闪亮的光泽让钻石看上去很耀眼

矿物**表面**粗糙，不反光

表面**不反光**，呈干燥的泥土状

钻石

赤铁矿

膨润土

表面**显微级别的不平整**让矿物具有油脂般的观感

矿物的平行纤维反射的**微光**

棱柱形晶体像玻璃一样反光

硅孔雀石

钠硼解石

石英

闪亮的表面 呈现铝箔一样的光泽

平整的表面 吸收光

反光

矿物通常通过其光泽（即其反射性质和光亮程度）来描述或识别。矿物光泽大致上可分为金属光泽、半金属光泽和非金属光泽。具有金属光泽的矿物会反光、不透明，像抛光过的金属；半金属光泽看上去暗淡一些，反光更少；非金属光泽的矿物则通常是浅色的，其中许多有一定程度的透光性。非金属光泽的矿物种类繁多，具有多种不同的光泽表现。

金属光泽

铋的表面非常光亮，反光度高，像金属一样，被描述为具有金属光泽。与其他类似矿物一样，这种"抛光金属"的效果是光打到其表面激发电子，使之振动发出散射光而产生的。

折射和全内反射

晶体的透明程度取决于光线穿过晶体时发生了什么。如果入射光垂直于晶体和空气的分界面，所有的光都会直接穿过晶体（见下图1）；但入射角度通常都不会正好是直角，光会变慢并改变方向，部分光线发生折射，还有一部分会被反射（见下图2）。入射角越大，被反射的光线就越多，当入射角超过某一角度时所有的光线都会被反射，即发生全内反射，此时的入射角被称为"临界角"（见下图3）。当入射角大于临界角时，所有的光线都被反射（见下图4）。

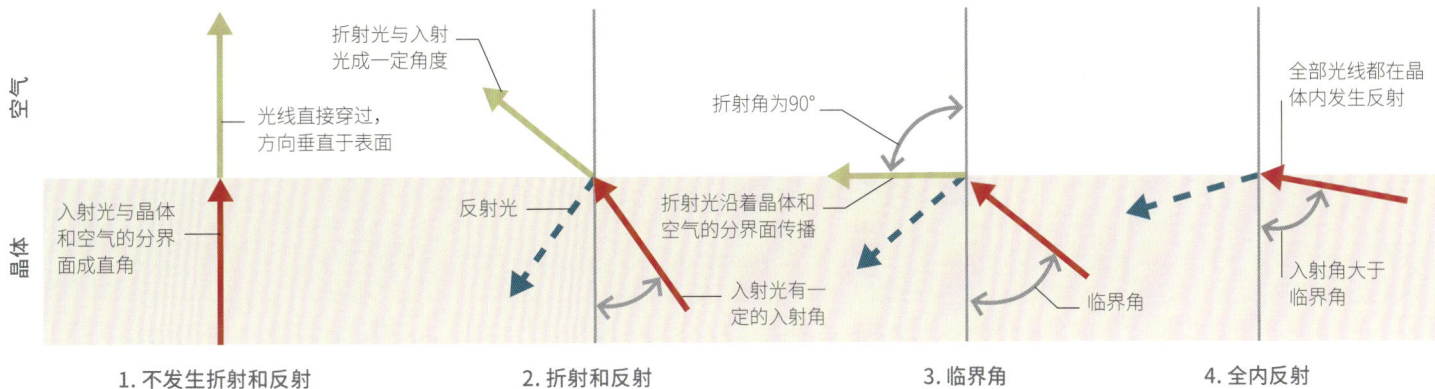

空气

晶体

折射光与入射光成一定角度

光线直接穿过，方向垂直于表面

折射角为90°

全部光线都在晶体内发生反射

入射光与晶体和空气的分界面成直角

反射光

折射光沿着晶体和空气的分界面传播

入射光有一定的入射角

临界角

入射角大于临界角

1. 不发生折射和反射

2. 折射和反射

3. 临界角

4. 全内反射

绿色珍珠光泽

滑石

滑石（见左图）是所有矿物中硬度最低的，莫氏硬度值为1，用手指甲就可以轻易将其刮花。包括爽身粉在内的一些化妆品就是用滑石粉做的。

钻石原石

右图这枚424克拉的钻石于2019年在南非被发现。钻石是自然界天然产生的硬度最高的物质，因此它们能划伤其他矿物，而只有钻石才能划伤钻石。钻石完全由碳构成，形成于地表之下160千米的高温高压环境中。人们在地表看到的钻石是通过火山活动或其他地质过程被带到地表的。

硬度

测试硬度是甄别未知矿物的有效手段。硬度指的是矿物抵抗刮划的能力，而不是其结构强度，硬度很高的矿物也可能很容易脆裂。矿物表面的划痕代表此处的原子被移走。将原子结合到一起的化学键的强度可影响矿物的硬度。例如，石墨是硬度相对较低的矿物，因其原子之间的键较弱；而钻石之所以是硬度最高的矿物，是因为其原子之间的键非常强。所有矿物均有硬度值，硬度测试标准有多种，包括莫氏硬度和努氏硬度等。

纯净无色的标本完全由碳组成，没有痕量元素

测试硬度

使用最广泛的矿物硬度测试是莫氏硬度测试。莫氏硬度以10种矿物作为基准，表示其他矿物相对于它们的硬度，最软的是硬度值为1的滑石，最硬的是硬度值为10的金刚石。测试时用已知硬度的矿物或物品去刮划待测矿物，硬度高的可以划伤硬度低的。举例来说，手指甲可以刮花硬度2.5以下的矿物，铜硬币可以刮花硬度3.5以下的矿物，钢锉刀可以刮花硬度6.5以下的矿物。而在努氏硬度测试中，矿物表面被施加一定负载的压痕设备，施加负载和压痕面积之比就是硬度值。

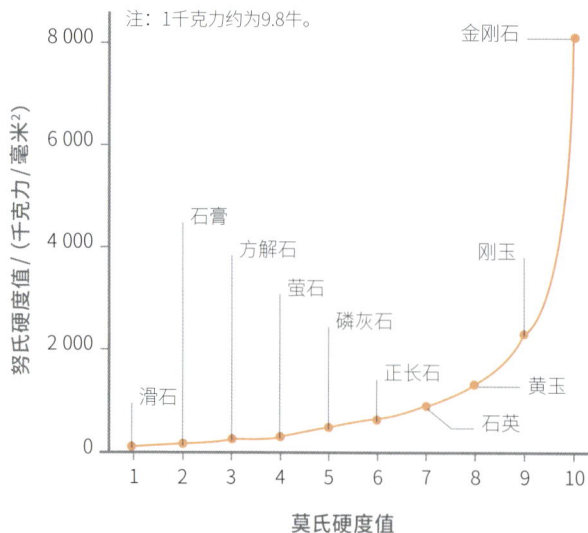

注：1千克力约为9.8牛。

努氏硬度值 /（千克力/毫米²）

金刚石
刚玉
石膏
方解石
萤石
磷灰石
正长石
黄玉
石英
滑石

莫氏硬度值

不规则形状，圆润棱边

自然元素

大部分矿物是由化合物中的多种化学元素组成的，但也有一些元素在自然界中以相对纯净的单质形态存在，它们被称为"自然元素"。常见的自然元素可分为三类：金属（金、银、铂、铜、铁）、半金属（砷和铋）和非金属（硫和碳）。其他的自然元素较为少见。自然元素广泛分布于多种类型的岩石中，通常有一定的经济价值。金、银、铂、锇、铱矿石是同名自然元素的主要来源。

自然铜

铜很可能是人类能够加工的第一种金属，本身光亮，呈红金色，会变成暗褐色，与氧气接触时经常会形成绿色或黑色的锈（见右图）。传统上，铜与金和银一起被用来铸造钱币。因为其导电导热性良好，现今也被用来制造多种电气设备。

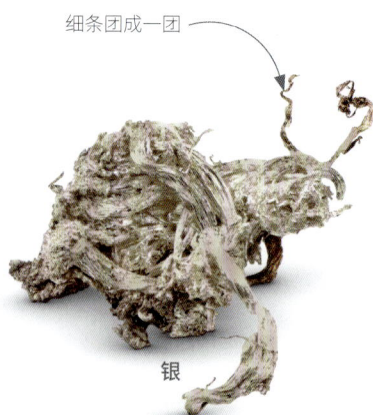

细条团成一团

银

铂通常呈圆块状

铂

石墨会沿着平滑的**解理面**裂开

石墨

发育良好的亮黄色晶体

硫

碳的自然形态

碳是化学元素之一，以多种形式存在。钻石和石墨都是晶体，钻石形成于高温高压的环境，而石墨形成于仅高温的环境。非晶体的碳（如煤、煤烟）由不完全燃烧产生。碳能形成具有很强化学键的原子长链（称为聚合物），这在元素中很少见。

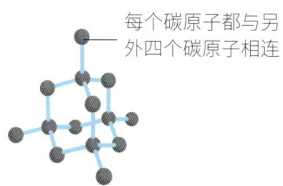

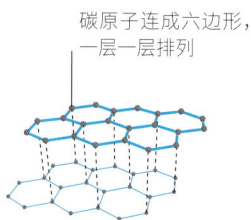

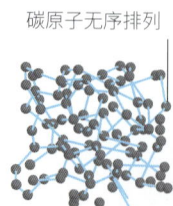

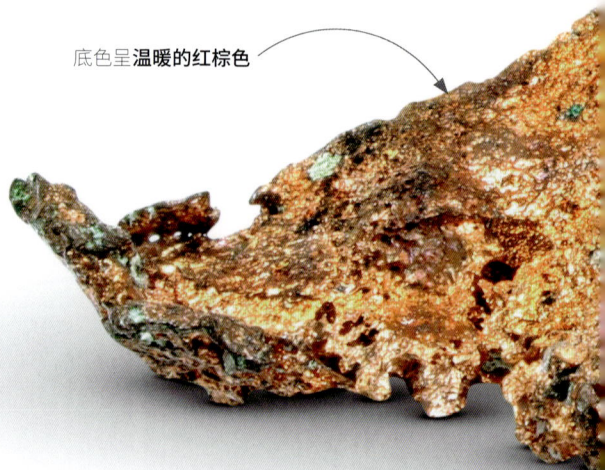

每个碳原子都与另外四个碳原子相连

碳原子连成六边形，一层一层排列

碳原子无序排列

钻石

石墨

非晶体碳

底色呈**温暖的红棕色**

表面可见氧化导致的
绿色斑块

铜通常呈**扭曲的枝条状**

金属化合物

大部分金属会与非金属或半金属元素化合，形成许多种矿物。例如，黝铜矿（见右下图）就是金属铜与非金属元素硫、半金属元素锑化合而成的。半金属元素的性质介于金属和非金属之间。

金字塔形尖端

表面亮泽、反光

地壳中的金属丰富程度

右图显示了地壳中最丰富的金属元素是那些能与氧结合生成石英、长石等硅化合物的元素，如铁、铝、镁、钛、锰等；最稀有的金属元素往往藏于地球深处而在地壳中含量很少，如铂、金等。

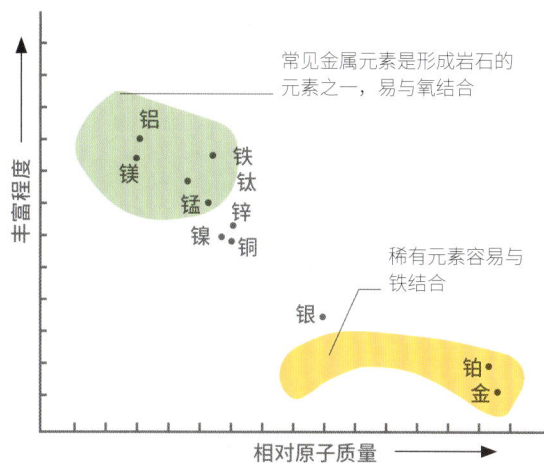

常见金属元素是形成岩石的元素之一，易与氧结合

稀有元素容易与铁结合

丰富程度

铝
镁
铁
钛
锰
锌
镍
铜
银
铂
金

相对原子质量

自然金属

某些金属在自然界中可以以单质形式存在，即不与其他元素化合，这些金属被称为"自然金属"，包括金、铂、银、铁、铜等（见第34、35页）。金见于火成岩或河床上，通常为碎屑或小块状。此标本发现于澳大利亚的昆士兰州。

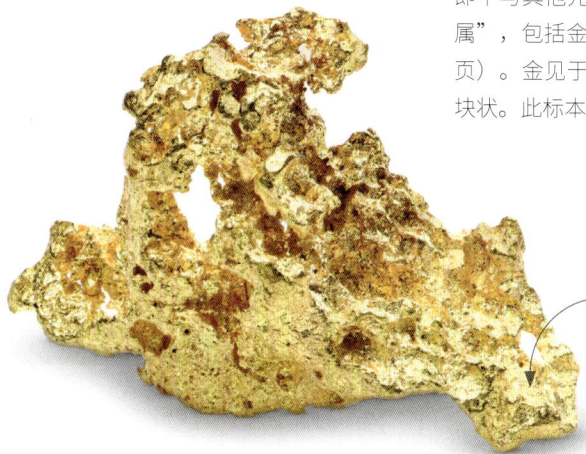

表面**光滑**而带有小突起，具有闪亮的金黄色色泽

晶体有**不规则裂痕**

地球的金属

金属在地壳中以多种形式存在，通常为晶体，有光泽但不透明。有些金属会与其他金属或非金属形成合金，例如钢就是铁、镍、铬的合金。如果岩石包含足够多的金属或金属化合物，足以进行商业开采，那便成为金属矿石。金属是电和热的良导体，它既有延展性又有韧性，用途广泛，需求量大。

同心条纹，各层有不
同的化学组成

小圆球形的晶体聚集在
一起，仿佛一串葡萄

深橙色是因为铁
氧化物的存在

乳白色小晶体形成圆形外
壳，略带粉色

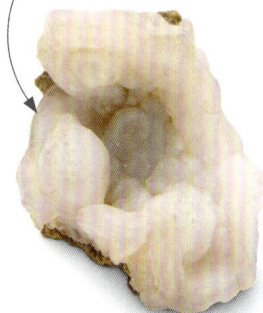

堡垒玛瑙

葡萄玛瑙

红玉髓

粉玉髓

隐晶质石英

　　某些石英品种的晶体太小，肉眼不可见，只有在
高倍放大下才能看到。这些石英被称为隐晶质石英，
又称微晶质石英，通常形成于低温的火山环境中。

晶体呈金字塔形，
具有浓郁的紫色

晶体也呈金字塔形，
颜色为橙黄或黄棕色

晶体呈长棱柱形，
无色透明

晶体长度不一，
半透明，粉色

紫水晶

黄水晶

白水晶

粉水晶

显晶质石英

　　晶体肉眼可见的石英品种被称为显晶质石英（或粗晶质石
英），其晶体为六棱柱形，具有金字塔形的尖端，通常发育完
善，也有发育不完善、形状不完美的晶体。显晶质石英集合体
或片层通常会生长在岩石缝隙中（见第46、47页）。

石英

　　石英见于大部分岩石类型，是地球大陆地壳中继长石（见第40、41
页）之后第二多的矿物。其种类繁多，尽管纯石英是无色的，但它实际
上往往会因为含有不同的化学成分而呈现各种颜色。石英的硬度相当
高，因为其仅由硅和氧组成，化学键很强。它和长石、云母同为花岗岩
的主要成分之一。石英可分为两种类型：隐晶质石英和显晶质石英。

烟晶

　　如果石英晶体有足够的空间
生长，它们就会像右图所示的这
簇烟晶一样长成美丽的六棱柱
形，并以六面金字塔形收尾。烟
晶的褐色色调可以从浅褐色一直
到近乎黑的深褐色，其褐色的成
因是在地下受到了辐射。

绿色是因为含有镍

绿玉髓

铁氧化物导致其**呈红色**，同时夹杂着交叉的白色石英纹理

红碧玉

表面脆而平，绿色和棕色的微晶体混杂在一起

绿碧玉

直而平行的白色和棕色条带，交替出现

缟玛瑙

某些晶面上可见**平行的条纹**

棱柱顶端的**六面之一**

晶体表面有玻璃光泽

形态完整的长条六棱柱成簇生长

硅酸盐矿物的基本单元与分组

硅酸盐矿物（包括长石）都有同样的基本单元——硅氧四面体，即一个硅原子被四个氧原子围绕着。可以用球棍模型或金字塔模型来想象这些四面体。它们可以单独出现，也可以排成阵列。硅酸盐矿物有很多，可按照硅氧四面体及其他元素的组合方式进行分组。

硅氧四面体

氧原子 — 球棍模型
硅原子

金字塔模型

分组

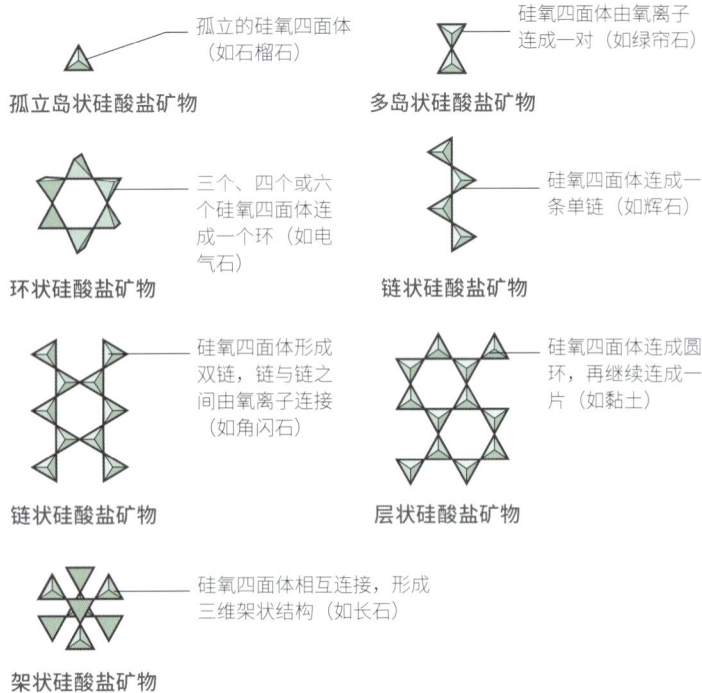

孤立的硅氧四面体（如石榴石）

孤立岛状硅酸盐矿物

硅氧四面体由氧离子连成一对（如绿帘石）

多岛状硅酸盐矿物

三个、四个或六个硅氧四面体连成一个环（如电气石）

环状硅酸盐矿物

硅氧四面体连成一条单链（如辉石）

链状硅酸盐矿物

硅氧四面体形成双链，链与链之间由氧离子连接（如角闪石）

链状硅酸盐矿物

硅氧四面体连成圆环，再继续连成一片（如黏土）

层状硅酸盐矿物

硅氧四面体相互连接，形成三维架状结构（如长石）

架状硅酸盐矿物

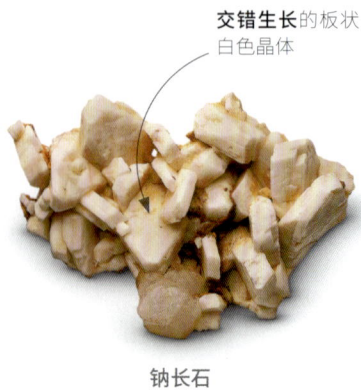

交错生长的板状白色晶体

钠长石

蓝绿色的天河石和其他矿物交杂在一起

天河石

外壳不显示彩虹色，因为层状结构没有被暴露出来

长石

长石是地壳中最丰富的矿物，约占地壳的2/3。它是一种硅酸盐矿物，这是最大且最重要的矿物类型。长石的种类虽多，但大致可分为两类：钾长石和斜长石。钾长石常见于花岗岩之类的火成岩中，也可见于片麻岩和砂岩中。斜长石则常见于辉长岩之类的火成岩，以及陨石和月岩中。

拉长石

拉长石是斜长石的一种，很容易由其彩虹色区分出来。这种颜色的成因是其层状孪晶的内部结构，即两种或两种以上不同化学成分的长石交替地层层叠加起来。当光线穿过矿物时，会在各层上发生反射，从而产生彩虹色（见右上图）。

淡粉色**板状晶体**

绿色**棱柱状**晶体

灰色、清透晶体，
无固定形状

油润、橙粉色
晶体，矿物通
常呈块状

正长石

钙长石

培长石

奥长石

层状孪晶引起的**平行条纹**

蓝金色

此**标本**具有不平
整的开裂面

孔雀石

孔雀石（见右图）是富含铜的矿物被蚀变而产生的，是一种次生矿物。碳酸水（二氧化碳溶于水产生的）与铜反应，或石灰岩与富含铜的液体反应，便会产生这种翠绿色的矿物，通常晶体呈同心条带排列的圆块状。

在此标本中，**硫化铜矿物被侵蚀**，表面长出了一层孔雀石晶体

单个晶体短小如针

蚀变矿物

矿物可以与其他化学物质反应，形成新的矿物，即次生矿物。如果反应改变了矿物的化学性质或其晶体的性质，那么就说这种矿物被蚀变了。当矿物接触到溶解在水中的化学物质时就可能被蚀变，例如已形成的矿物接触到从地面渗透下去的富含氧气的地表水，或是在地下被岩浆加热过的地下水时，就可能发生这种情况。

表面有金属光泽及晕彩斑点

黄铜矿

黄铜矿是一种铜铁硫化物，是全世界铜的主要来源。当黄铜矿暴露在空气中时，其表面会产生晕彩的紫色、黄色、蓝色和绿色（见上图）。黄铜矿与某些水溶液反应可被蚀变为其他矿物，如孔雀石。

孔雀石晶体形成晶簇

成岩作用

　　沉积物被掩埋并固化为岩石时，某些矿物也可被蚀变为其他矿物。这个过程发生在地表附近，被称为成岩作用。它还可能涉及沉积物颗粒被逐渐聚合到一起的过程，称为"胶结"。例如，石英可生长于沙粒之间，从而将它们胶结在一起。

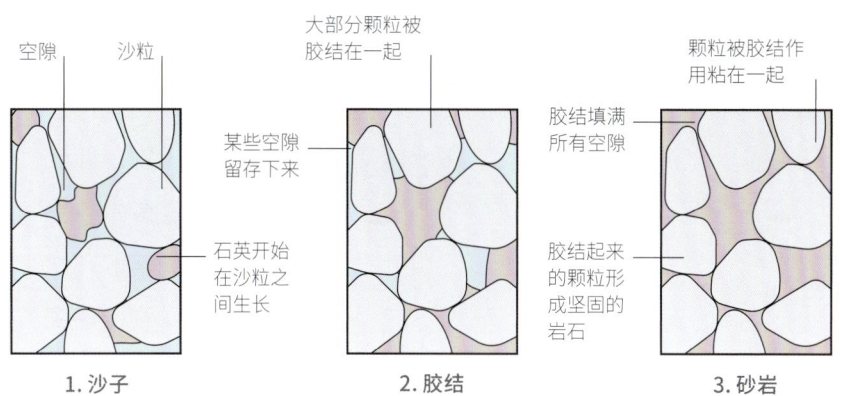

空隙　沙粒

大部分颗粒被胶结在一起

颗粒被胶结作用粘在一起

某些空隙留存下来

胶结填满所有空隙

石英开始在沙粒之间生长

胶结起来的颗粒形成坚固的岩石

1. 沙子　　　　2. 胶结　　　　3. 砂岩

矿物组合

矿物经常以"组合"的形式出现，某些矿物经常共生在一起。例如，孔雀石常与黄铁矿和黄铜矿共生，而白色金常与石英共生。某些矿物一起生长于特定环境中，例如矿石矿物会生长在地壳中正在冷却的岩浆周围的岩石中（见下面方框内）。其他矿物组合则与析出它们的液体的化学组成有关，例如围绕晶腔生长的矿物（见第46、47页）。了解生长环境和矿物组合有助于鉴别矿物。

矿物可交错生长，表明它们形成于同一时期。

与闪锌矿和石英共生的黄铁矿

左图标本中有无色的石英、黄铜色的黄铁矿和暗灰金属色泽的闪锌矿。

与鱼眼石共生的葡萄石

葡萄石经常与鱼眼石共生在一起，沿玄武岩等火成岩内部的晶腔生长，有时也可长在花岗岩上。这两种矿物也会共生于岩石内部的矿脉中。单个的葡萄石晶体罕见，通常都会长成葡萄状或圆形集合体。

通透的鱼眼石晶体

晶体生长的基底，即附着的**岩石**叫作基质

热液矿脉

矿物组合常见于地壳中名为"热液矿脉"的矿床。这些热液矿脉是包含矿物的热液流过岩石中的缝隙时矿物析出而形成的。热液可由冷却中的岩浆（侵入体）释放出来，或者来自被加热的地下水。这类矿床通常含有经济价值较高的矿石，锡和钨形成于岩体入侵附近，铜、锌、铅形成于更远的地方。

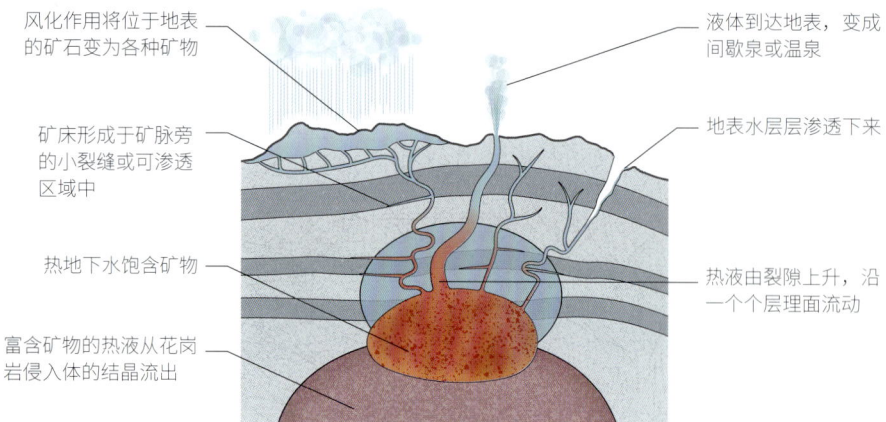

风化作用将位于地表的矿石变为各种矿物

液体到达地表，变成间歇泉或温泉

矿床形成于矿脉旁的小裂缝或可渗透区域中

地表水层层渗透下来

热地下水饱含矿物

热液由裂隙上升，沿一个个层理面流动

富含矿物的热液从花岗岩侵入体的结晶流出

方块状的**鱼眼石**晶体
形成晶簇

稀少的粉橙色葡萄石
晶体具有玻璃光泽

通透石英晶体生长在
腔室中心的内壁上

晶体生长于腔室中

菊石化石

　　有时晶体会生长于动物化石的
内部，例如菊石化石的内部。菊石
是一种动物，是鱿鱼和乌贼的近
亲，已经灭绝。其化石具有腔室构
造，含有矿物质的液体与之反应
时，晶体便可生长。

晶洞是如何形成的？

晶洞始于岩石或沉积物中的空隙，这可能是岩浆中的气泡留下的，或是板块运动在岩石中造成的裂缝，甚至也可以是化石内部的天然腔室。当液体透过岩石或沉积物的细缝或小孔渗透进去，进入空隙，液体中的矿物质分离出来或析出，空隙边缘就会长出一层层晶体，随后晶体继续发育。

矿物（如硬石膏）填满岩石中的空隙

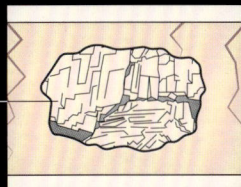

1. 结核形成

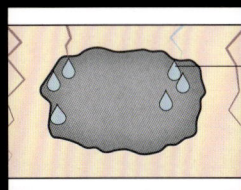

液体进入，溶解、去除矿物

2. 现有矿物溶解

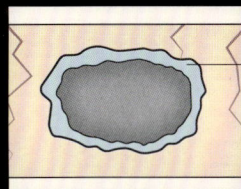

新矿物沿腔室边缘形成

3. 矿物内壁形成

矿物从内壁向内生长

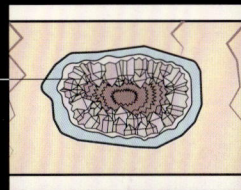

4. 晶体部分填补空洞

大致呈球形，外表粗糙不平

晶洞内壁由条带状玛瑙和玉髓构成

晶腔

石英晶洞

上图中的晶洞发现于捷克的北波希米亚地区，里面有各种类型的石英，如玉髓、条纹玛瑙、通透晶体石英等。其他生长于晶洞内的矿物还有石英类的紫水晶和碧玉、方解石、白云石、天青石等。矿物内壁可以由连续的同心层构成，使晶洞剖面呈条带状。

晶洞是中空的，外面看起来通常呈圆形，像是一块平凡无奇的石头，但剖开之后就会露出长满矿物的腔室，通常会有向内生长的美丽晶体。与生长受限的晶体不同，晶洞内的晶体通常有足够的空间来长成完整的形状，所以备受追捧。晶洞的大小可以从几厘米宽到几米宽不等。

硬度

对于珠宝首饰而言，宝石的硬度是一个很重要的因素，因为成品宝石必须能经受反复使用造成的磨损。莫氏硬度（见第32页）根据矿物的"易划伤性"将其分为1（非常软）～10（非常硬）的10个等级。宝石最好能达到石英（莫氏硬度7）或以上的硬度。钻石硬度最高，远超过其他宝石。

无色，八面体形晶体

钻石
莫氏硬度10

石榴石
莫氏硬度7～7.5

海蓝宝
莫氏硬度7.5

颜色

钻石以通透、无杂色为好，但在大多数情况下，特定的颜色使宝石变得备受人们喜爱，颜色越好价值越高。绿柱石若无色则价值一般，但若是翠绿色，就变成了祖母绿，这是世界上极受追捧的宝石之一。

晶体的**紫色**与痕量的铁有关

绿色来自铁

红色调的板状晶体（刚玉的一种）

紫水晶

橄榄石

红宝石

蓝色的六面双金字塔形晶体（刚玉的一种）

橙棕色的晶体片段，具有完全解理面和玻璃光泽

不同的痕量化学物质造成了**不同的色层**

蓝宝石

托帕石

电气石

粗糙、交错的颗粒状结构，从油脂到玻璃般的光泽

天蓝色块状，有黑线，晶体不可见

多色相间的蓝紫色晶体碎片，尽管萤石作为宝石来说硬度太低，但因其出众的颜色而受到珍视

硬玉
莫氏硬度7

绿松石
莫氏硬度5.5～6

萤石
莫氏硬度4

祖母绿

　　祖母绿和钻石、蓝宝石、红宝石同为世界上珍贵的宝石，世界各地均有产出，但主要的三大产地是哥伦比亚、巴西和赞比亚。祖母绿是绿色的绿柱石，绿柱石是一种富含硅的矿物。

六面棱柱形祖母绿晶体，具有典型的碧绿色

宝石

　　矿物若被归类为宝石，必须具备三大关键特征：持久、美丽、稀有。通过以特定角度抛光和切割宝石的切面，可以增强宝石的美感，最大化地展现宝石的火彩和颜色。宝石交易者根据宝石的通透、切工、颜色、重量（以克拉计）等来评估宝石价值。在所有矿物中，只有130种矿物被当作宝石，不到全部矿物的4%。另外，还有些非晶体的有机来源矿物也被归为宝石，例如珍珠、珊瑚、琥珀（见第50、51页）。

珍珠是如何形成的?

　　软体动物有外壳和套膜，套膜是分泌形成外壳的器官。它们感觉外壳和套膜之间有沙粒之类的异物时就会以防御性的涂层覆盖在异物表面。套膜上皮——包围着软体动物躯体的一层组织细胞——开始以一层层的"珍珠母"（文石和贝壳素）包裹异物，随着时间的推移，这些层逐渐将异物完全包裹起来，珍珠就形成了。

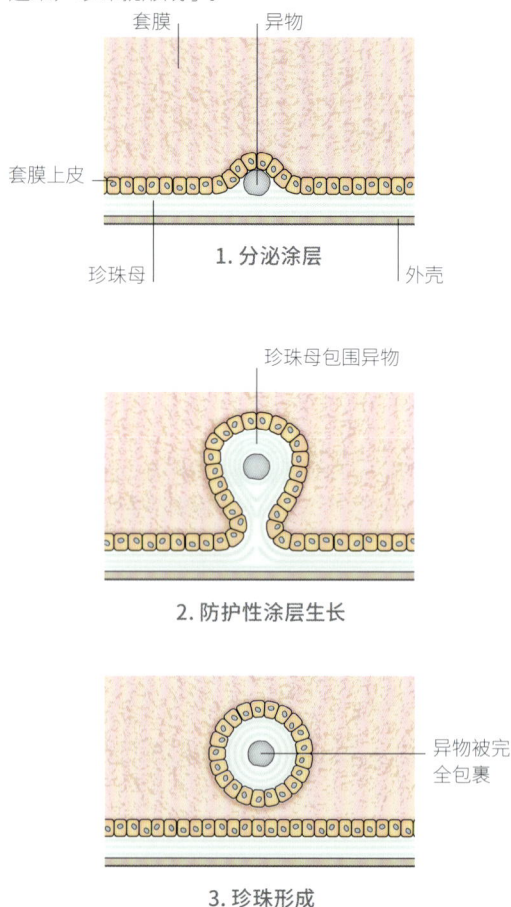

1. 分泌涂层

珍珠母包围异物

2. 防护性涂层生长

异物被完全包裹

3. 珍珠形成

有机矿物

　　有些矿物是由生命体通过生物过程形成的。严格意义上说这些不是矿物，因为它们不是通过无机过程形成的，一般称它们为有机矿物。生物体产生矿物的过程叫作"生物矿化"，壳、珍珠、珊瑚、煤、琥珀等物质的形成都是生物矿化的结果。有时矿物也会在微生物的作用下形成，例如已知古老的化石之一叠层石就是由蓝细菌捕获的沉积物形成的。

生命体产生的矿物

　　自然界中有很多有机矿物。蚌、蛤蜊、牡蛎等双壳类软体动物和蜗牛、海螺等腹足纲软体动物都会分泌碳酸钙（一种白垩状矿物）来形成壳，为自己建造一个"家"。珊瑚骨骼也是由碳酸钙形成的，由珊瑚虫分泌而来。树的残骸被埋于地下并被加热也会形成有机矿物，如煤和煤精。

腹足纲软体动物分泌的一层层碳酸钙形成一个螺旋的壳

螺壳

琥珀中的暗斑可能是植物的**碎片**

贝壳内壁的**珍珠母**
能产生晕彩光泽

珊瑚虫分泌出**坚硬、粉色**
的碳酸钙骨骼，形成像树
枝一样的整体

一种**闪亮的黑色**煤，
具有半金属光泽

深棕色至黑色，具有木质
构造，由一层层腐烂分解
的树木组成

带有珍珠的牡蛎壳

珊瑚骨骼

无烟煤

煤精

琥珀

树脂是一种浓厚黏稠的物质，树皮
受伤时便会被分泌出来以封住伤口，防
止病原体和昆虫进入。古老树木分泌的
树脂硬化之后被埋入沉积层便会形成琥
珀，琥珀实质就是树脂化石。琥珀可形
成团状、棍状和水滴状。

形状不规则，表面有球
状的凸起，以及固化的
树脂滴

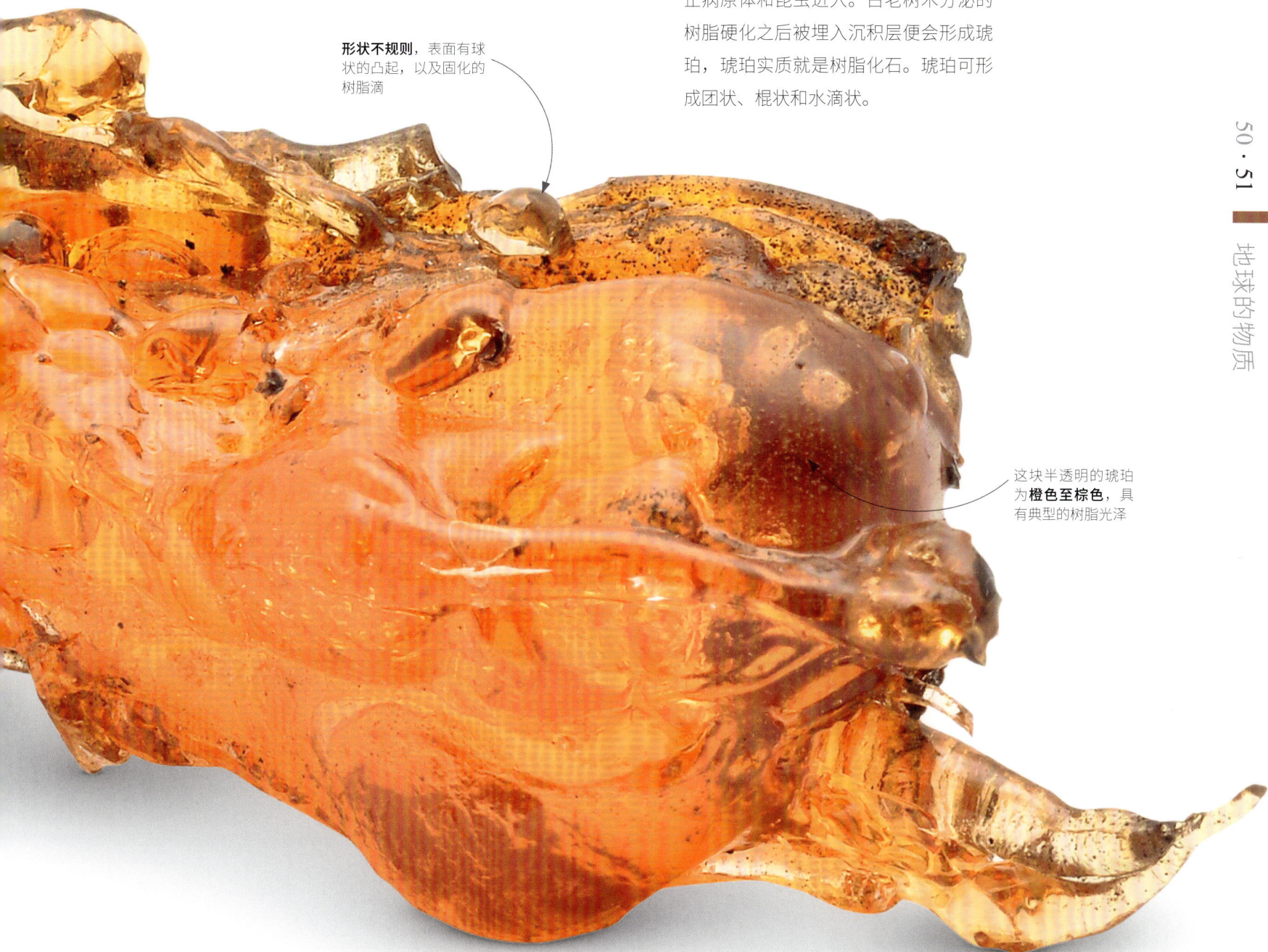

这块半透明的琥珀
为**橙色至棕色**，具
有典型的树脂光泽

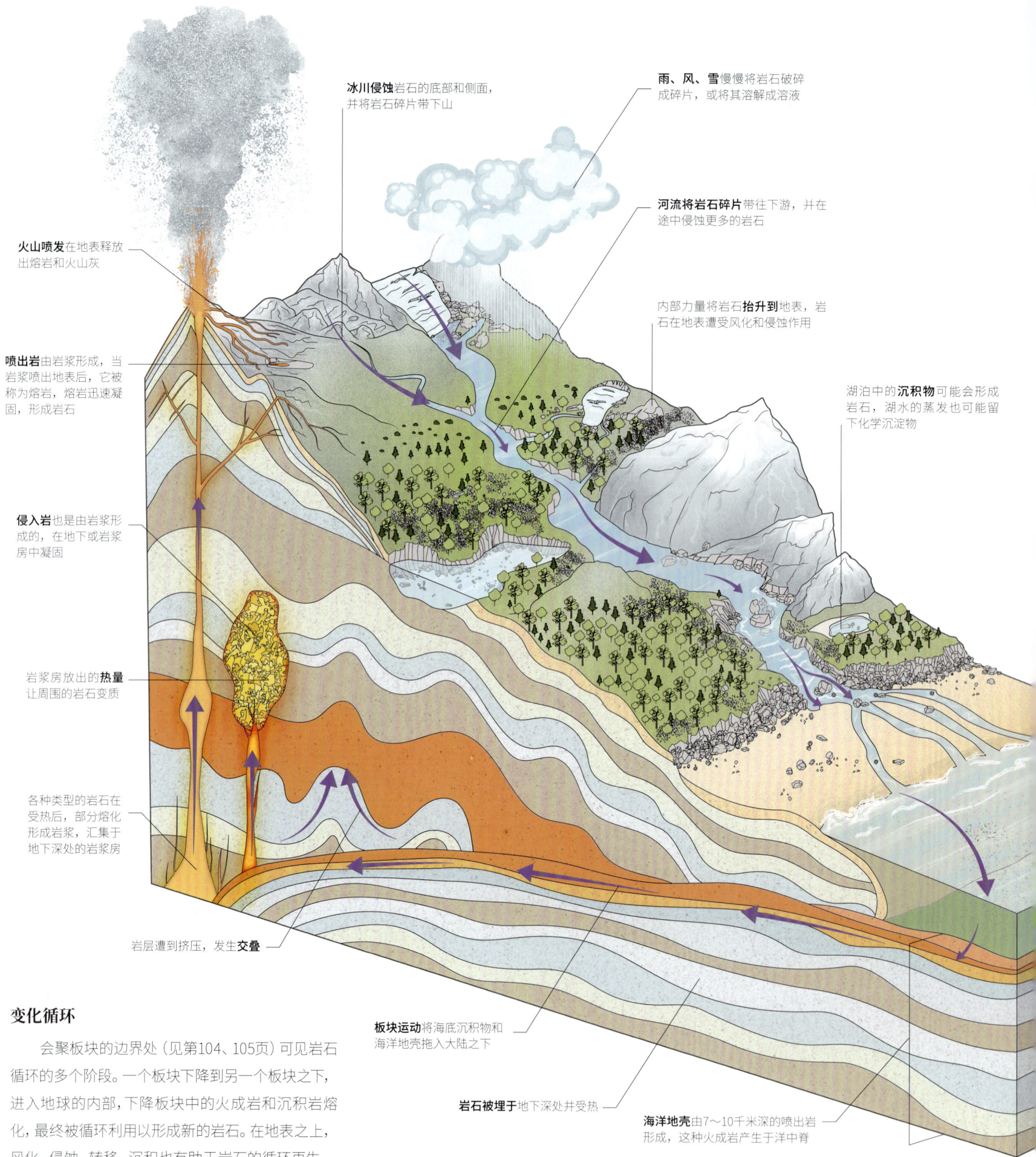

冰川侵蚀岩石的底部和侧面，并将岩石碎片带下山

火山喷发在地表释放出熔岩和火山灰

雨、风、雪慢慢将岩石破碎成碎片，或将其溶解成溶液

河流将岩石碎片带往下游，并在途中侵蚀更多的岩石

喷出岩由岩浆形成，当岩浆喷出地表后，它被称为熔岩，熔岩迅速凝固，形成岩石

内部力量将岩石抬升到地表，岩石在地表遭受风化和侵蚀作用

侵入岩也是由岩浆形成的，在地下或岩浆房中凝固

湖泊中的沉积物可能会形成岩石，湖水的蒸发也可能留下化学沉淀物

岩浆房放出的热量让周围的岩石变质

各种类型的岩石在受热后，部分熔化形成岩浆，汇集于地下深处的岩浆房

岩层遭到挤压，发生交叠

变化循环

会聚板块的边界处（见第104、105页）可见岩石循环的多个阶段。一个板块下降到另一个板块之下，进入地球的内部，下降板块中的火成岩和沉积岩熔化，最终被循环利用以形成新的岩石。在地表之上，风化、侵蚀、转移、沉积也有助于岩石的循环再生。

板块运动将海底沉积物和海洋地壳拖入大陆之下

岩石被埋于地下深处并受热

海洋地壳由7~10千米深的喷出岩形成，这种火成岩产生于洋中脊

从火成岩到沉积岩

　　冰岛斯特里格尔峡谷的布鲁冰河流过火成岩柱子组成的峭壁（见右图）。这些火成岩形成于慢慢冷却的岩浆。峭壁被侵蚀产生的碎片被河流带走，沉积于下游或海洋中，最终可能会变成沉积岩。

海浪击碎海岸线上的岩石，并带着碎片沿海岸前进，或将碎片带往外海

被河流带到下游的**岩石碎片**沉积在海岸沿线或海岸之外，较大的颗粒首先下沉

细小的沉积物堆积在海床上

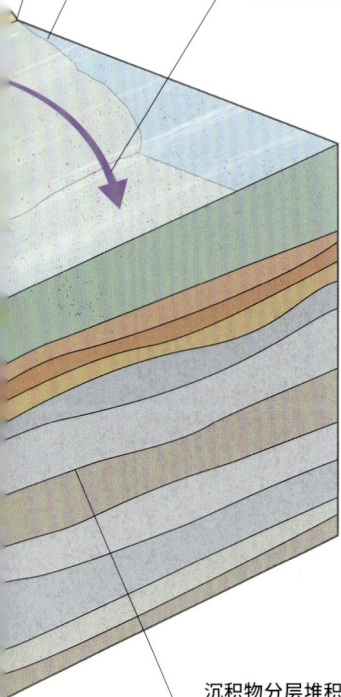

沉积物分层堆积在海盆底部，之后被挤压、胶结成新的岩石

岩石循环

　　在漫长的时间里，三种基本岩石类型——火成岩、沉积岩、变质岩——一直在循环交替，这一过程称为"岩石循环"，是地表之下的热量、地壳的运动、地表的侵蚀与沉积共同作用的结果。火成岩是由岩浆喷出地表或侵入地壳冷却凝固后形成的。沉积岩是由岩石碎片或颗粒在风化和侵蚀作用下，经过搬运、堆积、压实和胶结而形成的。有些沉积岩也可能是动植物遗体或化学沉淀物堆积而成的。变质岩则是火成岩和沉积岩遭受更高的温度和压力而导致结构或矿物成分改变时形成的。

苔藓和地衣生长在枕
状玄武岩上

玄武岩熔岩在远古海洋
中冷却，形成玄武岩，
具有圆形外观

玄武岩，有槽和脊

海洋火成岩

地球最外层的薄壳称为地壳，主要分为两种截然不同的类型：海洋地壳和大陆地壳（见第56、57页）。海洋地壳覆盖了地表的70%，主要由多层火成岩组成，厚度为7～10千米。海洋地壳形成于洋中脊，这是两个板块的离散边界（见第100、101页）突起于海床之上的火山构造。随着板块分离，岩浆上升并汇集于岩浆房中。一些岩浆在岩浆房中冷却，形成辉长岩之类的火成岩；其余的从海床的裂缝喷出成为熔岩，并凝固形成玄武岩。

枕状玄武岩

枕状玄武岩，或称枕状熔岩，是一种火成岩，形成于玄武质熔岩在海底喷发接触到冰冷的海水时。熔岩迅速冷却，形成一层薄皮，随着熔岩不断地喷发和内部压力的增加，这一层薄皮逐渐扩张、膨胀，形成圆形枕状的石头，直径通常达1米。左图中的枕状玄武岩位于冰岛。

肉眼可见**单个的晶体**

辉长岩

辉长岩是一种火成岩，其化学成分与玄武岩一样，只是它是岩浆在地下以更慢的速度冷却凝固形成的，因此有足够的时间让其形成更大的晶体。

蛇绿岩套

海洋地壳的结构和厚度基本一致，具有沉积物覆盖于不同岩石类型的层状构造。观察海洋地壳最好的地方是"蛇绿岩套"，即一段古老的海洋地壳及其下的上地幔被推升至大陆地壳，暴露于海平面之上。

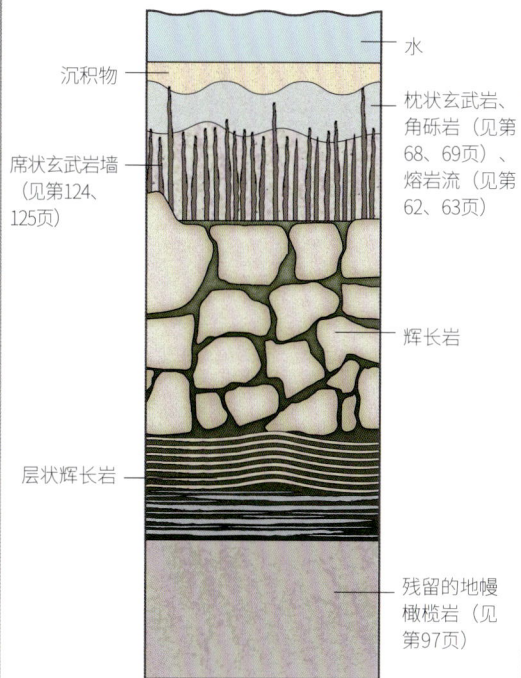

水

沉积物

枕状玄武岩、角砾岩（见第68、69页）、熔岩流（见第62、63页）

席状玄武岩墙（见第124、125页）

辉长岩

层状辉长岩

残留的地幔橄榄岩（见第97页）

海洋地壳剖面图

陆地火成岩

大陆地壳，即形成大陆及大陆架的地壳，主要由花岗岩构成，比海洋地壳（见第54、55页）更老、更厚，却没有那么致密。大陆内部的部分远离板块边界，在地质时代中相对稳定，因为大陆地壳的岩石相对而言更易漂浮，能抵抗俯冲作用，即一个板块滑入另一个板块下面的过程，这可导致地震和火山形成。地球上最古老的岩石大约有40亿年的历史，就位于大陆地壳中。

风化和侵蚀作用形成**尖锐的匕首状山峰**

冰也助力了风化作用，因为水结成冰时体积会膨胀，从而会扩大岩石中已有的裂缝

此标本的颜色来自
粉色的**钾长石**

粉色花岗岩

花岗岩是在地下的岩浆房中冷却形成的火成
岩，有灰色、白色、粉色等，颜色取决于其矿物
成分。花岗岩的晶体肉眼可见。

菲茨罗伊峰

世界上的许多山脉都是由大陆地壳的花
岗岩组成的。这些花岗岩形成于地幔深处，
后被逐渐推起形成山脉并遭到侵蚀。位于巴
塔哥尼亚、智利与阿根廷边境上的菲茨罗伊
峰就是这样才有了嶙峋的山峰（见下图）。

大陆地壳

山脉之下的大陆地壳可厚至70千米，而大陆被拉长拉薄的地方，大陆地壳
只有20千米。与海洋地壳相比，其成分更多样，主要是因为它更轻，与地球内
部的循环没有达到更致密的海洋地壳那种程度。因此，大陆地壳基本停留于地
表附近，反复经历侵蚀、沉积、变质的循环。

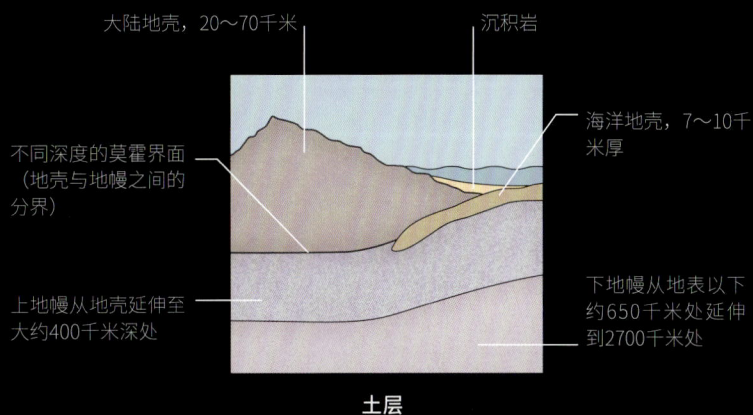

大陆地壳，20～70千米   沉积岩

不同深度的莫霍界面   海洋地壳，7～10千
（地壳与地幔之间的   米厚
分界）

上地幔从地壳延伸至   下地幔从地表以下
大约400千米深处   约650千米处延伸
到2700千米处

土层

冰川雕刻出**光滑
的花岗岩平面**

关注点 酋长岩和半穹顶

险峻的"酋长岩"高耸于加利福尼亚州约塞米蒂谷的千米之上。在峡谷的顶部，"半穹顶"的直断岩面更令人叹为观止。约塞米蒂谷惊人的风貌是热、水、冰共同作用的结果。1亿多年前，在许多层沉积岩之下，酋长岩和半穹顶的花岗岩由岩浆侵入形成。大约6 500万年前，沉积岩受到侵蚀而暴露出了坚实的花岗岩。

约塞米蒂谷位于内华达山脉的顶峰附近。顶峰于2 500万年前被抬升起来并倾斜，增强了区域内溪流的侵蚀能力，从而溪流在岩石中刻出深深的峡谷。大约300万年前，山脉已经高到气候变冷时冰原可以沿着山顶形成。冰川洗刷着峡谷两侧，刻出陡峭的崖壁。

约塞米蒂谷

左图中,酋长岩沐浴在夕阳的余晖中,守护着进入约塞米蒂谷的入口。在它的对面,布里达尔维尔瀑布从一个悬谷倾泻而下,高度达190米。远处可见白雪覆盖的"半穹顶"。

海拔高达2 693米

半穹顶

当冰川退却时,峡谷底部形成了一个巨大的湖,被冰川带下来的碎石围堵住。最终湖里堆满了沉积物,形成了峡谷的平坦地面,地面又被森林和草甸覆盖。北美最高的瀑布——高达740米的约塞米蒂瀑布就是几个沿陡峭的峡谷面飞流直下的瀑布之一。约塞米蒂谷是最早被美国政府从法律上保护起来的荒野区域,始于1864年。1890年,它成为美国国家公园。

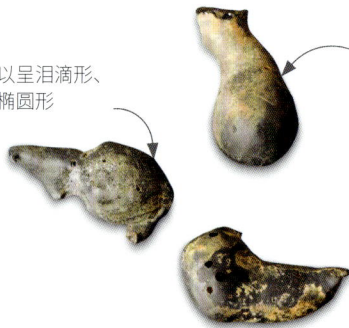

小块可以呈泪滴形、球形或椭圆形

表面光滑，具有玻璃光泽（但也可能粗糙或有条纹状突起）

火山泪

上图中这些小块的火山玻璃可达20毫米长，它们是低黏度岩浆在地表迅速冷却凝固所产生火山岩的碎片。其名称来自夏威夷神话中的火焰女神佩蕾。

熔岩喷泉

在夏威夷岛的基拉韦厄火山上，熔岩如溪流般从石缝中涌出（见右图）。熔岩冷却凝固成灰黑色的火成岩，可呈现刀锋状、块状、绳状的外观。

熔岩形成的岩石

岩浆形成于地球的上地幔，因为其密度比周围的岩石小，所以它会上升进入地壳。大部分岩浆会在上地壳的岩浆房中冷却凝固。到达地表并从裂缝或火山喷出的岩浆称为熔岩，然后冷却并凝固形成喷出岩。喷发的烈度和所形成的岩石取决于熔岩的成分和黏度。从火成岩的质地通常可以看出它是如何形成的（见下图）。

火成岩质地

岩浆在地下慢慢冷却时，有足够的时间让其形成更粗大的晶体。而岩浆在地表时冷却快得多，产生的晶体是显微级别的，甚至冷却太快，晶体根本来不及形成，于是就产生了天然玻璃。随着岩浆流向地表，先缓慢冷却然后迅速冷却可能会导致斑状质地——这是大小晶体混合形成的。熔岩中有气泡时，它们就会在岩石中形成孔洞，造成多孔的外观。爆发性喷发所产生的岩石残渣则会形成碎屑岩。

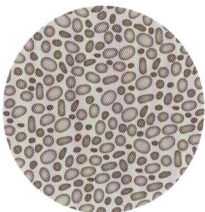

多孔状

碎屑状

粗晶体

斑状

微晶体

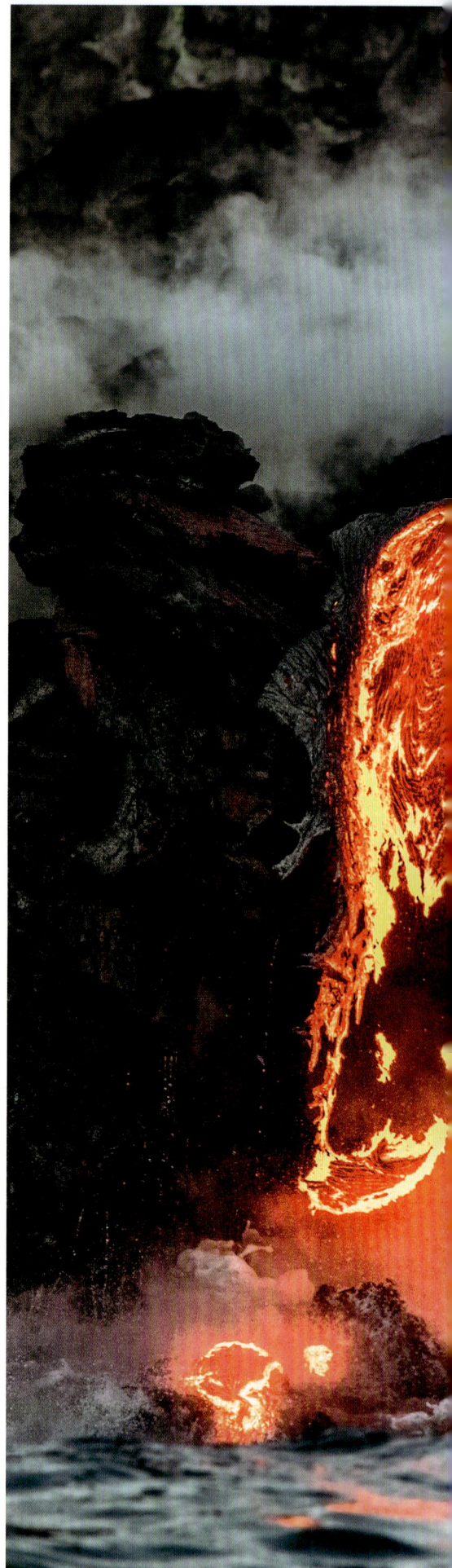

熔岩边缘又红又热，
温度比上表面更高

凝固的块状熔岩
仿佛碎石块

块状熔岩

　　缓慢流动的熔岩离开喷出口后可冷却形成具有棱边的石块。左图中的块状熔岩位于希腊圣托里尼破火山口中心的卡美尼火山岛。

随着冷却，**上表面**会变成更黑、更暗的颜色

熔岩

　　熔岩有许多种，形成的关键因素之一是原始岩浆中硅的含量。温度高而含硅量低的岩浆更容易升到地表并喷发形成玄武质熔岩流。气体很容易从这种岩浆中逃逸，所以它们更倾向于溢流式喷发而不是爆炸式喷发。温度更低而含硅量高的熔岩更加浓稠，如果它们到达地表时含气量较高，就会形成爆炸式喷发。

绳状熔岩

　　玄武质熔岩流的表面可形成具有弹性的薄壳，最终被下面的熔岩拖拽成绳子一样的层叠状。这种熔岩叫作"帕霍霍熔岩"，即绳状熔岩。"帕霍霍"在波利尼西亚语言中是"像绳子一样"的意思。这幅特写图像（见上图）显示的是夏威夷基拉韦厄火山上缓慢流动的熔岩，显示了一段绳状熔岩，该熔岩某些地方的温度可达1 000℃以上。

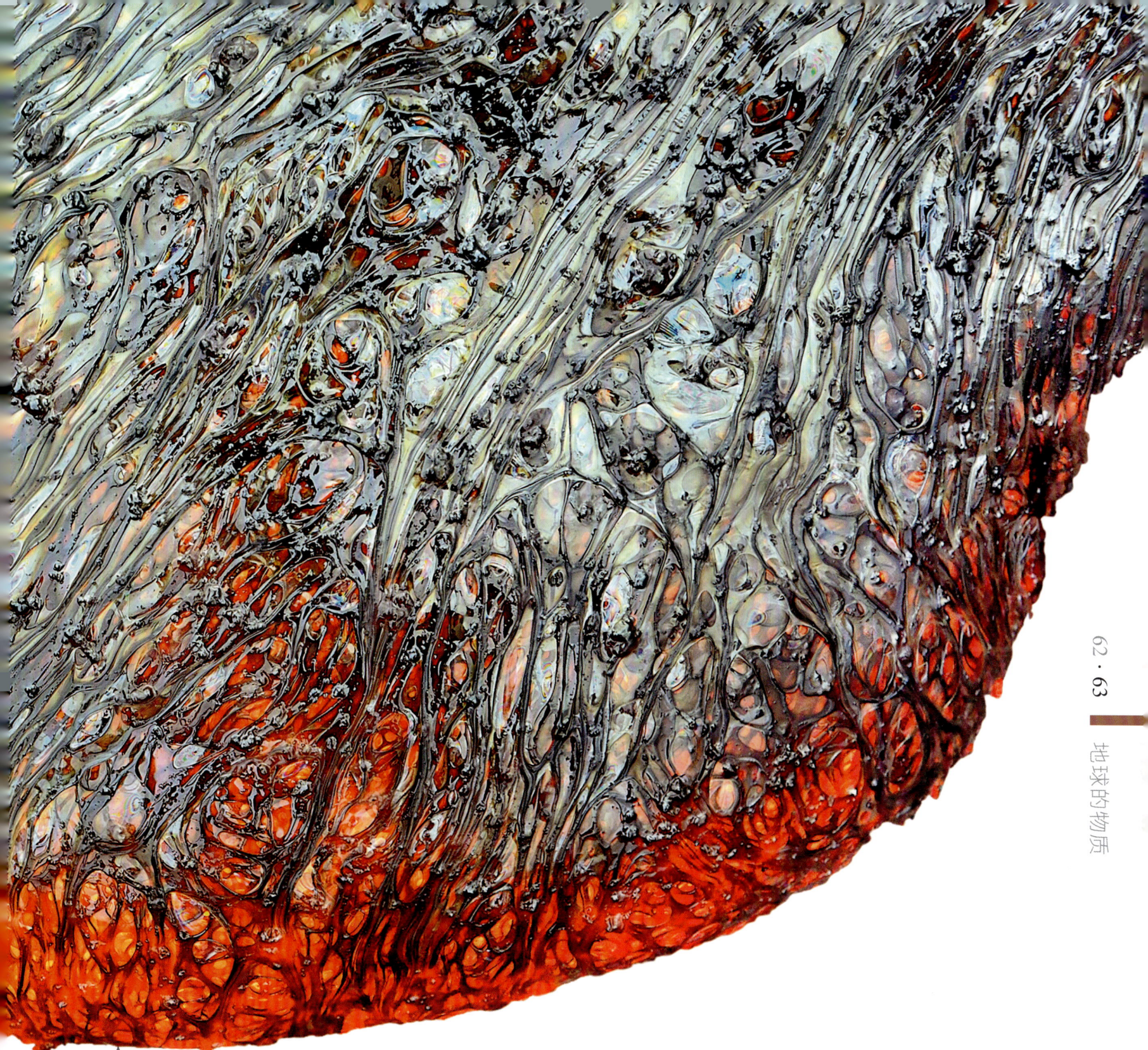

在一大段熔岩流的边缘，
熔岩已经摊开成了薄薄的
层状

熔岩黏度

熔岩流可按黏度分类，黏度也就是它们流动的难易程度，越黏稠越不易流动，含硅量越高黏度越大。含硅量高的熔岩只流动一小段距离便会凝固，含硅量低的熔岩则可流动好几千米。随着黏度的增加，熔岩会凝固形成不同的岩石，依次为玄武岩、安山岩、英安岩、流纹岩。

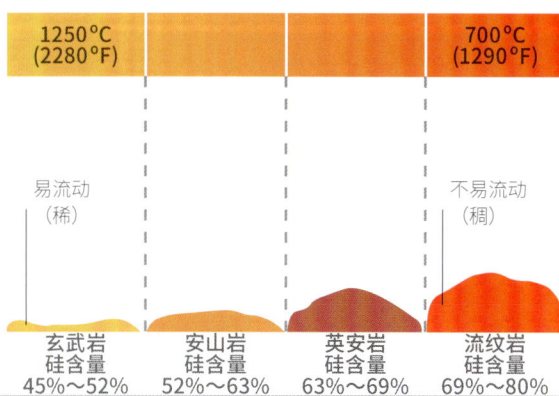

1250℃ (2280°F)			700℃ (1290°F)
易流动 (稀)			不易流动 (稠)
玄武岩 硅含量 45%～52%	安山岩 硅含量 52%～63%	英安岩 硅含量 63%～69%	流纹岩 硅含量 69%～80%

平行薄层具有不同的颜色，深色的层是在缺氧环境下沉积形成的

页岩

沉积岩占地壳岩石的5%左右，其中大约80%是被称为"页岩"的细粒沉积岩。

大教堂峡谷

大约100万年前，位于现美国内华达州的大教堂峡谷（见右下图）还在一个淡水湖之下。现在构成峡谷的岩石主要是当年沉积在湖底的泥沙、黏土和火山灰，它们形成层状的沉积岩之后又被风雨侵蚀和风化，最终形成了沟和谷。

细粒岩

粉砂岩、泥岩、页岩都是细粒的沉积岩。它们是比沙粒还小的颗粒沉积在相对平静的水体中形成的，如湖泊、潟湖、沼泽、深海盆及河漫滩等。这些颗粒一层层被埋起来，受到压缩，形成了平行层状的岩石。这些细粒岩的质地和硬度各异。粉砂岩由泥沙沉积而来，颗粒细度为直径0.004～0.06毫米。泥土沉积则形成了泥岩或页岩，其颗粒更小（直径小于0.004毫米），区别是页岩分层裂开而泥岩成块裂开。

砂质沉积物覆盖着峡谷底部的地面

黄土高原

黄棕色的沙石（"黄土"）沉积覆盖了10%的地球陆地面积。它可在多种环境下形成，包括富沙河漫滩附近的沙漠。风把泥沙从河漫滩带到沙漠，细小的沙土因为较轻，所以会沉积在离源头更远的地方，而粗重的颗粒则会沉积在更近的地方。沉积物达到一定厚度时就被称为"黄土高原"。最大的黄土高原位于中国。

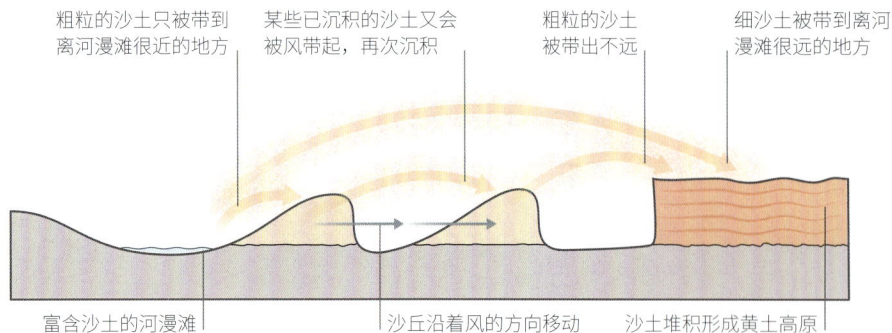

粗粒的沙土只被带到离河漫滩很近的地方

某些已沉积的沙土又会被风带起，再次沉积

粗粒的沙土被带出不远

细沙土被带到离河漫滩很远的地方

富含沙土的河漫滩　　　沙丘沿着风的方向移动　　　沙土堆积形成黄土高原

地球的物质

64 · 65

侵蚀形成的**峰和沟**

在沉积岩和沉积灰中可见**层理**

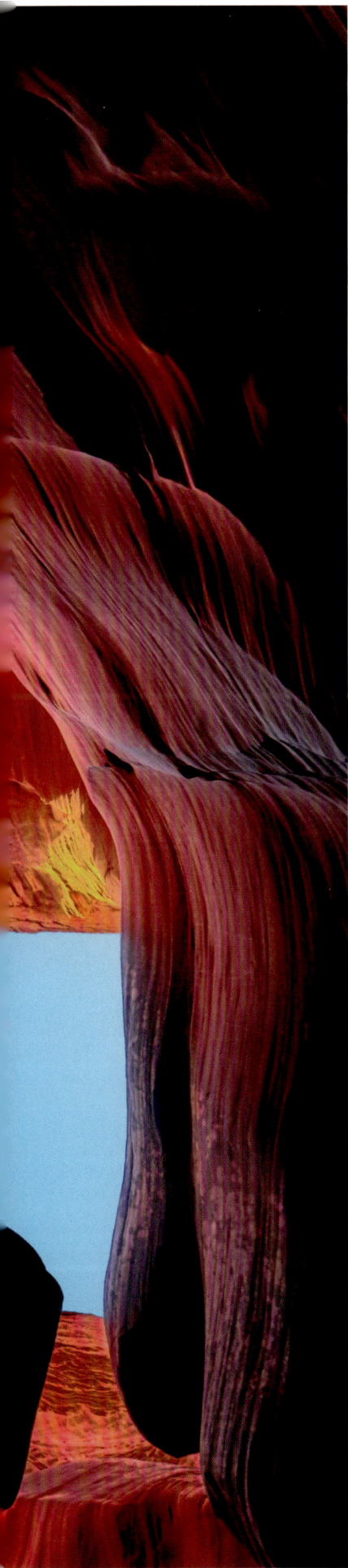

交错层理

　　沉积岩分层形成，这些堆叠的层状结构叫作"层理"。沙粒大小的颗粒沉积在平静水体中形成的层理平行于主层理面。不过，许多砂岩会显示出交错层理，颗粒的沉积面与主层理面有一定角度。这代表沉积物是由风、河、溪流等流体带来的。沙丘中的交错层理是沙粒被带过沙丘顶部并在另一侧沉积形成的。沉积的沙越来越多就会形成斜砌层。

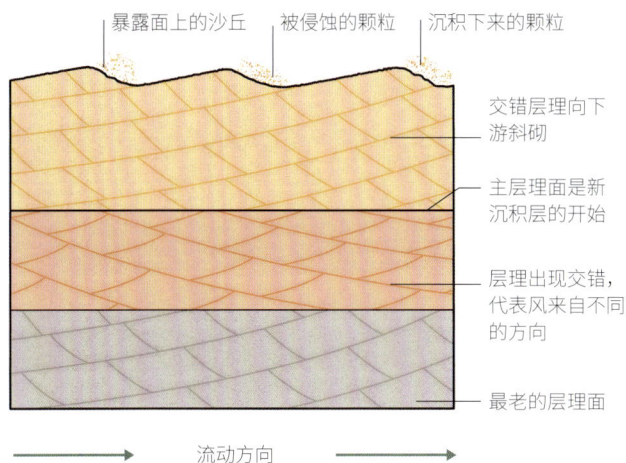

暴露面上的沙丘　被侵蚀的颗粒　沉积下来的颗粒

交错层理向下游斜砌

主层理面是新沉积层的开始

层理出现交错，代表风来自不同的方向

最老的层理面

流动方向

砂岩

　　砂岩是指主要由沙粒大小的颗粒（直径0.125～2毫米）组成的沉积岩。颗粒中包括矿物、碎石，以及碎贝、碎骨等有机材料，它们被风、溪、河、海带来，气流或水流不再能托住它们时就沉积下来。随着时间的推移，颗粒被压在一起并被胶结成一层层的岩石。砂岩根据颗粒成分不同可分为多种，例如，主要由碎石组成的杂砂岩，主要由长石组成的长石砂岩，主要由石英组成的石英砂岩，主要由碳酸钙组成的钙屑灰岩。大多数砂岩都含有大量石英。

纳瓦霍砂岩

　　美国亚利桑那州的羚羊峡谷（见左图）是由纳瓦霍砂岩构成的，这种砂岩形成于1.9亿—1.7亿年前，由沙漠风携带的沙子沉积而来。沙中含有的铁离子使砂岩呈现红色。千万年来，湍急的洪流侵蚀着砂岩，形成了窄而陡的峡谷，这种峡谷叫作"狭缝型峡谷"。波浪的形状是由风吹起沙子侵蚀岩石造成的。

海胆的棘刺，每一个都由方解石单晶体构成

显微镜下的沙子

　　从有机体的骨骼碎片到各种类型的碎石，组成沙子的小颗粒在显微镜下显示出许多不同的形状、大小、颜色（见右图）。

胶结碎石

砾岩和角砾岩都是由岩石碎屑胶结而成的沉积岩。这些碎屑小的比沙粒略大，大的为鹅卵石大小，最大的直径可达25厘米。碎屑沉积下来后就被埋在其他岩石之下，并固结成岩。这一过程从压实开始，上层岩石的重量让碎屑更紧密地结合在一起。当黏土、铁氧化物、二氧化硅、碳酸钙等矿物渗透进碎屑之间的空隙时，就会发生胶结，从而把碎屑粘成一片。砾岩和角砾岩的主要区别是角砾岩中的碎屑有棱角状边缘，而砾岩中的碎屑边缘更加圆滑。这些岩石的成分可以提示它们形成于什么环境和位置。

砾岩

左图的标本含有碧玉和玛瑙，二者都是隐晶质石英（见第38、39页）。碎屑外形圆润，质地平滑（砾岩中碎屑的典型特征），说明它们沉积于远离源头的地方。它们很可能是由急速的水流带来的，或是来自其他的高能量环境，既能把大块的碎石带出很远，又能在过程中磨平它们的棱角。

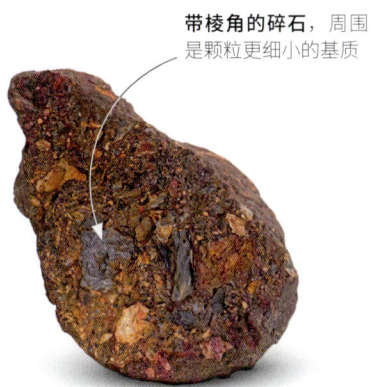

带棱角的碎石，周围是颗粒更细小的基质

角砾岩

角砾岩中的碎石相对更加有棱有角，说明它们没有远离其源头。角砾岩通常形成于悬崖脚下或陡峭的山坡之下，风化产生的碎石聚集于此。

角砾岩的类型

根据碎屑和基质（胶结碎屑所在的更细粒石块）的比例，角砾岩可分为两种类型。如果碎屑彼此触及，基质填补其余空白，这种叫作"碎屑支撑角砾岩"。有的碎屑看起来像是漂浮在基质中，并不与其他碎屑接触，这种叫作"基质支撑角砾岩"。

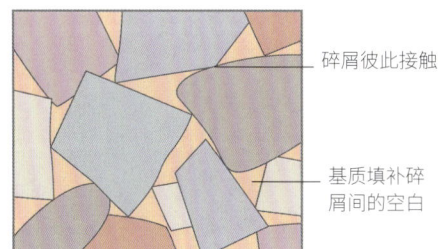

碎屑彼此接触

基质填补碎屑间的空白

碎屑支撑角砾岩

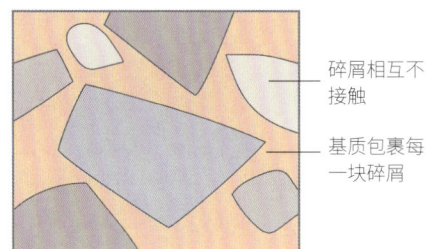

碎屑相互不接触

基质包裹每一块碎屑

基质支撑角砾岩

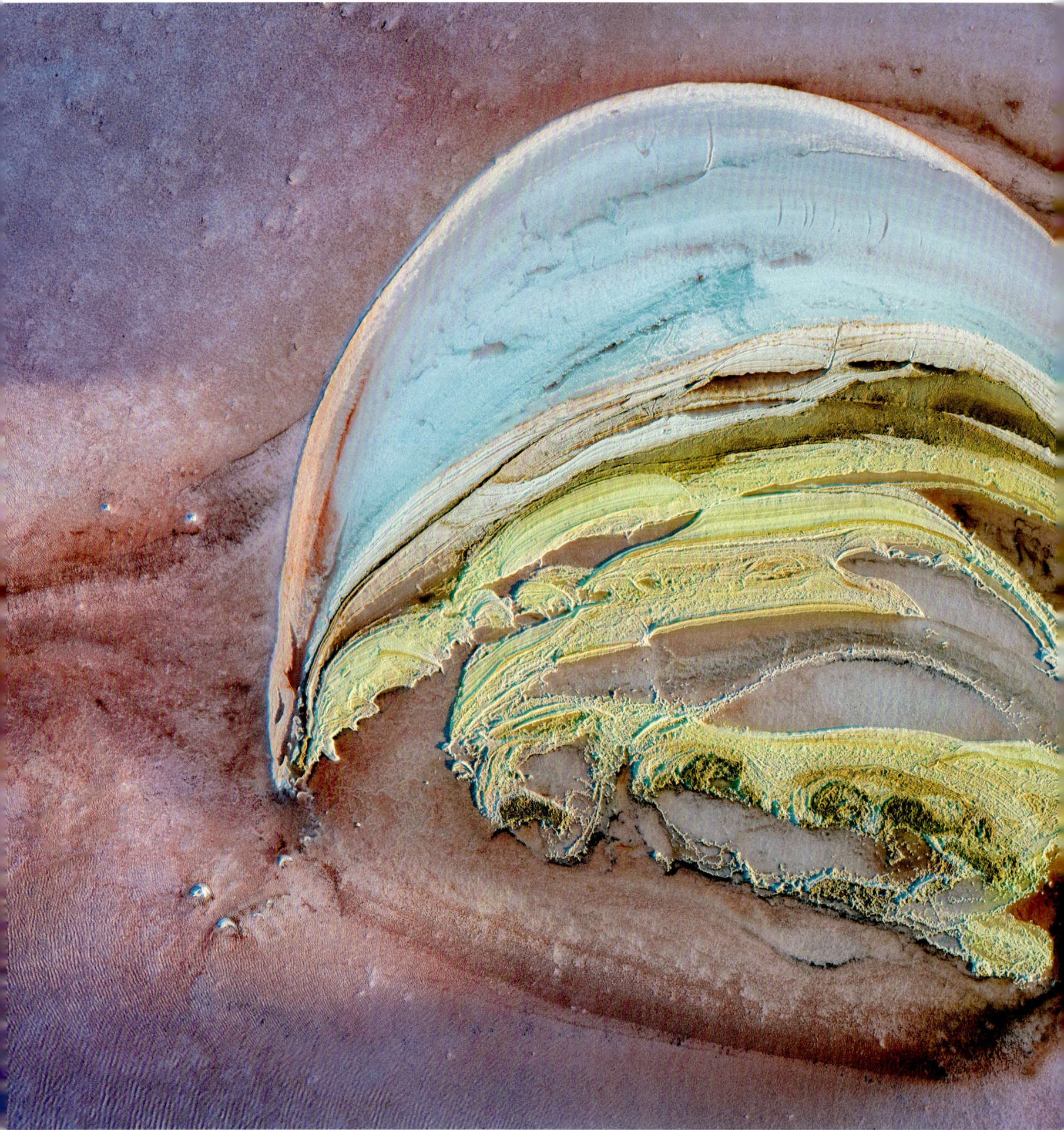

黑色层是富含铁的矿物，红色层是富含硅且因含铁而呈红色的矿物，二者形成平行、交替的层

条带状含铁岩层

　37亿—18亿年前，海洋中有机体光合作用产生的氧气与溶解在海水中的铁发生反应，产生条带状的化学沉积（见第242、243页）。

艾尔湖

　艾尔湖（见左图）位于南澳大利亚州的沙漠中，占地11 080平方千米。它有6 000万年以来形成的厚厚的沉积层。左边的俯视图显示了被盐壳覆盖的湖床。湖水会周期性泛滥，富含矿物的浅水一次又一次蒸发后，便会留下盐壳。盐壳上鲜艳的颜色是由细菌的存在和活动造成的。

盐壳的形成

　在沙漠中，咸水湖（见下图1）蒸发的速度往往快于雨水补充的速度，于是便会导致盐分析出沉积，在干燥的洼地——盐场（见下图2）中形成石盐、石膏等。不断重复的补给、蒸发过程又会造成更多的盐分沉积，最终在地表形成一层坚硬、干燥的盐壳（见下图3），这层壳可能会龟裂。

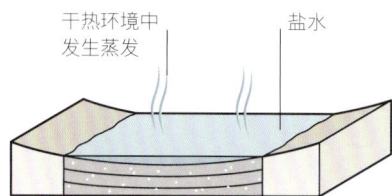

干热环境中发生蒸发　　盐水

1. 咸水湖

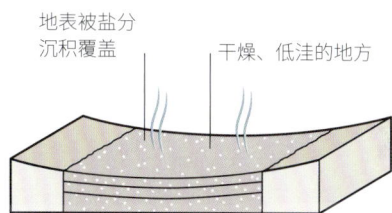

地表被盐分沉积覆盖　　干燥、低洼的地方

2. 盐场

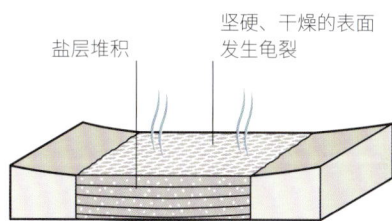

盐层堆积　　坚硬、干燥的表面发生龟裂

3. 盐壳

化学沉积

　由碎石和矿物形成的沉积岩称为碎屑沉积岩，而另一种沉积岩——化学沉积岩则是由化学成分从溶液中析出形成的，这些析出物往往会形成晶体。化学沉积岩的来源可能是无机物，也可能是有机物。无机物来源的化学沉积岩包括蒸发岩、白云石、粒屑石灰岩等，有机物来源的化学沉积岩包括燧石、煤、生物石灰岩等，生物石灰岩主要是由海洋生物形成的（见第72、73页）。

化石石灰岩的形成

大部分石灰岩是由贝类、海螺、珊瑚、海百合等海洋生物的外壳和骨骼中的碳酸钙形成的。当海洋生物（图1）死亡时，其硬质的部分便会形成碳酸钙沉积（图2），沉积层的掩埋和压实作用最终导致石灰岩的形成（图3）。

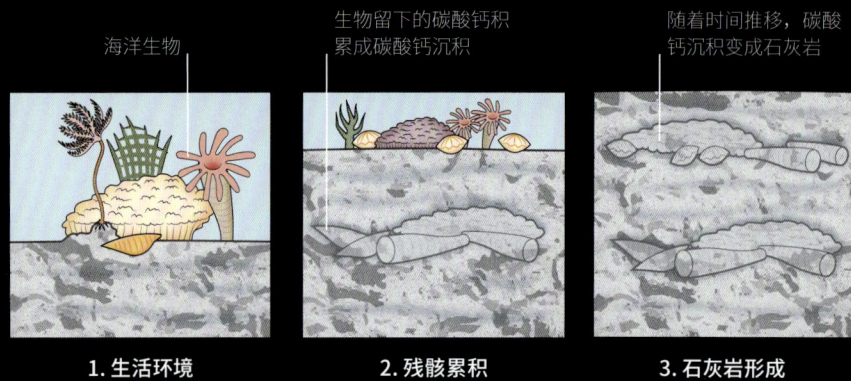

海洋生物

生物留下的碳酸钙积累成碳酸钙沉积

随着时间推移，碳酸钙沉积变成石灰岩

1. 生活环境 2. 残骸累积 3. 石灰岩形成

石灰岩

石灰岩占所有沉积岩的10%～15%，主要由方解石（一种晶体形式的碳酸钙）构成。大部分石灰岩形成于死去的海洋生物外壳和骨骼的堆积（见上图）。然而，它也可以由化学过程形成：碳酸钙从海水或湖水中析出为方解石。略呈酸性的水从石灰岩中流过，会形成洞穴，因为这种水会溶解碳酸钙，造成空洞。当石灰岩经历变质作用时，方解石会再结晶为大理石。

苔藓动物化石： 某些苔藓动物会形成毯子一样的群聚区，由许多小个体组成，这种小个体称为"个虫"

软而多孔的白色岩石

含有化石的石灰岩

石灰岩是包含化石较多的岩石之一，其中保存完好的化石可以让人们一窥古老的生命形式。右图的标本在大约4亿年前形成于热带浅海，含有腕足动物、三叶虫、海百合、苔藓动物等各种海洋无脊椎动物的丰富化石。

白垩

白垩由方解石组成，也是一种石灰岩，形成于海洋微生物的遗骸。这些海洋微生物死后形成非常细腻的碳酸钙泥，这种泥最终就变成了白垩。

腕足动物化石： 腕足动物是生活在海床上的硬壳无脊椎动物

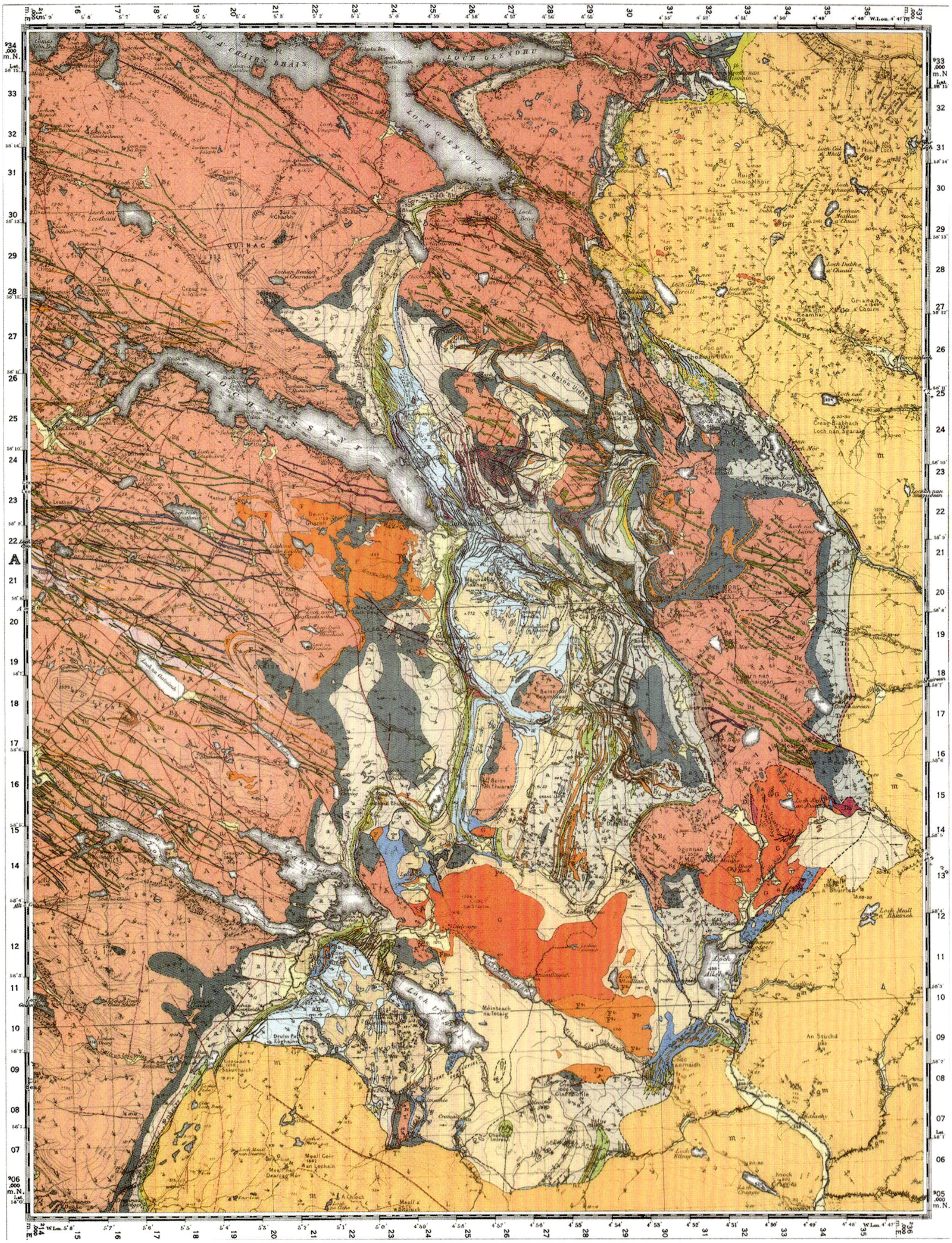

LOCH A' CHAIRN BHAIN
LOCH GLENDHU
LOCH GLENCOUL
LOCH ASSYNT
An Stùchd

突破性的交错层理

右图展示了英格兰和威尔士的岩石交错层理,它来自威廉·史密斯1815年的地图《英格兰、威尔士及英格兰部分区域的地层绘图》。此图显示岩层向东南方向倾斜,较古老的威尔士山岩位于西部(左),越来越年轻的岩石向东(右)一层一层叠加。

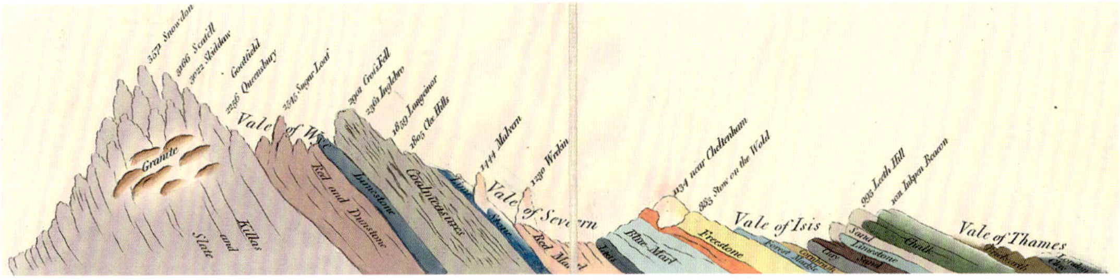

地球科学的历史

绘制岩石地图

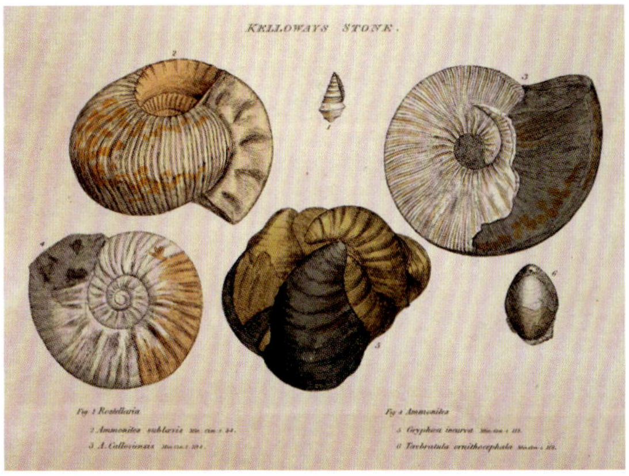

标志性化石

上图展示了"凯拉威斯层"中典型的几种晚侏罗世化石。威廉·史密斯根据自己对化石的理解,将同一岩层在不同地点的外露联系起来。

苏格兰阿辛特的地质地图

左边的地图绘制于19世纪末,是早期展示古老山脉内部复杂岩石排布的地图之一。它不仅用颜色来区分岩石类型,还用线条画出了地质断层,用箭头标明了倾斜方向。

几千年来,人们用地图来记录建材石块、贵金属等有价值矿床的位置,现存最早的例子是公元前1150年的埃及纸莎草纸地图。但直到18世纪,人们才开始填补这些位置之间的空白,绘制出系统、连续的地图,以记录脚下的各种岩石类型。

1746年,法国地质学家菲利普·布歇和让-艾蒂安·盖塔尔发表了一张地图,展示了法国北部和英格兰南部的白垩层的分布范围,从此开创了地图绘制的新纪元。1809年,苏格兰出生的地质爱好者威廉·麦克卢尔更进一步绘制了美国东部的地质图,将地表岩石分为四类:原始岩石、过渡岩石、次生岩石、冲积岩石。

与此同时,在英格兰的西部,一位年轻的勘测员威廉·史密斯在勘查煤矿和运河工程的过程中对岩层的分布有了更详细的洞见。他在不同地点下矿井时都注意到了相同的岩石序列;他还发现,这些岩石可以通过包含的典型古生物化石来区分,由此得出了他的"生物群层序律"。

史密斯在监督运河挖掘时得以在更大的区域中验证自己的想法,并将自己的垂直岩层取样推广到水平的地表露出分布。1799年,他以所居巴斯市附近岩石类型的地图开始,花费多年走遍英格兰、威尔士、苏格兰南部,收集化石,绘制化石所在岩石的位置。1815年,他绘制了第一幅国家性地质图,鉴别出23种岩层,每一种都以一个不同的颜色手绘展现。

史密斯的开创性工作为现代地质图测绘奠定了基础。他给鉴别出的岩层取的名字今天依然在被地质学家使用。

> ❝ 有序的化石是……大地的古迹;非常清晰地显示了其逐渐而规律的形成过程。❞

威廉·史密斯,1817年

蛇纹岩

蛇纹岩（见右图）是一种变质岩，是岩石被掩埋而变质的例子。它形成于海洋地壳的火成岩在水中被加热到200℃左右时，这时其矿物就会经历一种被称为"蛇纹岩化"的变质过程。

有色部分在此标本中均匀分布，但在其他情况下也可能呈条带状分布

裸眼可轻松看见**粗粒**

糜棱岩

糜棱岩（见右图）是一种紧实、细致的变质岩，是岩石沿断层被粉碎形成的。平行条带（"层理"）是动力变质岩的特征。

条带由微小的、部分再结晶的颗粒形成，与断层平行

夹杂黄绿色块是蛇纹岩的典型特征

动力变质和埋深变质

变质岩的形成方式多种多样。在地壳的大规模运动中，岩石在某一特定方向上受到压力就会发生动力变质作用，尤其常见于断层面沿线和活动板块的边界处。当地壳的一部分划过另一部分时，相互摩擦的面就称为断层。当断层发生在地下深处时，岩石中的矿物会部分再结晶，也就是说，岩石会碎裂并重新组合，形成不同质地的新岩石。当埋藏导致温度和压力升高时，岩石也会变质，这一过程被称为埋深变质。

剪切带

在地壳中较浅的地方，深度不过约10千米处，岩石相对冷而脆，受力时更容易碎裂。但在中下层地壳处，温度更高，岩石受力时的表现更像受热的塑料，会流动而不是断裂。地下深处的这些区域称为"剪切带"，这里的岩石长期受力，会致使其矿物再结晶，糜棱岩（见右上图）的纹理就是这样形成的。

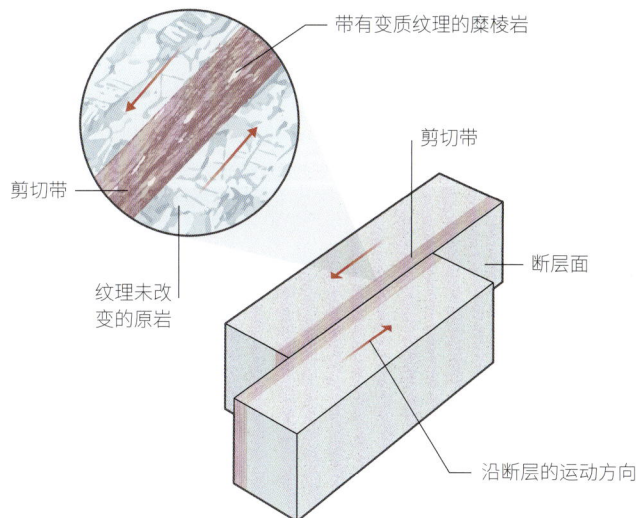

带有变质纹理的糜棱岩

剪切带

剪切带

断层面

纹理未改变的原岩

沿断层的运动方向

片麻岩

片麻岩这种变质岩一般形成于高温（500℃以上）、高压的环境中，其颜色有浅有深是因为化学反应让岩石中的矿物分别聚集于不同的区域。二者的成分不同：浅色部分主要含有石英和长石，深色部分则含有辉石和角闪石。

粗粒质地和条带状外观

区域变质

岩石在大范围内被高温、高压（或二者之一）改变，这一过程被称为"区域变质"，通常发生于板块碰撞形成山脉带的地方（见第104、105页及110、111页）。此时地壳中的岩石会遭到挤压（见下图），曾经位于地表的岩石也可能被拖到地壳中数十千米深的地方，那里的温度要高得多。区域变质作用形成的变质岩类型取决于原岩类型，以及所经受的温度和压力。

威尔士板岩

板岩是一种质地细致的变质岩，是页岩在温度和压力下形成的。板岩可沿其天然解理面分成薄片（见左图和下图），所以经常被用作铺设屋顶和路面的材料。

褶皱和叶理

岩层因地壳运动而遭到挤压时，会折叠、弯曲，其中的矿物也会在不融化的情况下部分再结晶。新晶体的排列方向垂直于挤压方向而平行于折叠轴面，这种排列方式称为"叶理"。以板岩来说，平行平面（"板岩理"）相距很近，是强度相对较低的区域，所以板岩能轻易分离成薄片，用以铺设。

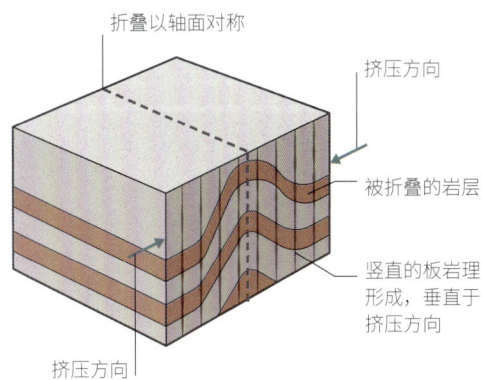

折叠以轴面对称

挤压方向

被折叠的岩层

竖直的板岩理形成，垂直于挤压方向

挤压方向

受压岩石剖面图

接触变质

炙热的流动岩浆在地下深处开始冷却凝固时，就会形成"火成岩侵入体"（见第124、125页），它会将热量释放到周围的岩石中，于是这些岩石就产生了化学改变，这就是"接触变质"。好几种变质岩是以这样的方式形成的，包括角岩和硅卡岩（见右图），其中角岩是页岩、板岩、玄武岩被岩浆加热形成的。接触变质是升温而不是受压的结果，所以过程中不会产生褶皱和叶理，这与动力变质、区域变质（见第76~79页）不一样。

此石包含绿透辉石、粉方解石、黑阳起石

硅卡岩

不纯的石灰岩等碳酸盐类岩石经受火成岩侵入体放出的巨大热量时，就会发生接触变质，形成的变质岩称为硅卡岩。

之前已存在于辉绿岩岩层周边的岩石受热而呈现"褪色"的样子

变质圈

火成岩侵入体周围被接触变质作用影响的区域称为"变质圈"。离热源越远，变质程度越低，于是就形成了一系列同心的带状区域。此例中，岩浆凝固成花岗岩侵入体，离岩浆最近的角岩的变质程度大于离得更远的斑点岩。沉积岩页岩在变质圈之外，没有受到变质作用的影响。

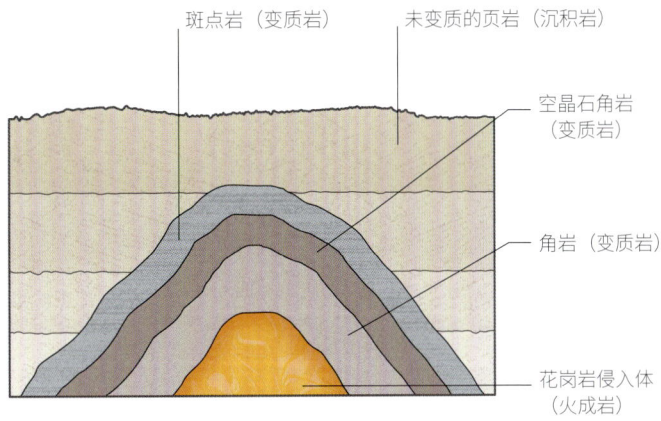

斑点岩（变质岩）

未变质的页岩（沉积岩）

空晶石角岩（变质岩）

角岩（变质岩）

花岗岩侵入体（火成岩）

被热改变

在美国蒙大拿州格林内尔冰川周围的群山中，由沉积岩构成的岩层中有一道条带，被称为"岩床"，是岩浆冲入沉积岩岩层之间形成的，岩浆凝固成了一条火成岩带，与沉积岩岩层平行（见下图）。条带上下紧邻的岩石因巨大的热量而发生接触变质。

深色条带（岩床）由火成岩辉绿岩组成，它是导致周围岩石变质的热源

随着时间推移，沉积岩形成了不同的岩层

倾斜的岩层

　　中国西北部的彩虹山——七彩丹霞地貌是由砂岩和粉砂岩构成的，这些岩层沉积于1.45亿年至6 600万年前的白垩纪，最初是水平的，在5 000万年前印度板块与欧亚大陆板块撞击时，岩层被挤压和折叠。这一撞击也导致了喜马拉雅山的形成。

风和水引起的风化与侵蚀造成了**岩石中的沟壑**

铁氧化物导致**砂岩呈红褐色**

角度不整合

岩层的相对位置有助于揭示其地质历史。沉积层是水平的（见下图1），但板块活动可导致岩层折叠、倾斜（见下图2），侵蚀作用会抹去突出部分，又形成一个平面（见下图3）。如果有新的沉积层形成于其上，就会出现"角度不整合"（见下图4），这意味着岩石记录有空缺。

水平沉积层形成沉积岩

1. 沉积的岩石

岩石被推升、折叠

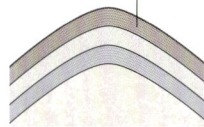

2. 岩层折叠、倾斜

侵蚀作用将上半部分又变成平面

3. 发生侵蚀

角度不整合（新旧岩层的分界）

新的沉积层形成于被侵蚀的折叠旧岩层之上

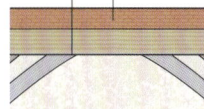

4. 新岩石沉积

岩层

地质学家通过研究岩层可知岩石是何时、以何种方式形成的。沉积岩以水平层状进行沉积，最古老的岩石在最下面，最新的岩石在最上面，由此可得出岩石的相对年龄。然而，板块活动可能会让岩层倾斜甚至倒转，而侵蚀作用会导致地质记录有空缺（见上图）。通过研究岩石中的化石，地质学家可以评估岩层的年龄，以及地理上分离的岩层是不是在相近时期沉积的。

每一岩层都新于其下的岩层，老于其上的岩层

水平岩层

右图展示了英国威尔士西海岸的一处悬崖，它是分层沉积岩群"阿伯里斯特威斯砂岩群"的一部分。最底层被认为形成于4.88亿—4.43亿年前。

大峡谷

大峡谷蜿蜒穿过美国西南部的科罗拉多高原。科罗拉多河将地壳纵向切开1.6千米深，创造了令人叹为观止的景观，也开启了一扇独特的窗口，让人们得以从峭壁上的岩层中窥见地球18亿年的历史。

大峡谷最宽处达29千米。

科罗拉多高原的岩石沉积于5.75亿—2.7亿年前，主要形成于浅海、沙滩、沼泽中。7 000万—3 000万年前，这片区域被抬升了3 000米，这可能是板块碰撞的结果。

大峡谷则于600万—500万年前开始形成，那时科罗拉多河在加利福尼亚湾找到了出海口。科罗拉多河在峡谷中穿越446千米，落差约600米，水流湍急，具有很大的向下切割的力量。汛期水量和

陡峭的悬崖一般由最抗侵蚀的岩石组成

鸟瞰图

泥沙量会暴增，冰川期末上游冰川融化时，量还会大得多。

现在干流已经触及了最底层的岩石，它们比上面的沉积层坚硬得多。因此随着支流侵蚀峡谷两侧，峡谷正在以更快的速度变宽而不是变深。

日出时的大峡谷

大峡谷的峭壁展示出多彩的岩层，有石灰岩、砂岩、页岩、凝固熔岩，覆盖在古老的火成岩及变质岩基底之上。科罗拉多高原的抬升没有造成很大的变形，岩层几乎还是水平的，地层柱也很容易解读。

苔藓生长于土壤之上的有机层

肥沃而深色的表土层含有大量有机质和矿物

灰土层比上层颜色浅，因为灰土层失去了有机质和铁

底土层聚积了上层漏下来的有机质和矿物（尤其是铁氧化物，所以呈红褐色），植物的根也会延伸至底土

深色的腐殖质层，包含活的和正在分解的动植物，储存着大量的碳

土壤剖面图

大部分土壤可分为好几层，从表层到基岩作一个纵向剖面，便可看出其排布。不是所有的土壤都具有所有的土层，不过大部分土壤从上到下可分为带有植物残渣的腐殖质层、深色而肥沃的表土层、浅色而富含矿物质的底土层、贫瘠的石层、坚硬的基岩。

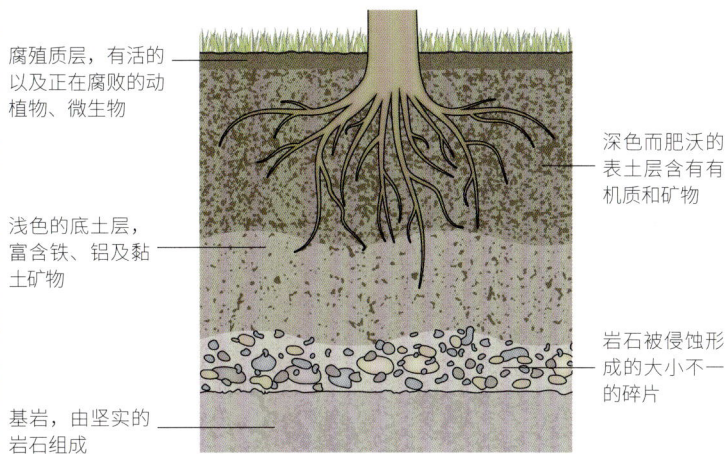

腐殖质层，有活的以及正在腐败的动植物、微生物

浅色的底土层，富含铁、铝及黏土矿物

基岩，由坚实的岩石组成

深色而肥沃的表土层含有有机质和矿物

岩石被侵蚀形成的大小不一的碎片

土壤

　　有机质、矿物、水、空气、生物混合而成的土壤在地球的生态系统中起着至关重要的作用：吸收并储存碳，将死去的生物转变为营养物质，为植物提供关键的生长介质，为1/4的已知物种提供一个家园。土壤还能够吸水、储水，供植物及其他生命体使用，并调控余量水渗出的速度。另外，富含微生物的土壤还能够分解有害化学物质，减少对地下水的污染。

干旱的土壤

　　当干旱在某一地区持续，例如澳大利亚维多利亚省的这片贫瘠平原（见右图），土壤就会失水而萎缩，形成龟裂。这一般发生在富含黏土的土壤中。

干旱的土壤开裂，形成很深的裂缝

灰化土

　　灰化土是一种酸性土壤，特征是腐殖质或表土之下有一层浅灰色的土（见左图）。这是淋失形成的，降雨或快速的水流把铁和有机质冲到更下层的底土层中。灰化土常见于针叶林。

水滴

水滴的形成及其圆形的外观（见左图）是表面张力导致的。表面张力将表层的水分子聚集在一起（见下方框内图）。

水滴能挂在叶尖也是因为表面张力的作用

水的性质

水是生命体中含量最多的化学物质。它有很多独特的性质，主要是因为水分子能形成氢键（将一个分子与另一个分子相连的化学键）。很少有其他物质能在地表同时以液、固、气三态存在：液体时就是液态水，固体时是冰（见第90、91页），气体时是水蒸气。另外，水还能吸收大量的热而不会有大幅的温度上升，温度下降时又会放出储存的热。水的温度能保持相对稳定，这有助于维持生命。

物质三态

夕阳照耀着苏格兰高地的希尔湖（见右图），湖面的水正结成冰，而空气中的水蒸气正凝结成小水滴形成雾气。

表面张力

水有很强的表面张力，这有利于某些动植物：某些昆虫可以借此行走于水面之上，植物也可以借此把水从根部运往叶片。表面张力是水分子之间的聚合力形成的。在一个水体中，表面之下的水分子被附近的水分子牵引着向各个方向运动，而表面的水分子只被向内或向两边的力牵引着，因为表面以外没有水分子能与之成键。于是，表面的水分子被拽向内部，导致液体表面收缩。

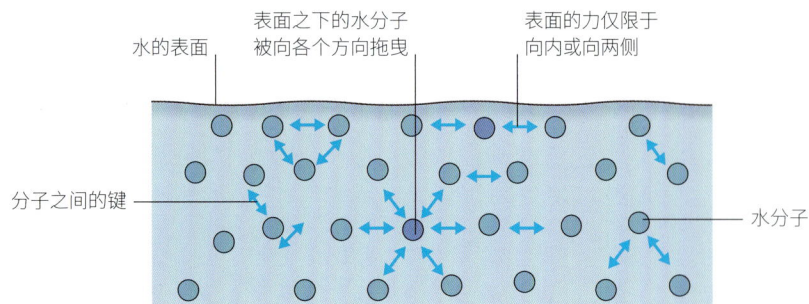

水的表面　　　表面之下的水分子被向各个方向拖曳　　　表面的力仅限于向内或向两侧

分子之间的键　　　　　　　　　　　　　　　　水分子

潜热

物质相变时吸收或释放的热量叫作"潜热"，例如固态的冰变为液态的水，或者水变成水蒸气。在此过程中，温度不变，所需的能量取决于物质的态。水有很高的潜热，因为它需要很多的热能才能改变其原子键，这意味着当冰雪在温度上升时融化得相对较慢，会一直保持同一温度，直到完全变成液体。

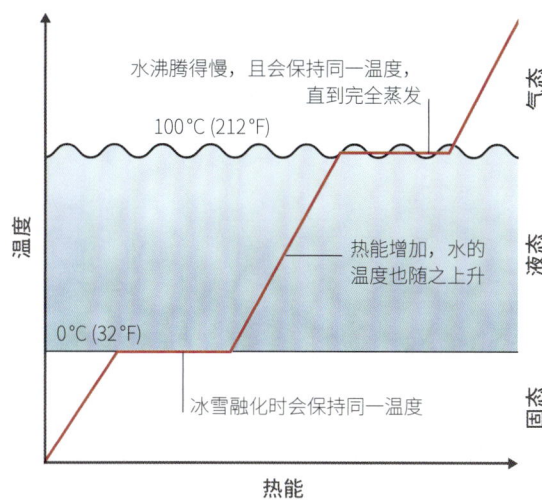

水沸腾得慢，且会保持同一温度，直到完全蒸发

100°C (212°F)

气态

热能增加，水的温度也随之上升

液态

温度

0°C (32°F)

冰雪融化时会保持同一温度

固态

热能

冰冻的水

液态水冷却到凝固点（0°C）以下时，就会变成固态的冰。冰中的水分子分布比液态水中更松散，这也就意味着水在结冰时体积反而会变大，这和其他绝大多数物质都不一样。液态水变成冰时体积会增长大约9%，且冰的密度比液态水小，因此冰能浮起来。冰是天然存在的化合物，有固定的化学构成和晶体结构，所以冰也可算作一种矿物。雪花是冰的晶体组合在一起形成的，这些晶体自然地排成了复杂的六角形结构（见第220、221页）。

贝加尔湖

贝加尔湖是世界上最深的湖，位于俄罗斯的西伯利亚。湖面上的冰有交错的裂痕（见左图）。这些天然裂痕是每天的气温浮动造成的，因为白天温度高导致冰膨胀，晚上温度低又让冰收缩。

树枝状晶体是霜花的典型

霜花

右图这些花朵一样的冰晶体生长于新生海冰之上（主要在极地区域），或是平静环境中的薄湖冰之上。它们是水接触到冷得多的空气迅速冷却而形成的。

滚滚而下的冰云

冰雪顺着巴基斯坦巴尔蒂斯坦峰（K6峰）的一面峭壁滚滚而下。这样的雪崩可以达到时速几百千米。

雪崩

　　大量冰雪突然从山上滚下来，通常夹带着泥土和岩石，这就是所谓的"雪崩"。其始于某一层雪或其他物质变得不稳定，诱因可以是降雪、温度变化、地震，或徒步、滑雪等人类活动引起的扰动。雪崩有好几种：新的降雪沿着山崖滚下来称为"松雪塌陷"，而一大块已固结的雪松动并滑下来称为"雪板雪崩"，二者都有的是"粉末雪崩"，雪夹杂着水一起滚下称为"湿雪下滑"。

雪板雪崩的形成

　　大重量的新降雪积聚在脆硬的雪层上，而这雪层又在更老且已固结的雪上，这时就会发生高度毁灭性的"雪板雪崩"。雪层可以碎裂成板状，沿着山崖高速滑下。随着雪板滑下，前端会解体，并形成冰颗粒组成的云，在这之前有时还会有强大的气爆。

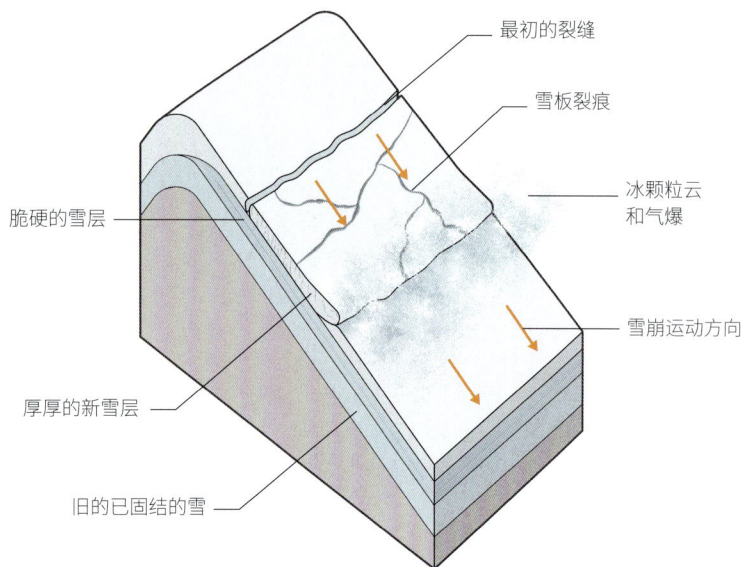

最初的裂缝

雪板裂痕

脆硬的雪层

冰颗粒云和气爆

雪崩运动方向

厚厚的新雪层

旧的已固结的雪

地球的构造与活动

  地球是一个复杂的结构体，它由三个核心层组成。最外层始终处于不断的变化之中，这种变化由内部的力和地表的风化、侵蚀、搬运、沉积等作用共同驱动。这些变化中的绝大多数进程缓慢，以致人们难以察觉，但有时某些变化也会以惊人的速度和破坏力突然爆发。

绿色晶体是绿辉石，是辉石的一种富钠变种

红色晶体是石榴石，被用于制作宝石（见第48、49页）

此标本中的**粗粒**呈均匀分布，它们有时也可能呈带状分布

地球的内部

地球的最外层称为地壳，海洋下的地壳（海洋地壳）通常可深至10千米，大陆及大陆架下的地壳（大陆地壳）可深至70千米。地壳之下的地层称为地幔，由更致密的岩石组成。地幔的最上一层硬而脆，延伸至地下100千米左右，叫作岩石圈地幔。其下是软流层，由部分熔化的柔软岩石组成，深至地下350千米左右。这里的高温高压让岩石如同熔化的蜡一样流动。地幔更深处，来自上层岩石的压力让物质保持固态。地核主要由铁和镍组成，外部为液态，内部为固态。

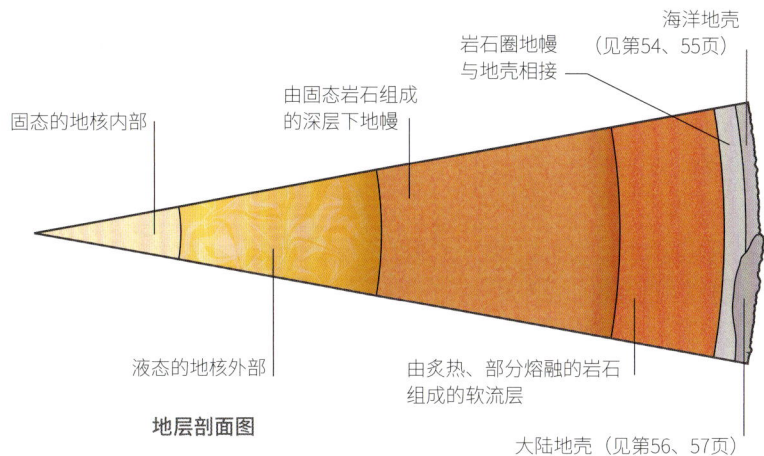

固态的地核内部

由固态岩石组成的深层下地幔

岩石圈地幔与地壳相接

海洋地壳（见第54、55页）

液态的地核外部

由炙热、部分熔融的岩石组成的软流层

大陆地壳（见第56、57页）

地层剖面图

巨大的碎石源自后方的山脉，由侵蚀作用塑造而成，它们原本是地球内部经过地质过程形成的岩石

来自地球内部的岩石

加拿大纽芬兰格罗斯莫恩国家公园（见上图）让人们得以看见十分珍贵的来自地幔的岩石。这些岩石包括橄榄岩和海洋地壳。板块运动导致大约4.7亿年前的这些岩石冲破大陆地壳拔地而起。

地球的构造

地球是由多层同心层组成的复杂结构，每层的构成和性质都不同。三大主要的层分别是：最外层的相对薄的地壳、在中间主要由火成橄榄岩组成的厚厚的地幔及最内层的地核。每一层又可以继续分为若干层（见上方框内图）。对地球构造和成分的了解大都来自对地震波的分析，地震、火山爆发，以及地球内部以不同速度通过不同介质的滑坡运动，都可以产生地震波这种振动。例如，科学家推测地核外层是液态的，因为某些类型的地震波无法穿透液体。而对于最接近地表的地壳，则可以直接挖掘采样来获取其样本。

小球状的**石榴石**让榴辉岩呈现出典型的斑斑点点的外观

榴辉岩

榴辉岩是一种稀有的变质岩，颗粒粗大。它形成于玄武岩、辉长岩等硅含量低的火成岩，被拖入地壳最底层甚至地幔时，有时可深至150千米，这种情况发生在两大板块碰撞时（见第104、105页）。巨大的热量和压力让这些火成岩再结晶，并形成新的岩石。榴辉岩由绿色的绿辉石和红色的石榴石组成，也含有少量石英、长石等其他矿物。

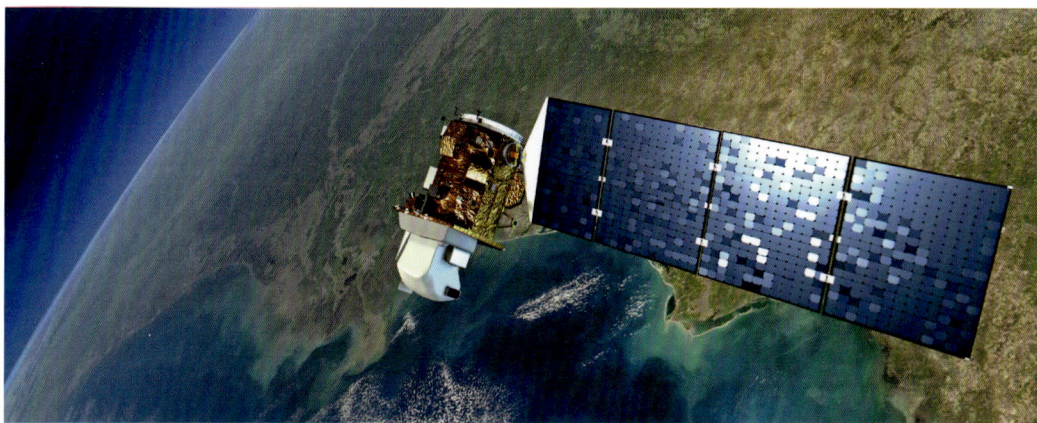

陆地卫星9号

陆地卫星9号发射于2021年，位于705千米的高空，每99分钟地球一圈，每天拍摄700多张照片，勘测各个地方，每16天循环一次。

地球科学的历史

卫星和地球科学

1958年，一枚科研卫星探测到了地球的辐射带，使用卫星研究地球及其大气由此开始。第一枚成功的气象卫星发射于1960年，而自1972年起，一系列地球观测卫星拍摄了许多地表细节的图片。

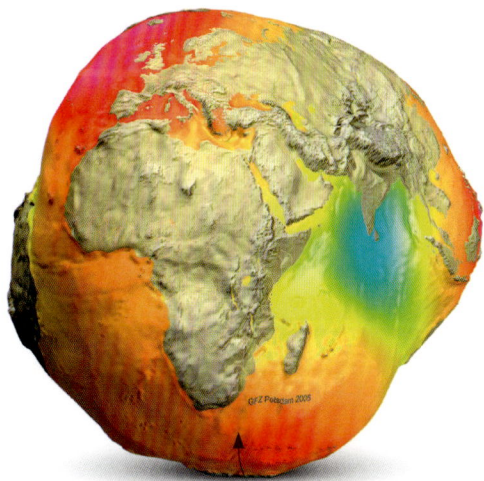

颜色代表与球体相比的高度差异

"重力土豆"

低轨道卫星对局部引力场的微小变化十分敏感。它们被用来记录地球大地水准面的形状，大地水准面就是海洋在无风无浪的情况下应有的基准面。所得数据可用来创建"重力土豆"（见上图）等视觉化图像。

从太空研究地质

这幅摩洛哥小阿特拉斯山脉的图像（见左图）由"高级星载热发射和反射辐射仪"（ASTER）拍摄于2001年。研制此仪器是为了辨别不同岩石类型。图中，黄色代表石灰岩，红色代表砂岩，浅绿色代表石膏岩，深蓝色和深绿色代表其下的花岗岩。

和早期的气象卫星一样，第一个地球观测卫星——陆地卫星1号也搭载一个摄像头。它还配备全新的多光谱扫描仪，该设备带有红外频道，可以观察植被的生长。此后，陆地卫星系列又加入了更多频道，可以观测到更多光谱段，让识别不同岩石类型变得更加便捷。

20世纪80年代至90年代，其他卫星利用了电磁波谱的各个波段：用紫外线跟踪大气臭氧；用热红外光谱探测陆地、海洋、云层的温度；用微波观察各种形态的水，如土壤中的液态水、冰冻的冰和雪、大气中的水蒸气和小水滴。雷达卫星可以穿透云层观察，也可以在夜间观察，被用来丈量陆地和海洋的高度，以及冰原的厚度等。

卫星让我们能够快速探测遥远且人迹罕至的区域，如海洋、热带雨林、极地。21世纪，地球物理卫星开启了观测地球内部的新纪元，通过探测地球重力和磁场的微小变化来研究地幔岩石密度的不同，以及外层地核的物质流动。

> ❝ **人一定要上升到大地之上……只有这样才能明白他所居的世界。** ❞

苏格拉底，公元前470—前399年

大陆地壳

大陆板块的岩石通常比较古老并且相对稳定。最古老的大陆地壳集中于"地盾"区域，例如澳大利亚西南部的"澳大利亚地盾"（见左图）。地盾中的岩石有5.7亿年以上的历史。

海洋地壳

加拉帕戈斯群岛的这些玄武岩（见右图）形成于太平洋的纳斯卡板块移动到一片炙热地幔物质之上时。上升的岩浆冲破地表，以熔岩流的形式喷涌而出，逐渐形成玄武岩地貌。

冷却后的玄武质熔岩
具有扭曲的绳状纹理

构造板块

广为人知的板块构造学说认为，地球表层的固态壳，即"岩石圈"（由地壳和最上层地幔组成），被分割成几个巨大而坚硬的构造板块。它们漂浮在炙热、部分熔融的软流层之上。这导致板块会发生移动（见下图），一般一年移动2～20厘米。板块可以碰撞、分离和滑动，它们的运动导致了地表特征被塑造和改变。大部分运动发生在板块边界（见第102、103页）。板块主要有两种类型：大陆板块和海洋板块，分别厚150千米和70千米。

板块运动的起因

一般认为，板块运动主要是由地球内部释放出的热能驱动的。地幔中的对流抬高岩石圈地幔部分，炙热的岩浆在洋中脊（见第106、107页）喷涌而出，导致板块移动。俯冲带（板块下降进入地幔的区域）和洋中脊处的重力作用也被认为是板块运动的显著影响因素。

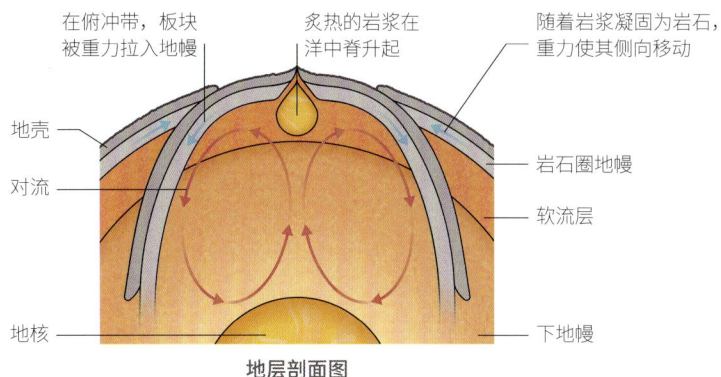

在俯冲带，板块被重力拉入地幔　　炙热的岩浆在洋中脊升起　　随着岩浆凝固为岩石，重力使其侧向移动

地壳

对流

岩石圈地幔

软流层

地核

下地幔

地层剖面图

转换边界

　　板块相向平移经过彼此时，其边界就被称为"转换边界"或"转换断层"。这种地质现象通常见于海床或大陆的边缘。在大陆转换边界形成的过程中，大陆地壳和岩石圈地幔（上地幔中硬而脆、与地壳相接的那一部分）滑动到下面的软流层之上（见下图及第96、97页）。板块之间的运动导致两侧的岩石都受压变形，有时则会引发地震。

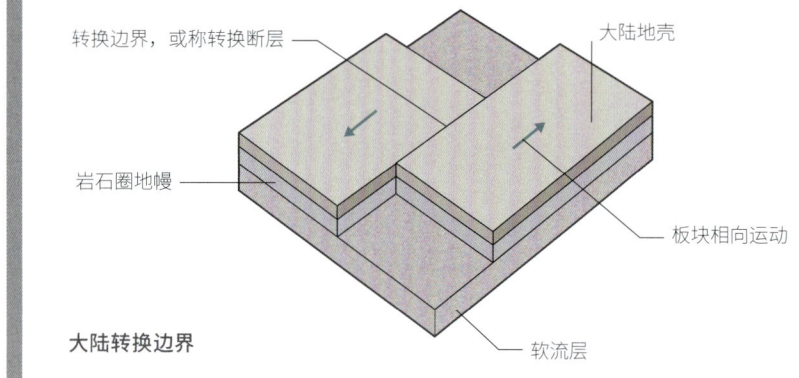

转换边界，或称转换断层

大陆地壳

岩石圈地幔

板块相向运动

软流层

大陆转换边界

板块边界

　　某些最剧烈的板块活动发生在板块的边界处。板块边界主要有三种类型：会聚边界（板块碰撞，见第104、105页）、离散边界（板块分离）、转换边界（板块水平相向滑开，见上图）。每种类型都有不同的地质过程，如造山运动、火山活动、地震等。一个板块可以有多种类型的边界。

白色的长石与黑色的角闪石、黑云母相混，呈现**斑点状外观**

圣安德列斯断层

　　在北美洲的西海岸，两个相邻的板块相向运动，重塑着山峦和地貌景观（见右图）。其转换边界长达1 200千米，此地区频繁的地震活动就被认为与此有关。

闪长岩

　　闪长岩（见左图）是一种火成岩，被认为与会聚边界有关。它也是一种侵入岩，具有肉眼可见的晶体结构，这些晶体是在岩浆房内部缓慢凝固过程中逐渐形成的。

大陆板块碰撞

上面这张俯瞰图展示了喜马拉雅山脉西部的拉达克山脉，而拉达克山脉
乃至整个喜马拉雅山脉都是印度板块和欧亚板块部分大陆地壳碰撞的结果。

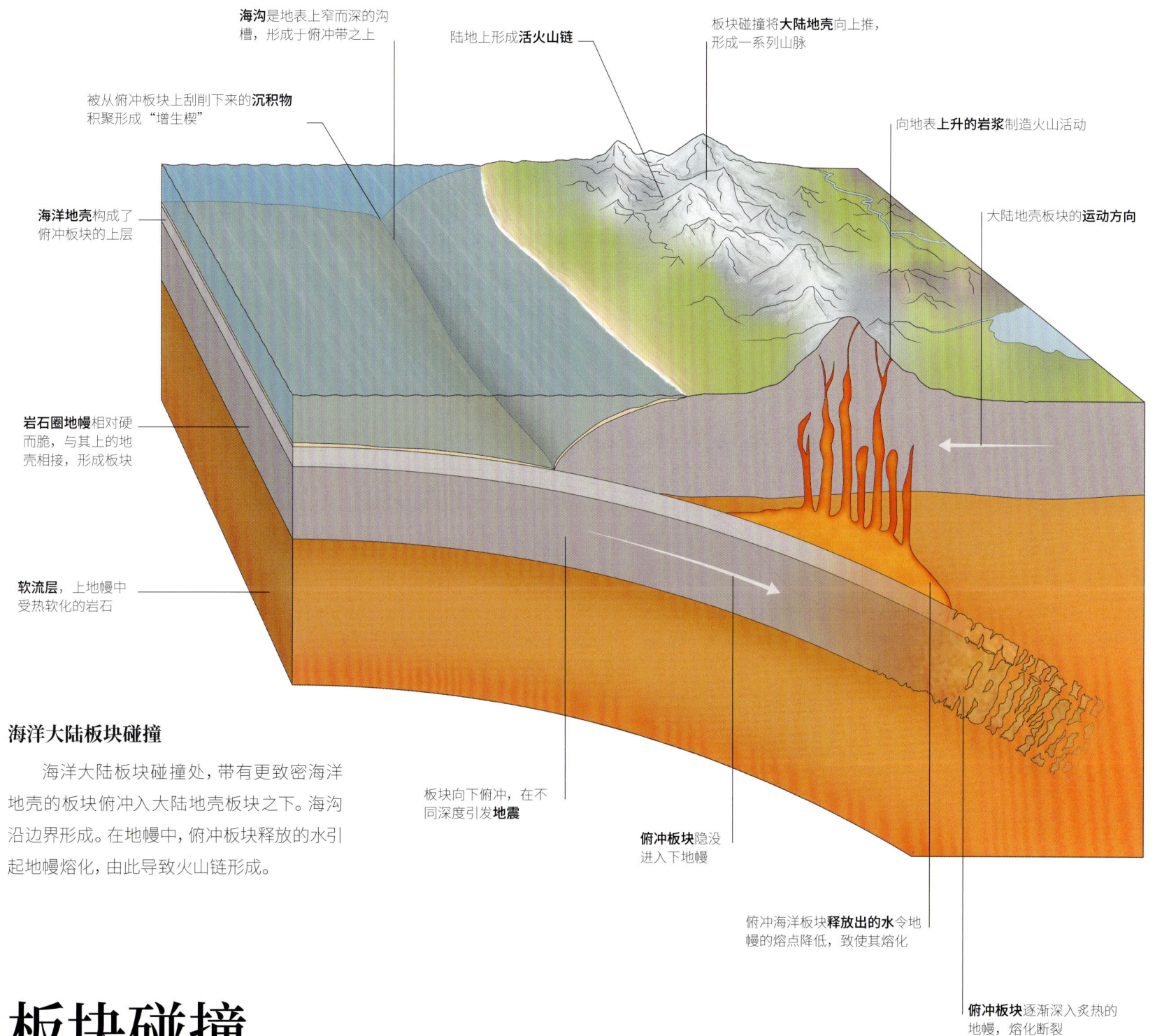

海沟是地表上窄而深的沟槽，形成于俯冲带之上

陆地上形成活火山链

板块碰撞将大陆地壳向上推，形成一系列山脉

被从俯冲板块上刮削下来的沉积物积聚形成"增生楔"

向地表上升的岩浆制造火山活动

海洋地壳构成了俯冲板块的上层

大陆地壳板块的运动方向

岩石圈地幔相对硬而脆，与其上的地壳相接，形成板块

软流层，上地幔中受热软化的岩石

板块向下俯冲，在不同深度引发地震

俯冲板块隐没进入下地幔

俯冲海洋板块释放出的水令地幔的熔点降低，致使其熔化

俯冲板块逐渐深入炙热的地幔，熔化断裂

海洋大陆板块碰撞

海洋大陆板块碰撞处，带有更致密海洋地壳的板块俯冲入大陆地壳板块之下。海沟沿边界形成。在地幔中，俯冲板块释放的水引起地幔熔化，由此导致火山链形成。

板块碰撞

地球的构造板块始终处于运动状态。如果两个板块在边界处碰撞，此边界就被称为会聚边界。会聚边界主要分为三种类型：海洋—陆地型（海洋地壳撞向大陆地壳，并潜入其下）、海洋—海洋型（海洋地壳与海洋地壳相撞，更致密者潜入另一个之下）、大陆—大陆型（大陆地壳与大陆地壳碰撞并融合成一个）。大陆地壳的密度相对较低，所以不会潜没，而是皱裂形成山脉。一个板块潜入另一个板块之下的边界处被称为"俯冲带"，通常指海洋板块俯冲于大陆板块之下的构造带；而大陆板块碰撞的边界处则被称为"缝合带"。

板块分离

如果两个构造板块分离、拉薄，它们交界的区域就被称为离散边界。如果这种情况发生于海洋地壳之下，从地幔中升起的岩浆就会形成一道深深的裂缝。新的岩浆又会进入这道裂缝，向外扩散，最终凝固形成新的地壳。如果海底扩张的过程一再重复，可能会形成叫作"洋中脊"的海底山脉（见对页图）。如果离散边界在更厚的大陆板块之下，这个板块就会裂开而形成槽状裂谷，两侧均有断层。河流的水流进谷中就会形成湖泊。如果裂隙在海平面之下，海水也可能涌入，裂隙再变深、变宽，就会形成新的海盆。

河流的水进入谷中形成**小型湖泊**

东非大裂谷
在红海和亚丁湾之下有一道离散边界，其附近的大陆地壳变薄，导致峡谷在非洲东部（包括上图中的坦桑尼亚）形成。

地球的构造与活动

洋中脊

构造板块运动的速度不同，洋中脊的地形特征也不同。在"东太平洋海岭"等快速分离的洋中脊处，海床迅速离开洋中脊，来不及冷却塌陷，故而塑造出宽而平的地貌景观。而在"中大西洋海岭"等缓慢分开的洋中脊处，海床来不及走远就发生冷却塌陷，形成具有断层的窄而陡的地貌景观。

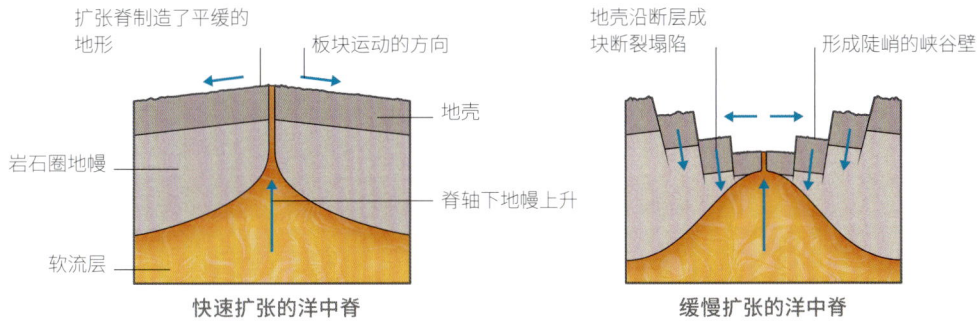

快速扩张的洋中脊

扩张脊制造了平缓的地形
板块运动的方向
地壳
岩石圈地幔
脊轴下地幔上升
软流层

缓慢扩张的洋中脊

地壳沿断层成块断裂塌陷
形成陡峭的峡谷壁

海洋分离

"中大西洋海岭"沿大西洋中线绵延约16 000千米。冰岛的"丝浮拉裂缝"（见下图）就在中大西洋海岭之上，这是地球上为数不多的既可以潜水又可以遨游于两个板块之间的地方，这两个板块是欧亚板块和北美板块。

褶皱边缘的岩石，原本
是"向斜"的一部分，
后被挤压、倒转

在倒转的褶皱边缘，
形成了更小的褶皱，
叫作"寄生褶皱"

这些岩石**主要是石灰岩**，曾沉积于海底

褶皱的类型

水平岩层受到侧向挤压时就会弯曲成一系列凹的"向斜"和凸的"背斜"。在向斜中，最核心的岩石最年轻，而在背斜中，最核心的岩石最古老。如果挤压持续，褶皱一"翼"的运动幅度可大过另一翼，形成倒转褶皱，下翼的岩层序列会反过来，最古老的岩层在最上面。

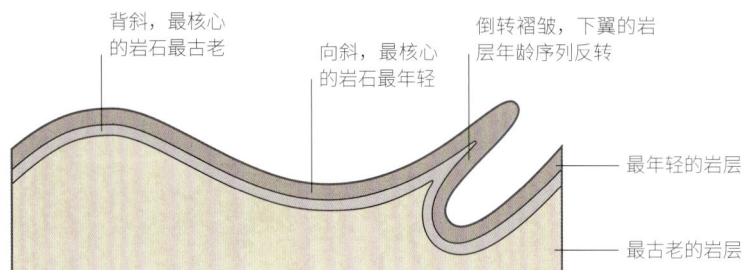

背斜，最核心的岩石最古老

向斜，最核心的岩石最年轻

倒转褶皱，下翼的岩层年龄序列反转

最年轻的岩层

最古老的岩层

地球的褶皱

当地壳深处的炙热岩石因板块运动（见第100、101页）而受到挤压时，它们不会断裂，而是弯曲成褶皱。褶皱通常形成于碰撞板块的边界处（见第104、105页），规模大小不一，可小至仅影响手掌大小的岩石，也可大至形成整座高山。通过研究岩层形成褶皱的过程，地质学家可以更好地理解某一地区的地质历史。

山体规模的褶皱

瑞士莫尔日峰侧面的岩层（见左图）沉积于2.45亿年至6 500万年前的中生代。大约6 500万年前，在欧洲和非洲的一次撞击中产生了褶皱。

V形褶皱

希腊克里特岛的这些石灰岩和燧石岩层（见右图）形成了名为"尖棱褶皱"的V形褶皱。其翼平直，但在某一点突然转折，此处被称为"转折端"。

转折端两边的**褶皱**对称

雪峰

意大利东北部的多洛米蒂山（见右图）依然在逐渐隆起，随着欧亚板块和非洲板块的撞击而不断被抬升。多洛米蒂山由白云岩（dolomite）构成，这是一种坚硬的碳酸盐岩石。嶙峋的山峰则是雨和冰侵蚀的结果。

造山运动

某些山峦是由玄武岩堆积而成的，火山在陆地上或海底喷出熔岩，熔岩冷却形成了这些玄武岩山脉；而另一些是在河流侵蚀高原形成陡峭深谷时出现的。不过，更为常见的山脉形成地还是两个大陆板块的聚合边界。当两个大陆板块碰撞时，地壳被拱起、变厚，产生褶皱，高山就此诞生。喜马拉雅山脉（见第114、115页）就诞生于大约6 000万年至4 000万年前印度板块和欧亚板块的碰撞。还有些山脉形成于海洋板块和大陆板块的边界，如安第斯山脉。

山根

高山下的地壳比平缓地面下的地壳更厚。造山时地表上下的地壳都会增厚。山在地下也有深厚的根基，就像冰山一样，地下部分和地上地形相似，甚至起伏更大。由地壳材料构成的山根漂浮在更致密的地幔物质之上，因为地壳物质更轻盈，浮力更大。地壳处于一种浮力平衡状态，这被称为"地壳均衡"。根据这一原理，漂浮物能沉入多深取决于它的厚度和密度。随着时间的流逝，山的地上部分在水、风、冰的作用下被削减变矮，这时浮动的山根就会升起，以此来弥补地上部分的损失。

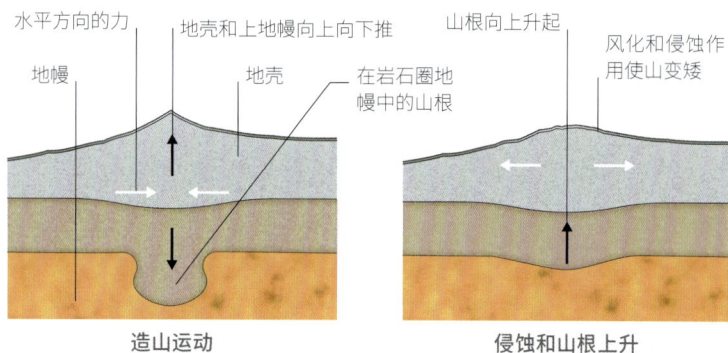

水平方向的力　　地壳和上地幔向上向下推　　山根向上升起

地幔　　地壳　　在岩石圈地幔中的山根　　风化和侵蚀作用使山变矮

造山运动　　侵蚀和山根上升

模型的上半部分包括可能已被侵蚀
作用抹去的褶皱

标为紫色和灰色的是**更古老、更坚
硬的岩石**，更耐侵蚀，形成了山峰

标为黄色和红色的是**年轻
而柔软的岩石**，经过几百
万年已经被侵蚀

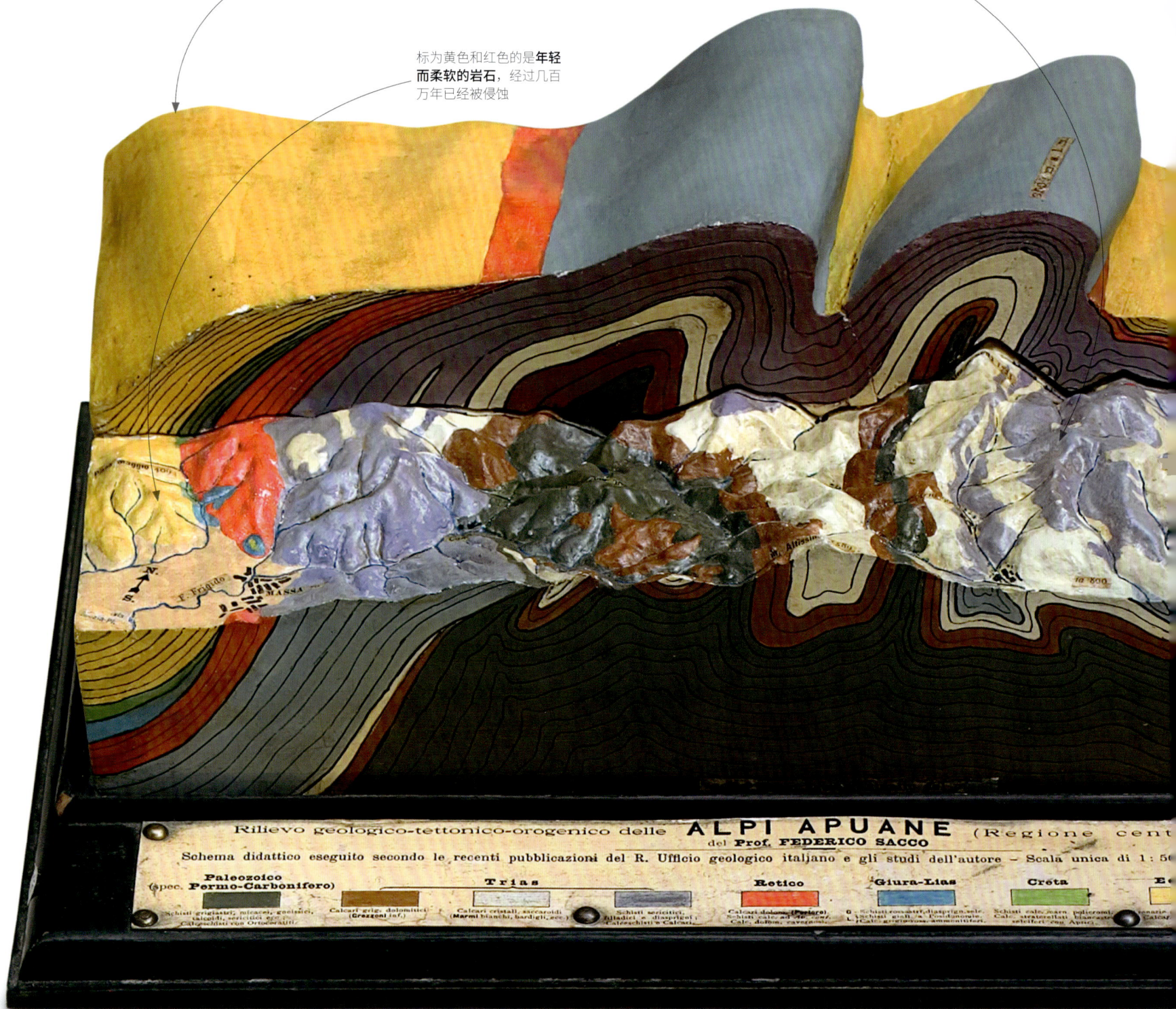

Rilievo geologico-tettonico-orogenico delle **ALPI APUANE** (Regione cent

del Prof. **FEDERICO SACCO**

Schema didattico eseguito secondo le recenti pubblicazioni del R. Ufficio geologico italiano e gli studi dell'autore - Scala unica di 1:50

Paleozoico (spec. Permo-Carbonifero)		**Trias**		**Retico**	**Giura-Lias**	**Créta**	**E**
Schisti grigiastri, micacei, gneissici, talcoidi, sericitici e Calcescisti con Orthoceratili	Calcari grig. dolomitici (Grezzoni inf.)	Calcari cristal. saccaroidi (Marmi bianchi, bardigli, ecc.)	Schisti sericitici, filladici e diasprigni Paleoschisti e Calcari	Calcari dolom. (Parlea)	G. Schisti con attr. diasprign.scic. L. Schisti calc. ad ittic.con L. Calc. dolom. cavern.	Schisti calc. marn. policromi. Calc. stratosellati bisaccati scisteloferi con Aptici	sario Calc.

> **修斯的工作标志着光明的第一天的
> 结束。**

法国地质学家马塞尔-亚历山大·贝特朗，1897年

经过数百万年侵蚀后**的地表地形**

阿尔伯特·海姆

瑞士地质学家阿尔伯特·海姆（1849—1937）在19世纪80年代至20世纪初对阿尔卑斯山做了先驱性的研究。右图中，老年的他在瑞士马德拉纳峡谷，和当地登山向导在一起。

阿尔卑斯山阿普阿内段地形模型

许多早期地质学家都制作过地形的剖面模型来诠释他们的地质构想。上图的模型由意大利地质学家、古生物学家费德里科·萨科（1864—1948）制作。

地球科学的历史
理解造山运动

我们对山峦形成机制的理解大部分基于对阿尔卑斯山的研究。自18世纪末，瑞士和法国的地质学家就开始勘测阿尔卑斯山并绘制地图，之后又制作了三维模型，以帮助他们理解阿尔卑斯山的结构及形成过程。

瑞士科学家、阿尔卑斯山探索者奥拉斯-贝内迪克特·德索叙尔（1740—1799）对阿尔卑斯山的岩石做了详尽的研究。进入19世纪，科学家又对此地区的岩石类型做了进一步的系统调查。1853年，瑞士地质学家阿诺尔德·埃舍尔·冯德尔林特完成了第一份全瑞士地质地图。但这些地图带来的疑问往往比得出的答案更多。在整个阿尔卑斯山区域，更古老的岩石往往覆盖在年轻岩石之上，与应有的岩层顺序相反。

第一个认识到造山运动中水平运动可以甚于垂直运动的是奥地利地质学家爱德华·修斯（1831—1914），他提出被广泛研究的阿尔卑斯山格拉鲁斯段是由一条长35千米的北向逆冲断层形成的，这条逆冲断层把更古老的岩石移到了年轻岩石的上面，但他错误地认为巨大的水平力来自地壳的逐渐收缩。

法国地质学家马塞尔-亚历山大·贝特朗（1847—1907）在此基础上更进一步，在阿尔卑斯山区识别出了广阔的逆断层岩席（推覆体）。他在别处也发现了类似的特征，由此发现了不同的造山过程：喀里多尼亚造山运动、华力西造山运动、阿尔卑斯造山运动。

随着人们对阿尔卑斯山了解的加深，它逐渐成为新地质理论的试验场。20世纪的地质学家接受了大陆漂移和板块构造学说，这在很大程度上得益于这些学说为已知的阿尔卑斯山特征提供了更好的解释。

关注点 喜马拉雅山脉

没有什么比世界最高山脉喜马拉雅山更能体现板块运动的巨大力量。喜马拉雅山脉位于亚洲中部，绵延2 900千米，8 000米以上的山峰至少有10座。世界上再无其他山脉有8 000米以上的山峰。在这里，古代海洋生物的化石可见于世界屋脊。珠穆朗玛峰就是由海洋石灰岩构成的，这些海床沉积物不仅被抬升到了海拔8 848.86米的高度，还向北、向着亚洲中心冲出了2 000千米。

大约2亿年前，古代超级大陆——泛大陆开始裂开。印度次大陆迅速北移，在6 000万年至4 000万年前与欧亚大陆碰撞。随着印度板块潜没入欧亚板块之下，两个大陆的海岸沉积物被碾压、堆起，形成了高耸的喜马拉雅山脉，这也导致北边的地壳被挤压变厚，抬起了青藏高原。高原的西界是喜马拉雅山脉的延伸——喀喇昆仑山脉。喜马拉雅山脉的形成改变了该地区的气候，导致

乔戈里峰是喀喇昆仑山脉的最高峰，也是世界第二高峰

喀喇昆仑山脉

了东南亚年度季风的形成。恒河、雅鲁藏布江等几条大河的源头也都在喜马拉雅山脉中。

目前，喜马拉雅这条年轻的山脉依然在不断升高。GPS测量数据显示，珠穆朗玛峰每10年抬高1厘米，每300年抬高30厘米。

安纳布尔纳群峰

以"安纳布尔纳"为名的山峰有4座，它们所在的群峰在喜马拉雅山脉中段，绵延55千米。安纳布尔纳1号峰最高，海拔8 091米，因山崖陡峭、天气多变、易发生雪崩等特点而成为世界上攀爬者死亡率极高的山峰之一。

断层的类型

断层主要有三种类型：正断层、逆断层和走滑断层。在正断层中，上盘岩体（断层面上方的岩体）相对于下盘岩体（断层面下方的岩体）向下移动；而在逆断层中，上盘岩体相对下盘岩体向上移动；在走滑断层中，上下盘岩体相向平移错位，很少或根本没有竖直方向上的运动。

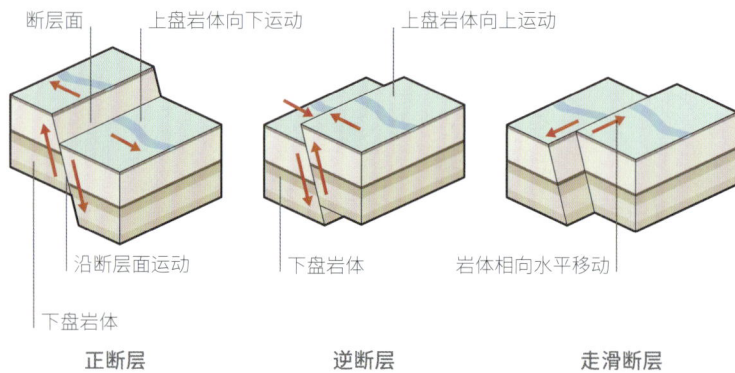

断层面　上盘岩体向下运动　　上盘岩体向上运动

沿断层面运动　　下盘岩体　　岩体相向水平移动

下盘岩体

正断层　　　　　　逆断层　　　　　走滑断层

断层

脆硬的地壳及上地幔岩体开裂，并产生相对位移，这种裂痕就叫作断层。如果运动是突然发生的，那么就会产生冲击波，即通过周围的岩石向外传播的振动，在地表引起地震。相邻岩体的相对运动被称为"断层运动"，幅度小至几毫米，大至几千千米。运动沿一个大致的平面进行，这个平面就叫作"断层面"（见上图）。断层面两侧的岩体被称为"断块"。

此岩体相对另一岩体向下移动了

逆冲断层

右图是中国天山山脉的红绿色砂岩和乳白色石灰岩，它们的开裂线是一个逆冲断层，因为更古老的岩层被推到了年轻岩层的上方。逆冲断层是逆断层的一种，其断层运动角度相对较小（不大于45°）。

砂岩中的断层线

左图是砂岩沉积形成的多彩平行岩层，由层理面分隔，因正断层而错位。

山体滑坡的后果

2018年9月6日，日本北海道发生强烈地震，继而引发一系列严重的山体滑坡，摧毁了沿途的建筑物，推倒了电线杆等基础设施（见右图）。

地震和海啸

地震是由地下深处突然释放能量而引起的地面震颤。地表的运动沿断层线发生，而断层线通常位于板块边界附近。

地震的力量和破坏性取决于释放的能量。地震强度可用里氏震级或矩震级来表示，代表能量大小。地下的运动在初震之后还会继续，由此产生的小型地震被称为余震。海床上发生的地震在地面上几乎探测不到，但它会引起巨浪，犹如一堵水墙向海岸推进，这就是海啸。

什么引发了地震？

地下的岩石沿断层面运动，会以地震波的形式释放能量。岩石在地下开裂、移动的起始处叫作"震源"，震源在地面的投影点叫作"震中"。被称为"面波"的地震波从震中发出，沿地表前进。地震经常会引起山体滑坡、海啸，并毁坏建筑物。

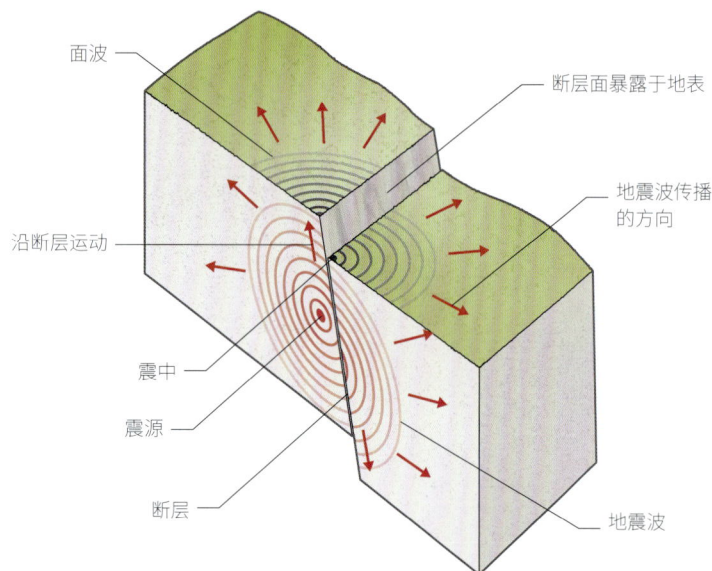

面波
断层面暴露于地表
沿断层运动
地震波传播的方向
震中
震源
断层
地震波

帕尔米耶里的地震仪

路易吉·帕尔米耶里于1856年制作的地震仪采用机械传感器来探测大规模的地面运动，采用电传感器来探测小规模运动。该仪器的东、南、西、北方向各有一个U形玻璃管，里面装有水银。当有足够扰动时，就会形成电路，引发仪器的另一部分在纸带上记录下地震发生及持续的时间。

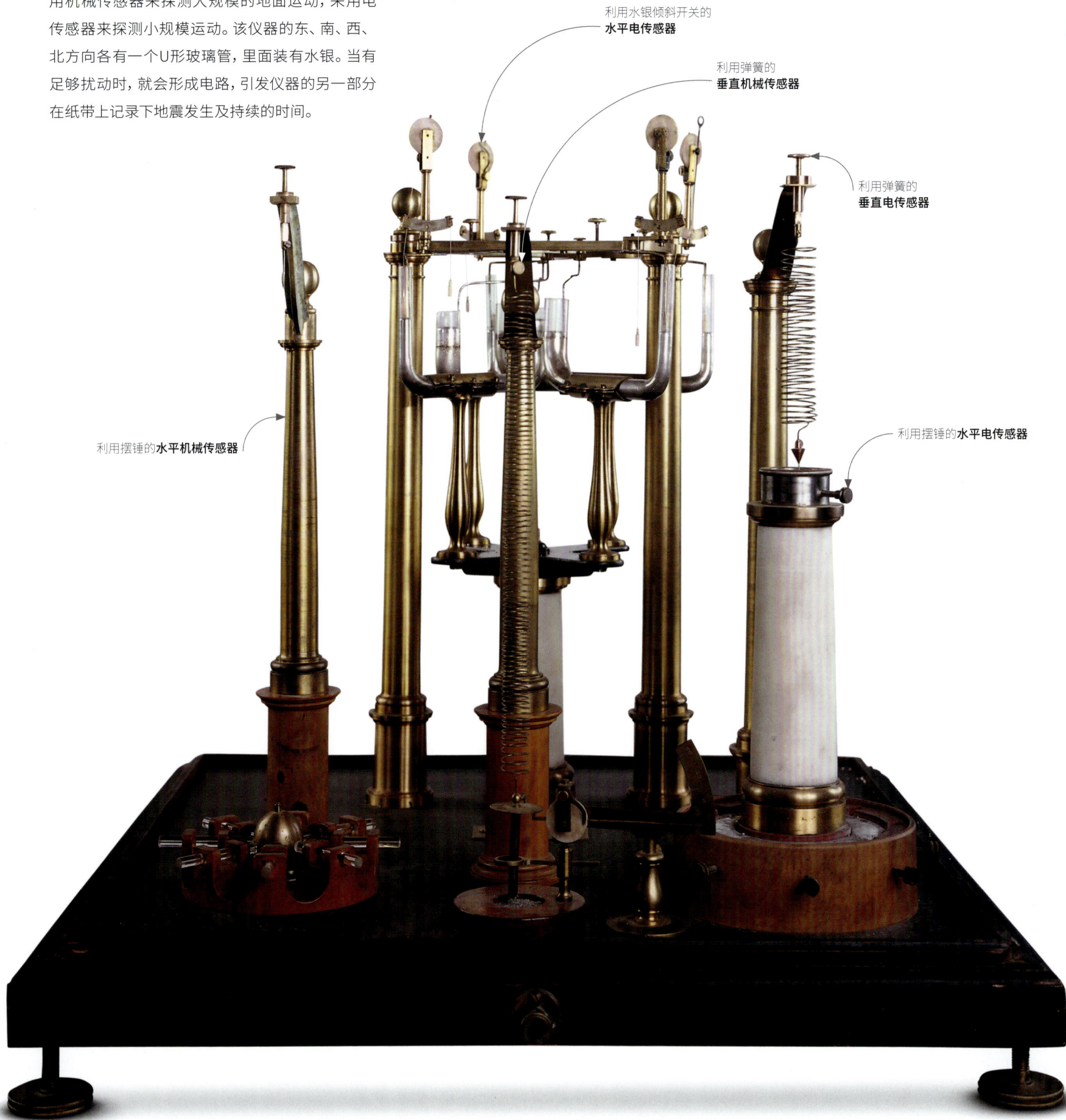

利用水银倾斜开关的
水平电传感器

利用弹簧的
垂直机械传感器

利用弹簧的
垂直电传感器

利用摆锤的**水平机械传感器**

利用摆锤的**水平电传感器**

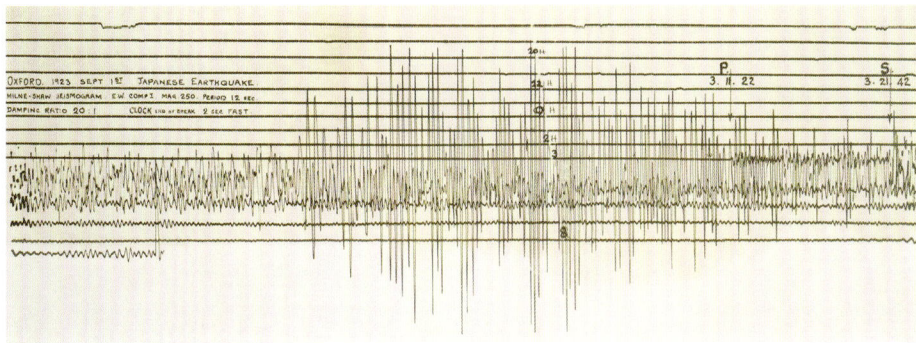

关东大地震的纸质记录

地震仪生成的记录叫作"震动图"。右图是在英国牛津绘制的，记录了1923年9月1日凌晨3点后不久日本东京附近发生大地震的第一波扰动。

地球科学的历史

测量地震

古代文明对地震的起因有多种多样的解释，从地下生物的活动，到通往冥界之门的打开，再到地下有风吹过。直到地震仪被发明出来，准确测量地震的强度和持续时间才成为可能。

地震仪登月

最精确的地震仪实在太敏感了，几乎不能用在地球上，因为地球一直有地震底噪。但在1969年，阿波罗11号的宇航员将它们布置在了月球上。从1969年到1977年，它们探测到了微小的月震及微陨石的撞击。

已知的第一个地震测量仪器是张衡于公元132年发明的，可能使用了摆锤来探测地面的运动，但我们无法确定。18世纪研究地震的欧洲科学家也利用了摆锤。

大部分早期地震仪利用了重物的惯性，将重物悬挂于摆线或弹簧下，作为固定的参照点来测量大地的运动。当大地和仪器的框架震动时，重物依然保持大体不动。框架和重物之间产生的位移则可用来度量地震的强度。

1856年，路易吉·帕尔米耶里在维苏威火山观测站制作了能绘制"震动图"的仪器。它在纸带上记录下了1861年、1868年、1872年维苏威火山爆发之前的地震。

帕尔米耶里的地震仪也是第一个利用电磁学来探测地面运动的地震仪。现代的地震仪已不再使用弹簧或摆锤，而是使用电子元件来产生磁力或静电力，使重物静止。最新的地震仪灵敏到可以探知远方的、轻微的地震，以及地下核爆炸，甚至月球对地球岩石的潮汐力。

分开很远的地震仪可用来三角定位地震发生地点。自20世纪80年代起，全球地震仪网络数据的计算机分析被用于生成地球内部深处的三维图像，类似于医学中的计算机断层扫描（CT）所提供的图像。

> **……震动图……让我们得以窥见地球内部，判断其性质。**

爱尔兰地质学家理查德·狄克逊·奥尔德姆，1906年

测量和记录地震

震动图是对地震波的记录，测量地震波的仪器被称为地震仪。地震波有两种，即体波和面波。体波是在地球内部由震源（在地下岩石裂开或移动的起始点）向外传播的波，面波则是在地球表面由震中（震源在地表的投影点）沿地表传播的波。起伏大小（振幅）反映了地震波释放的能量大小。

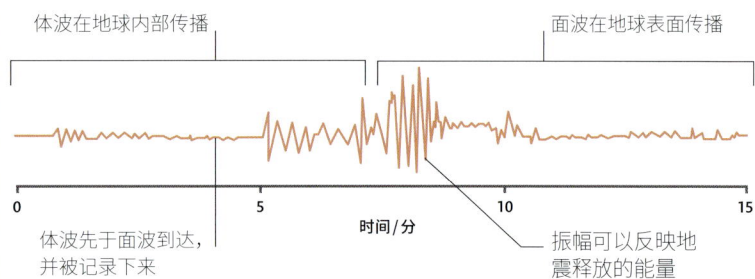

体波在地球内部传播

面波在地球表面传播

体波先于面波到达，并被记录下来

时间 / 分

0　　　　　5　　　　　10　　　　　15

振幅可以反映地震释放的能量

典型的震动图

震颤的大地

地震是由地下岩石突然释放能量引起的大地震动（见第118、119页）。大多数只持续几秒到几分钟，但释放出的巨大能量却会在地表留下持续几千年的印记。某处的地震强度与其距断层的距离、深度、土壤类型有关。大地震动造成的灾害可有多种形式：大量岩石沿着断层被移动几百米，甚至几千千米，地震波可引发山体滑坡和泥石流，土壤也可变成淤泥。

彩虹图样代表变形和大地的移动

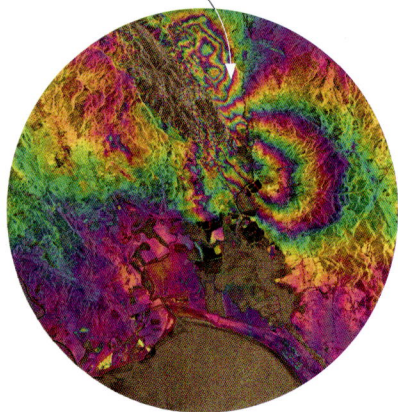

巨大的破坏

地震能够剧烈改变地形地貌，造成严重的人员伤亡和财产损失。沿地表传播的地震波造成了巨大破坏，导致房屋和桥梁坍塌、道路断裂（右图：美国阿拉斯加州）。

卫星观测到的地震

2014年，美国加利福尼亚州纳帕谷地区发生了25年来最大的地震。左图中的颜色代表卫星在地震中收到的雷达信号。

侵蚀和风化使其顶部平坦如**屋顶**，并降低了其高度

一根根高约30米、宽约3米的不规则形状石柱组成了**巨大的石塔**

岩浆形成的岩脉

炙热的岩浆向上穿过沉积岩的裂缝，形成岩脉。上图的岩脉位于以色列拉蒙坑的阿尔东旱谷。随后，岩浆逐渐冷却凝固。

火成岩侵入体

熔融的岩浆从地幔升入地壳，从岩石间的缝隙涌出，使缝隙变宽，有时还会让上面的岩石隆起。当岩浆在地表之下冷却凝固（而不是从裂缝和火山喷出形成熔岩）时，它就会形成火成岩侵入体。如果其上的岩石被侵蚀，这些火成岩就可能暴露于地表。世界上的许多山脉，例如美国新罕布什尔州的白山山脉、加利福尼亚州内华达山脉的约塞米蒂谷（见第58、59页），都是由火成岩侵入体形成的，上层岩石被侵蚀之后，这些火成岩侵入体就暴露了出来。

魔鬼塔

左图中的地质奇观位于美国怀俄明州，矗立在一片黄松林之上，在当地的拉科塔语中被称为"Mato Tipila"（熊窝）。石塔是火成岩侵入体，由岩浆在岩浆房中冷却形成。它曾经位于地下1 500千米以下的深度，后因为侵蚀作用及周围地形沉降而暴露出来。它由响斑岩组成，是世界上同类结构中最大的。

侵入体底部呈不规则的块状

火成岩侵入体的类型

火成岩侵入体有多种类型，包括岩脉、岩床、岩体、岩基。岩脉和岩床都呈板状，形成于已有沉积岩（母岩）的岩层中，岩脉穿过岩层而岩床平行于岩层。大型不规则形状的侵入体，则被称为"岩体"，其中最大的叫作"岩基"，在岩层中占据至少100平方千米。火成岩侵入体释放的热量可导致周围的岩石发生化学变化，这一过程被称为"接触变质"（见第80、81页）。

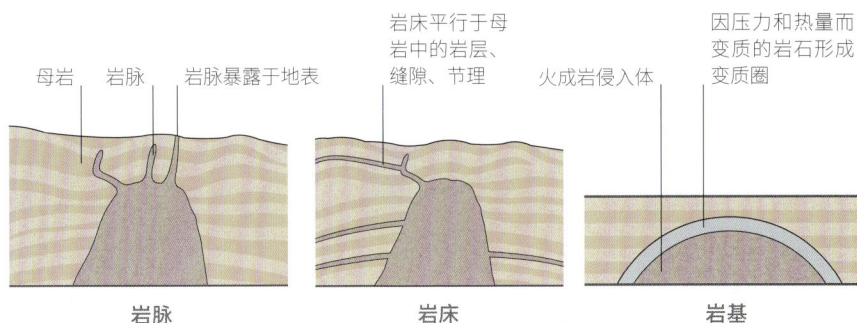

岩脉	岩床	岩基

母岩　岩脉　岩脉暴露于地表　岩床平行于母岩中的岩层、缝隙、节理　火成岩侵入体　因压力和热量而变质的岩石形成变质圈

希普罗克峰又名"船岩"，因为其外形就像一艘横帆船，正扬帆驶过干涸的大海。它位于美国新墨西哥州西北部的高地沙漠，其后跟随着一系列的低矮山脊，这是火山岩脉，薄薄的耐侵蚀岩墙，从中央高峰放射出去，而这中央高峰其实是早已死去火山的火山口。

希普罗克峰只是残片，但依然是坚硬的火山角砾岩。岩浆从地壳的裂缝中升上来并与地下水反应，引起一系列爆炸而产生了致密的细小碎屑，从而形成了希普罗克峰。

希普罗克峰 关注点

年代测定显示，希普罗克峰岩石凝固于3 000万年至2 500万年前，从那以后，侵蚀作用带走了上方厚达900米的砂岩和页岩，将火山内部的管道暴露了出来。

岩脉的成分显示，形成它的岩浆来自地下很深的地方。在新墨西哥州和亚利桑那州其他地方的火成岩侵入体和地表岩流中也找到了类似的岩石，包括在纪念碑谷的奇异岩石中也能找到。抬升科罗拉多高原的板块构造力导致了这些火成岩侵入体的形成，科罗拉多高原横跨犹他州的大部分地区，以及新墨西哥州、亚利桑那州、科罗拉多州。

希普罗克峰高出周围的平原482米，让人很有攀登的欲望，但它被纳瓦霍人视为圣地，所以自20世纪70年代起就禁止攀登。在欧洲定居者看来，这是"帆船"，但纳瓦霍人一直把它看成"带双翼的岩石"，象征着传说中将纳瓦霍人带到他们土地上的神鸟。

角砾岩碎块散落在某条岩脉沿线

从地面上看

俯瞰图

两条明显的岩脉汇聚于中央尖利的希普罗克峰。希普罗克峰其实是一个火山栓，也就是曾堵住活火山口的岩石。周边还可以找到5条小一点的岩脉，它们共同展示了现已死去的火山曾经的内部活动。

湖泊形成于火山臼中

小谢米亚奇克火山

上图是一座层状火山（见右图），位于俄罗斯堪察加半岛的东部。其火山口又被称作"托洛茨基火山口"。在大约400年前的一次喷发中，在火山口处形成了一个酸性热湖。

火山锥和火山口

深灰色的玄武岩，镶着红边的火山口，让此地看起来仿佛地狱（见左图）。这些低矮的火山锥位于冰岛，边缘呈红色是因为沉积物中的含铁矿物被氧化。

火山的形状

火山有多种外形：熔岩穹丘、火山渣锥、盾状火山、层状火山。黏稠的岩浆从火山口溢出并凝固，就会形成熔岩穹丘（又称火山穹丘），它会猛烈地爆炸。火山渣锥则主要是由含有气体的岩浆形成的，这些岩浆喷出，熔岩随后凝固并落下，形成火山渣，产生了火山渣锥。盾状火山有倾斜度较小的坡面，这是较稀的熔岩流出而不是喷出形成的。层状火山（又称复式火山）具有陡峭的侧面，是喷发出的碎石及多层熔岩形成的。

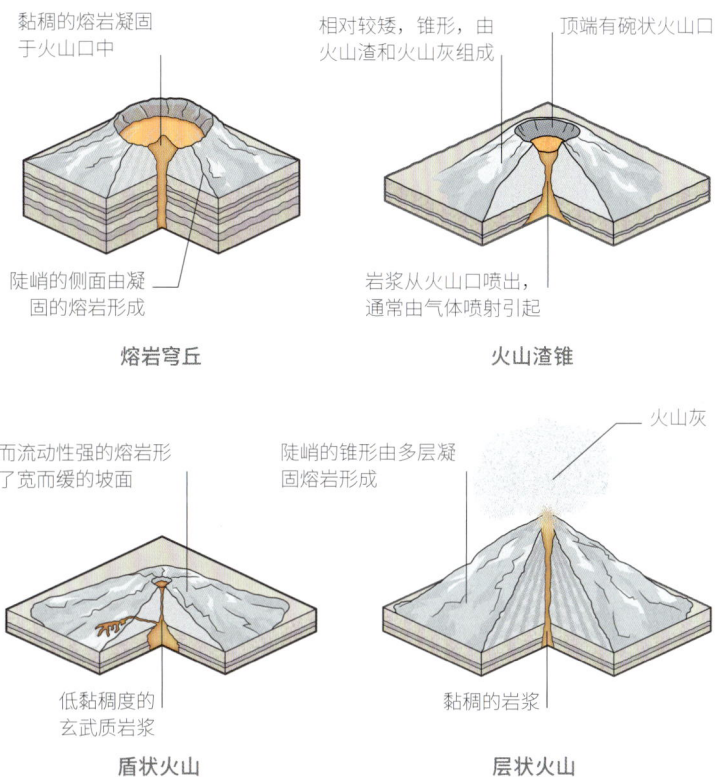

黏稠的熔岩凝固于火山口中

陡峭的侧面由凝固的熔岩形成

熔岩穹丘

相对较矮，锥形，由火山渣和火山灰组成

顶端有碗状火山口

岩浆从火山口喷出，通常由气体喷射引起

火山渣锥

稀而流动性强的熔岩形成了宽而缓的坡面

低黏稠度的玄武质岩浆

盾状火山

陡峭的锥形由多层凝固熔岩形成

火山灰

黏稠的岩浆

层状火山

火山

岩浆从地球内部逃逸，并通过出口到达地表，就会形成火山，通常形成于构造板块（见第100、101页）的边界或地幔焰之上，地幔焰就是上升穿过地幔和地壳的极热柱体。不仅地表有火山，海底和冰盖下也有火山。岩浆一旦喷出就成为熔岩，会在火山口周围逐渐冷却凝固。火山主要由火山锥和火山口两部分组成，火山锥是陆续喷出的岩浆积聚在出口周围而形成的山，而火山口是围绕着出口的碗状陡峭凹陷，岩浆就从这里喷出。如果火山下岩浆房里的所有岩浆全部喷出，那么火山锥可能会坍塌，形成一个圆形的凹陷，称为火山臼。火山有多种形式，其外形在很大程度上取决于岩浆的性质及喷发的方式（见上方框内及第131页）。

通古拉瓦火山

通古拉瓦火山（见右图）位于厄瓜多尔，是一座层状火山（见第129页），周期性地以武尔卡诺式或斯特朗博利式喷发（见下方框内图）。

相对小的火山灰和蒸气团从顶端的火山口喷出

武尔卡诺式喷发

壮观的武尔卡诺式喷发发生在危地马拉的富埃戈-阿卡特南戈火山群。火山口上方升起一大团密集的火山灰，越来越大，同时渣灰顺着侧面滚下（见左图）。

火山喷发

岩浆从地幔升腾至地表，并通过火山口喷出，成为熔岩，这就是火山喷发。火山喷发可以极具破坏性也可以相对平静，取决于岩浆的化学成分和气体含量。黏稠（不易流动）且含有大量气体的岩浆往往会爆炸性地喷发，向大气喷出大量火山灰，灰渣、热气、碎石也会沿火山侧面滚下。稀薄且气体含量低的岩浆通常只是平静地涌出。会猛烈喷发的一般是陡峭的火山，而平静喷发的一般是低矮平缓的火山（见第128、129页）。

火山喷发的类型

火山喷发有好几种类型，不过一座火山可以以多种方式喷发，而一次喷发也可能包含各种类型的特征。有火山弹落下而没有或有较少火山灰云的是斯特朗博利式喷发。熔岩从线形的裂缝流出，并凝固成低洼地形的是裂缝喷发。普林尼式喷发会有大量气体和火山灰升起，形成很高的火山灰柱，并落到火山周围，同时伴有爆炸。武尔卡诺式喷发短促而猛烈，间歇性喷发并且伴有密集的火山灰气体云，经常也会有火山弹。

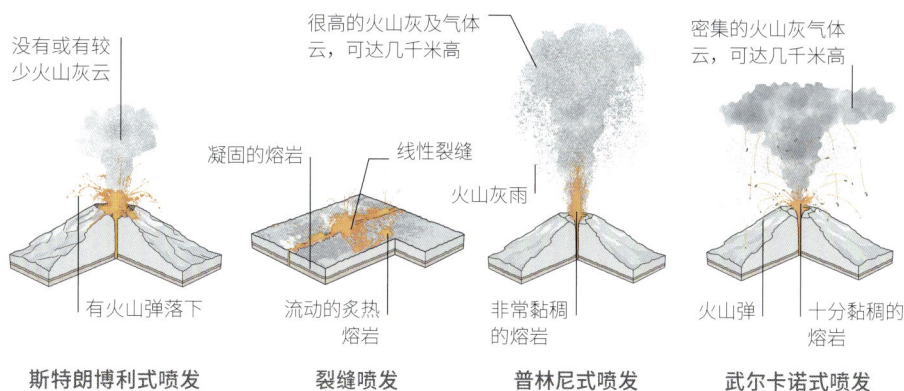

没有或有较少火山灰云

很高的火山灰及气体云，可达几千米高

密集的火山灰气体云，可达几千米高

凝固的熔岩

线性裂缝

火山灰雨

有火山弹落下

流动的炙热熔岩

非常黏稠的熔岩

火山弹

十分黏稠的熔岩

斯特朗博利式喷发　　**裂缝喷发**　　**普林尼式喷发**　　**武尔卡诺式喷发**

热点火山

　　加那利群岛的拉帕尔马岛是在热点之上形成的火山岛。2021年，老昆布雷火山喷发，导致熔岩顺着山坡流下（见右图）。

热点

　　当地幔热柱上升到岩石圈底部，它就会制造出一个被称为"热点"的区域。在这里，岩浆可能热到足以熔化上层的岩石圈，能够突破到地表，从而形成火山。已知有约100座类似的"热点火山"，大部分位于构造板块的内部而不是在相邻板块的边界，但也有几个位于洋中脊上，例如冰岛的热点火山。有些热点在大陆内部，例如美国的黄石国家公园之下。还有些在海盆之下，形成了加那利群岛、夏威夷等火山岛群。

火山岛链的形成

　　热点位于海洋板块之下时，就会在上面的海床形成火山。板块从热点移开，一条死火山岛链（热点路径）就形成了。如今的夏威夷就是一个很好的例子，只有夏威夷岛会发生火山喷发，它是岛链中最年轻的一座岛，岛链中有3座活火山。西北的岛都是古代火山的遗迹。

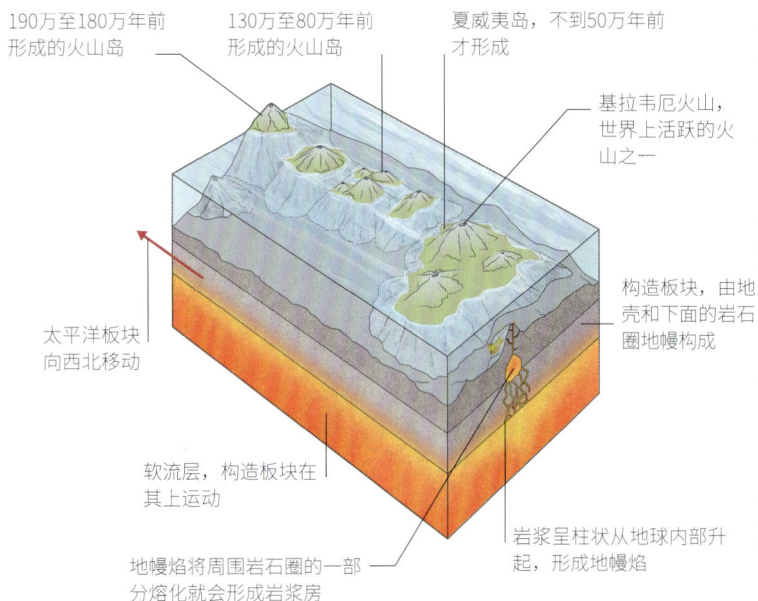

190万至180万年前形成的火山岛

130万至80万年前形成的火山岛

夏威夷岛，不到50万年前才形成

基拉韦厄火山，世界上活跃的火山之一

构造板块，由地壳和下面的岩石圈地幔构成

太平洋板块向西北移动

软流层，构造板块在其上运动

地幔焰将周围岩石圈的一部分熔化就会形成岩浆房

岩浆呈柱状从地球内部升起，形成地幔焰

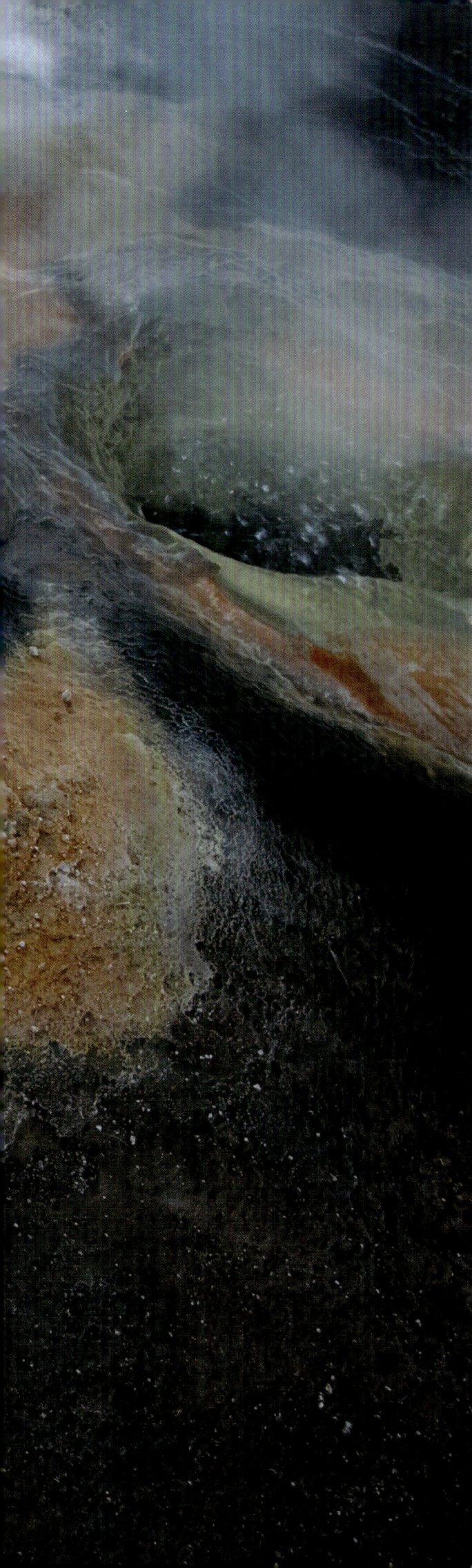

多彩的沉积物

有些温泉形成于活火山附近,例如智利阿塔卡马沙漠的埃尔塔蒂奥间歇泉(见左图)。地面的温泉水蒸发,留下矿物沉积,称为"泉华"。

地热

地热活动为地球的各种活动过程提供了一些最显著的证据,因为这些过程大部分是由地球内部的热驱动的。地球的温度随着深度增加而上升,从相对较冷的地壳,到较热的地幔,再到更热的地核。如果温度在相对较浅的深度突然上升,通常会导致地表的剧烈活动。地下水通过裂缝往下渗透,被热的岩石或附近的岩浆加热,热水和蒸汽再返回地表,就会形成间歇泉、温泉、喷气孔等地热现象。

地热现象的形成

作为水循环的一部分,地下水进入次表层。周围的火山或热的岩石可使水温升高至180℃。水升回地表并积成潭就形成了温泉。如果水和蒸汽困于地下的空洞中,压力就会逐渐增大,直到周期性地喷出而释放,这样就形成了间歇泉。如果热水在还没到达地表之前就完全变成了蒸汽,随后从地表的孔洞喷出,这种喷出水蒸气及其他气体的孔洞就被称为喷气孔。

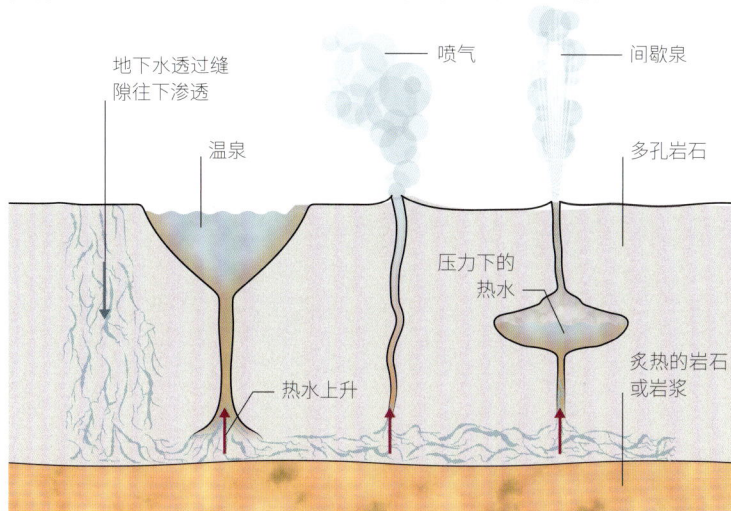

地下水透过缝隙往下渗透 — 喷气 — 间歇泉

温泉

多孔岩石

压力下的热水

炙热的岩石或岩浆

热水上升

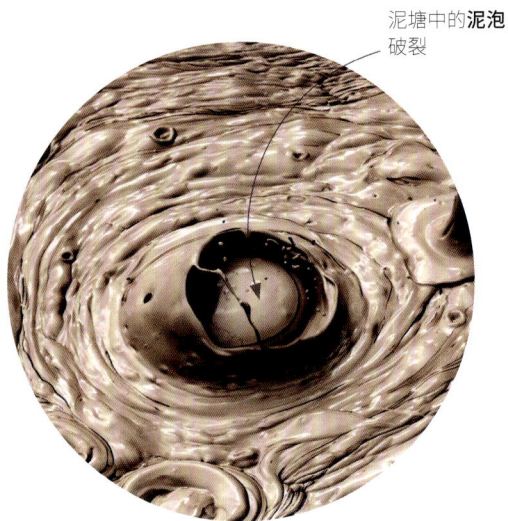

泥塘中的**泥泡**
破裂

冒泡的泥塘

　　地下水在上升过程中会吸收气体而变成酸性，溶解岩石，将其变成一潭泥，在地表咕嘟冒泡。左图拍摄于新西兰的怀奥塔普。

间歇泉

　　冰岛的史托克间歇泉每几分钟喷发一次，将热的地下水和蒸汽喷出约30米高。富含硅的矿物沉积——间歇泉硅华在水池边缘析出（见右图）。

温泉

　　水不断在地表和地下之间来回，这是全球水循环的一部分。地下水透过地壳的裂缝往下渗透，可以被加热（见第134、135页），然后返回地表，成为温泉。这个过程可以是慢慢渗透，也可以达到每秒150升以上。热水上升时可能会溶解周围岩石中的矿物，这些矿物在水冷却时又会析出，形成固体沉积物，通常具有鲜艳的颜色。热水和水蒸气也可以间歇性地喷出，形成"间歇泉"（见下图），世界上共有大约1 000个间歇泉。温泉和间歇泉通常位于构造板块（见第100～103页）的边界或火山附近。

间歇泉如何喷发？

　　过热的水流过地下的管道和腔室就会形成间歇泉。管道狭窄引起压力上升，最终导致热水从地表喷出。此时压力下降，水瞬间变成蒸汽。喷发之后，地下水又通过孔隙渗透进腔室，形成补充，整个过程循环往复。富含矿物的水留下的析出沉积物——间歇泉烧结物会贴附于腔室四壁。

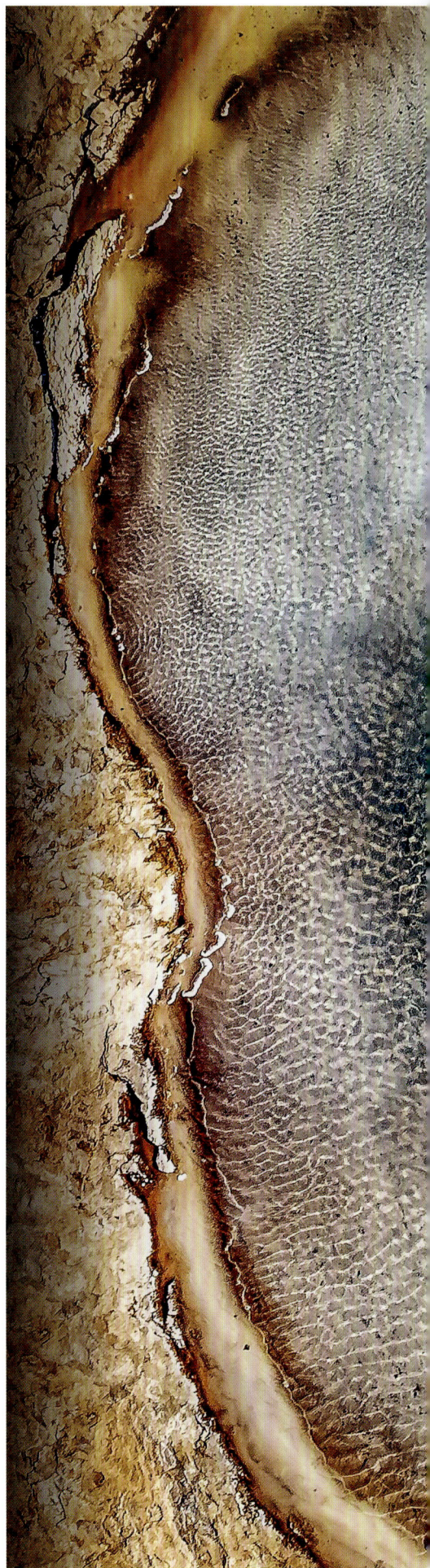

烧结物贴附于地下腔室的壁上
萦绕的高温蒸汽
过热的水
狭窄
通向地表的管道
基岩
上升的水

1. 压力积聚

水压下降，蒸汽扩张
间歇泉柱
间歇泉出口

2. 压力释放

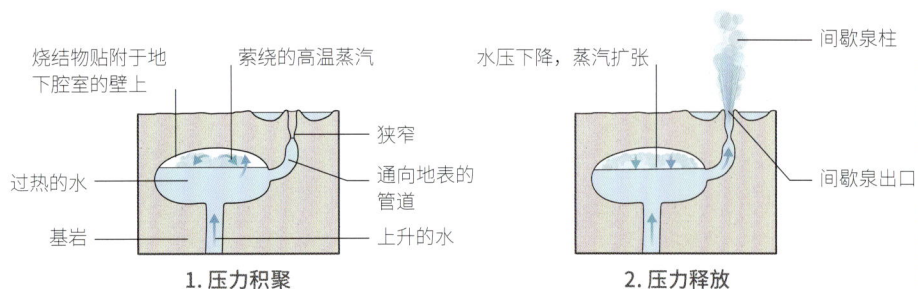

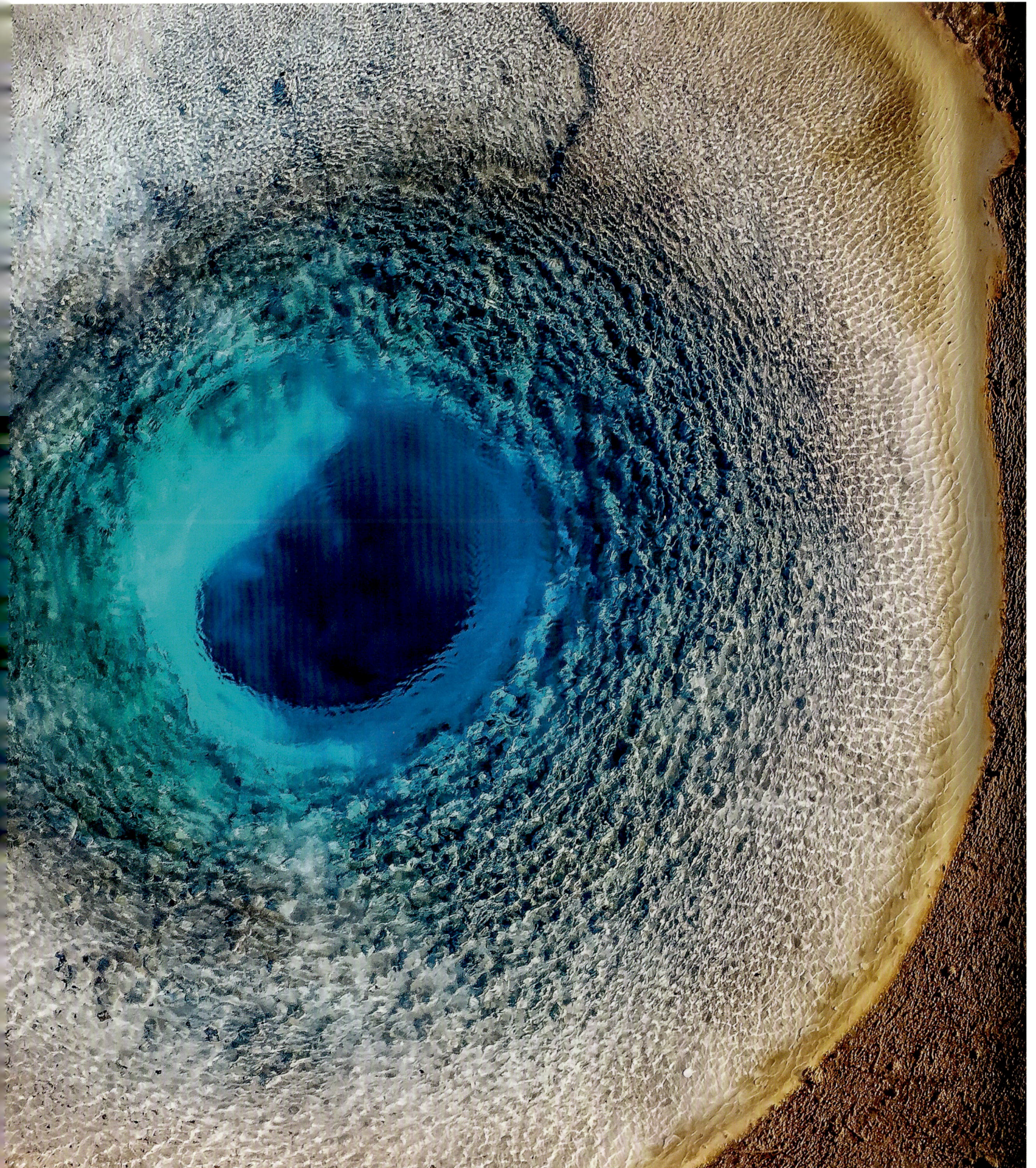

河床坑洼

河床上的圆形或圆柱形洞称为"坑洼"，是河流（右图为南非的布莱德河）携带的碎石遇到基岩中的小凹陷时形成的。碎石绕着凹陷打转，逐渐磨损、侵蚀了它。

深深的坑洼曾经只是小凹陷

波浪侵蚀

波浪的冲击塑造了海岸，侵蚀作用在海边的崖壁上凿刻出凹陷，这通常在高潮水位的高度上发生，例如澳大利亚塔斯马尼亚州的这些砂岩峭壁（见左图）。

水流侵蚀

海洋和河流中的水塑造了地形。海浪不停地拍打消磨了海岸线，让它们越来越平直。海浪同样也会侵蚀岬角（突出伸入大海的山崖），雕刻出海蚀洞穴、海蚀拱桥和海蚀柱。河水流过时也会侵蚀其下的岩石，把沉积物和碎石带到下游，这些沉积物在水流速度变慢时就会沉降下来。在水流速度很快时，例如在河口或在发生洪水时，河水会带有大量沉积物。

河流的搬运作用

水流侵蚀产生的物质按照颗粒大小可以通过多种机制被搬运。细沙、黏土等颗粒细小且足够轻，可以悬浮在水中，一直跟着水流走。鹅卵石等较大、较重的颗粒会在河床上"跃移"。如果水的流速很快，较大的砾石可能会在河床上被推着走，这个过程叫作"推移"。

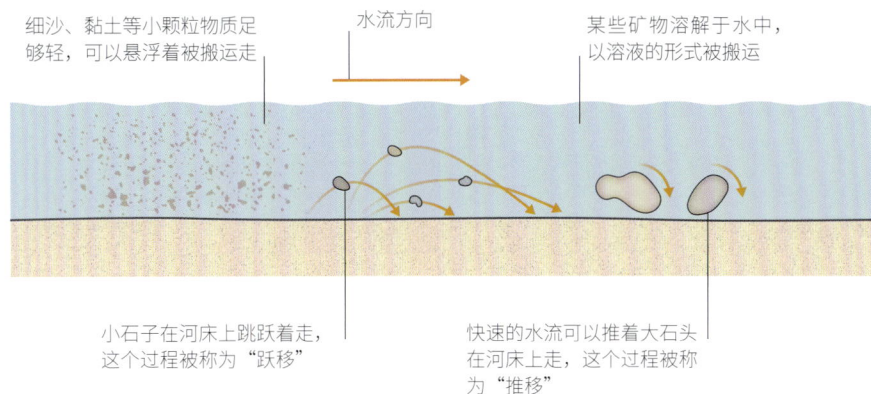

细沙、黏土等小颗粒物质足够轻，可以悬浮着被搬运走

水流方向

某些矿物溶解于水中，以溶液的形式被搬运

小石子在河床上跳跃着走，这个过程被称为"跃移"

快速的水流可以推着大石头在河床上走，这个过程被称为"推移"

岩漠

干燥环境中的风蚀作用可能会形成一种坚硬的石质表面，称为"岩漠"，出现在沙子等细小颗粒被风从沙漠表面移走（吹蚀）之时。风把小颗粒移走，剩下的大颗粒越靠越近，越来越集中，同时表层也会变薄。

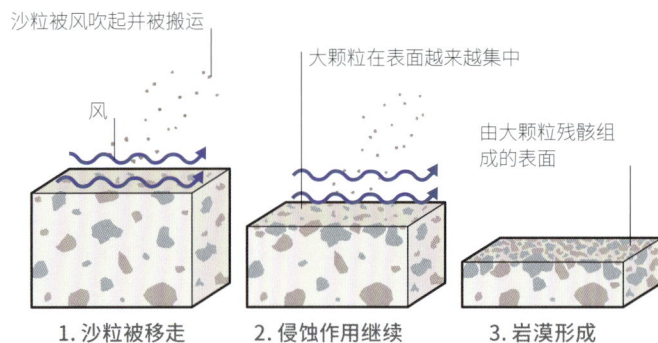

沙粒被风吹起并被搬运

风

大颗粒在表面越来越集中

由大颗粒残骸组成的表面

1. 沙粒被移走　　2. 侵蚀作用继续　　3. 岩漠形成

被风雕刻

在沙漠中，被风侵蚀下来并携带的沙粒与石头撞击，不断冲击石头，这个过程被称为"磨蚀"。长此以往，会把岩石雕刻成流线型，例如下图中阿拉伯联合酋长国的这个地方。

风的磨蚀将**石塔**雕刻成了扭转状

风中的颗粒侵蚀砂岩形成了**小的沟槽**

风力侵蚀

　　风是一位强大的雕刻者，它能转移大量的沙子、土壤、灰尘，同时塑造地貌，尤其是在沙漠环境中和植被稀疏的地方，因为沙漠中满是松散的物质颗粒，而植被能固定土壤并成为挡风的屏障。在沙漠中，风吹起沙粒及更小的颗粒，在空中搬运，最后沉积形成沙丘、黄土高原，以及长久以后形成的沉积岩（见第64~67页）。更重的卵石被留了下来。风力侵蚀可由沿地面卷起颗粒的微风引起，也可由将大量小颗粒吹到空中形成尘暴的大风引起。

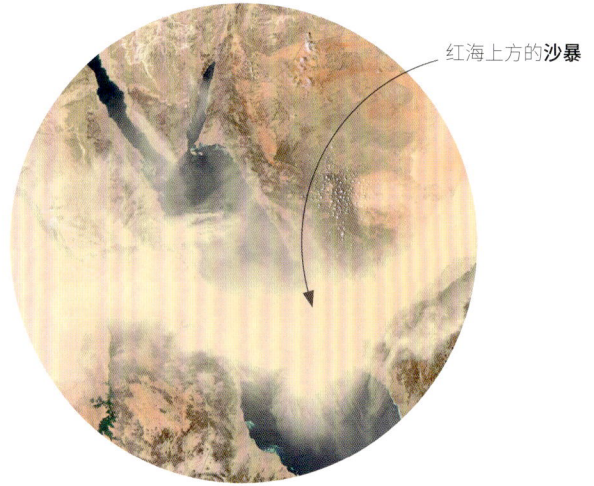

红海上方的**沙暴**

沙暴的卫星图像
　　风暴或气旋的强风能从裸露、干燥的土壤上卷起大量沙尘，并将其搬运几百千米至几千千米。

砂岩中可见**不同的层理**

U形冰川槽谷

美国华盛顿州雷尼尔山国家公园的这处峡谷（见左图）被冰川雕刻成U形，现在其山峰上仍能看见冰川。下面的部分后来被河流进一步塑造。

冰川擦痕

右图中的长条状擦痕是冰川中夹带的碎渣造成的，冰川在岩石上移动时，碎渣就凿刻出了这些痕迹。

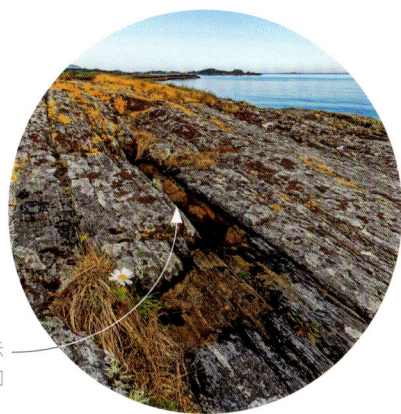

长条的平行槽显示了冰川移动的方向

冰川侵蚀

冰川是缓慢移动的巨大冰体。当它们移动时（通常是顺着山坡或峡谷往下），就会凿刻并改变地貌。冰川侵蚀包括两个过程：采石，即冰川令大石块松动，并将其搬运；磨蚀，即嵌于冰川中的石块磨损下面的岩石。冰川侵蚀会产生多种地形：冰斗（山中的碗状陡峭凹陷）、角峰（多个冰川在不同方向侵蚀同一座山而形成的尖峰）、刃脊（两个冰川在山的相对两面同时侵蚀而形成的窄脊）、羊背石（见下图）。

划伤和磨光

冰原和冰川会留下它们移动的证据，那就是被划伤和被磨光的岩石。冰川上升路径上的岩石通常会因为磨蚀作用而被磨光，但在下降路径上，岩石会被采走而形成裂缝和节理。其结果就是形成了一种不对称的地形，称为"羊背石"。

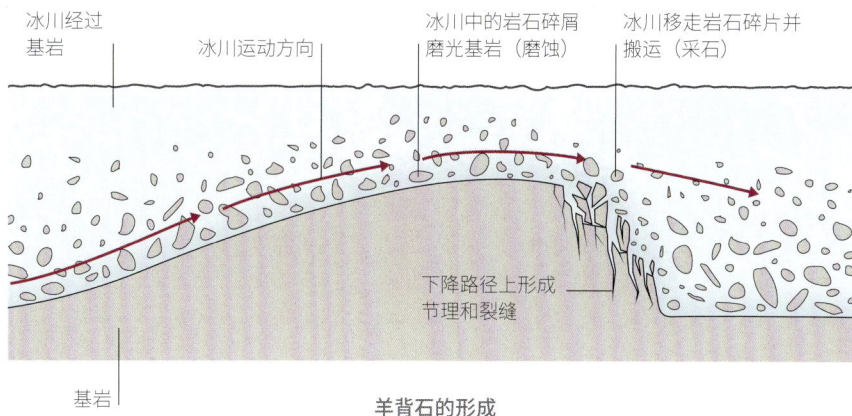

冰川经过基岩　　冰川运动方向　　冰川中的岩石碎屑磨光基岩（磨蚀）　　冰川移走岩石碎片并搬运（采石）

下降路径上形成节理和裂缝

基岩

羊背石的形成

风化作用

水、风、极端温度的作用可令岩石碎裂，矿物溶解，从而导致它们的损耗。这一过程被称为风化。风化通常与侵蚀共同作用：风化作用瓦解或改变某地的岩石；侵蚀作用将碎片搬运走。风化作用主要有两种类型：物理风化（又称机械风化，瓦解岩石与矿物而不改变其化学成分）、化学风化（会改变岩石与矿物的分子结构）。二者一般同时作用于岩石。

石灰岩被风化后形成**耸立的峰**

石林

地下水和雨水对中国云南省的这处地貌起到了化学风化的作用，形成了尖的和圆的石柱（见上图）。这种风化作用常见于喀斯特地貌（见第156、157页）。

反复的霜冻作用产生的**尖峰**

霜冻令砾石崩解，周围是岩屑，通常会形成一个有坡度的堆

霜冻作用

霜冻作用又称"冻融风化"，是一种物理风化作用，发生在水渗入岩石的小裂缝时。水结冰时体积会膨胀大约1/10，对岩石产生压力，撑大裂缝，这又会让更多的水涌入。冻融循环，岩石最终会崩解。这种风化作用常见于地表水丰富、温度反复在0℃上下波动的环境中。

水渗入岩石的裂缝

水结冰时体积膨胀，对岩石造成压力

裂缝被撑大，更多的水涌入并结冰，岩石崩解

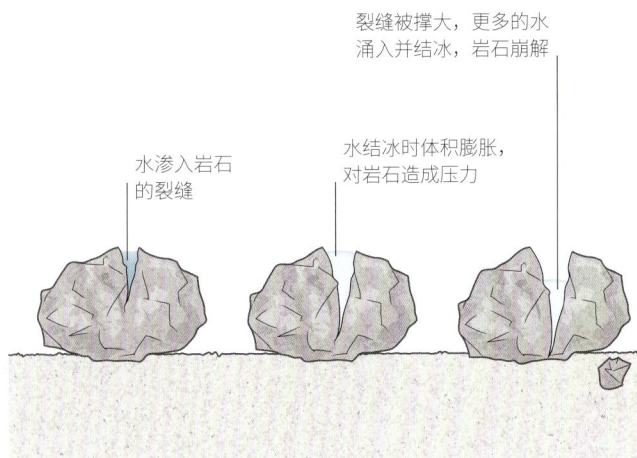

风之城堡

下图中的石群位于威尔士斯诺登尼亚国家公园的格莱德法赫山顶峰附近，由奥陶纪（4.5亿年前）的火山岩组成。其地形和岩石在末次冰期被冰川塑造和侵蚀（见第142、143页），并被霜冻作用瓦解（见左图），留下了突岩和岩屑堆。

山地地形在末次冰期被冰川磨平

沉积

　　流动的风、水、冰都能卷起并移动沉积物。当运动的能量下降，例如河流到了平缓的河段，流速慢了下来，重力就会使得颗粒沉积，密度最大的最先开始沉积。沉积物通常分层积聚于湖盆等天然的洼地中。如果不被扰动，这些沉积物会被压实、胶结成沉积岩，原来的分层通常也会被保留。水体，尤其是河流，在沉积物的沉积和搬运中起着巨大的作用（见第148、149页）。河流沉积物形成了沙洲、砾石浅滩、冲积扇、三角洲（见第152、153页）等多种地表形貌。

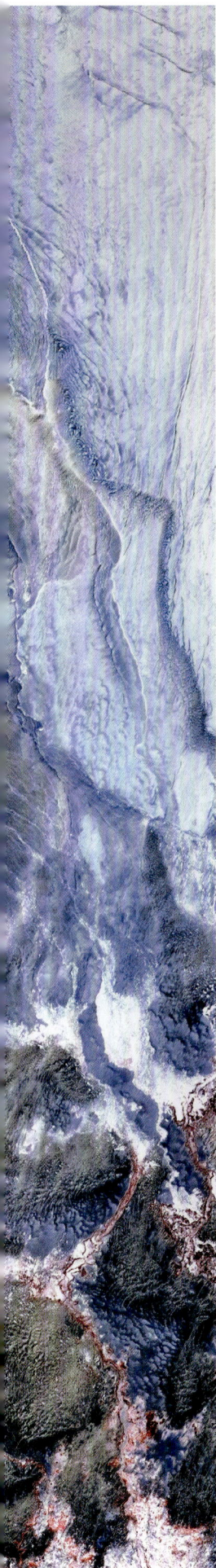

从泥泞的冰川融水沉积下来的**卵石**

冲积扇

　　源自昆仑山和阿尔金山的河水淹没了中国塔克拉玛干沙漠中的开阔平原，形成了左图的冲积扇。在这次少见的河流泛滥中，水中的颗粒在沙漠中沉积下来。但这一区域很快再次干涸，留下了复杂的水流纹和沙洲。此卫星图展示的区域约有60千米宽。白色、绿色、蓝色分别代表不同的含水量。

冰水沉积

　　由冰川携带并在冰融化时沉积的岩石和沉积物被称为"冰碛"，之后可能会被冰川融水（见第164、165页）形成的溪流再次搬运和塑造。

水流与沉积

　　河流产生沉积物的原因有多种，通常是因为水流失去了能量，例如河面变宽时水流就会分散而使流速变慢。卵石、沙粒等大而重的颗粒最先沉积，黏土、粉末等小而轻的颗粒则会等到流速进一步变慢时才会沉积。细小颗粒沉积后可积聚形成沙洲或冲积扇。

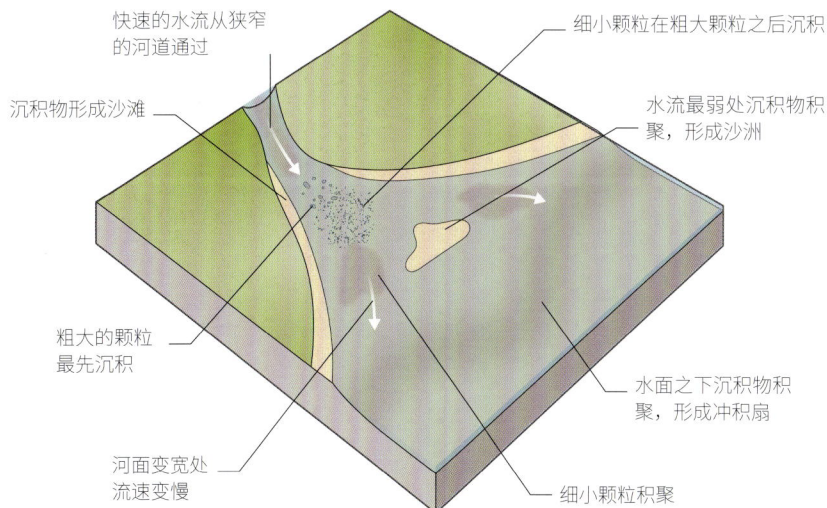

快速的水流从狭窄的河道通过

沉积物形成沙滩

细小颗粒在粗大颗粒之后沉积

水流最弱处沉积物积聚，形成沙洲

粗大的颗粒最先沉积

水面之下沉积物积聚，形成冲积扇

河面变宽处流速变慢

细小颗粒积聚

水深变浅，一些
岩石突出水面

蜿蜒的河流

冰岛的这条河（见右图）一路向下游
流去，中途有支流加入。河流拐弯的地
方，一侧发生侵蚀，形成陡岸，而另一侧
砾石堆积（见下方框内图）。

湍急的河水

河道上有突然的高度下降可造成急流，
这是河水非常湍急的河段（见左图）。

河流

河是自山峦等高地而起的大型自然淡水流，按固定路径（河道）流向
下游，最终汇入更大的水体，一般是海洋，但有时也可能是湖泊。河流的
起点叫作源头，水可以来自汇聚的冰雪融水、降雨、地下水涌出成泉。河
流的终点叫作河口。河流会侵蚀河床，运输沉积物并在下游沉积或泛滥时
在河谷宽阔地带沉积（见第139页及下面方框内），从而塑造地形地貌。

曲流是如何形成的？

河流流过相对平缓的地带时会形成"曲流"。曲流外侧的流速大于内侧，所以外侧
的河床受到的侵蚀更严重，沉积物被冲刷走，有时会形成陡岸，而这些沉积物又会沉积
在下一个弯的内侧，这一区域被称为"滑走坡"。长此以往，越来越多的沉积物被侵
蚀，河流的弯曲也就越来越明显，形成所谓的"深切曲流"。

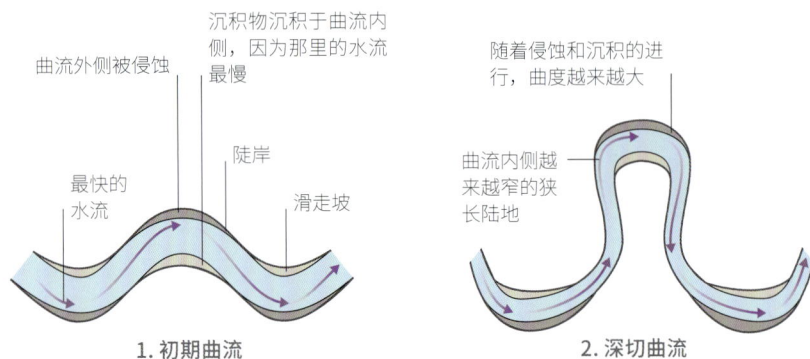

曲流外侧被侵蚀

沉积物沉积于曲流内
侧，因为那里的水流
最慢

随着侵蚀和沉积的进
行，曲度越来越大

陡岸

最快的
水流

滑走坡

曲流内侧越
来越窄的狭
长陆地

1. 初期曲流

2. 深切曲流

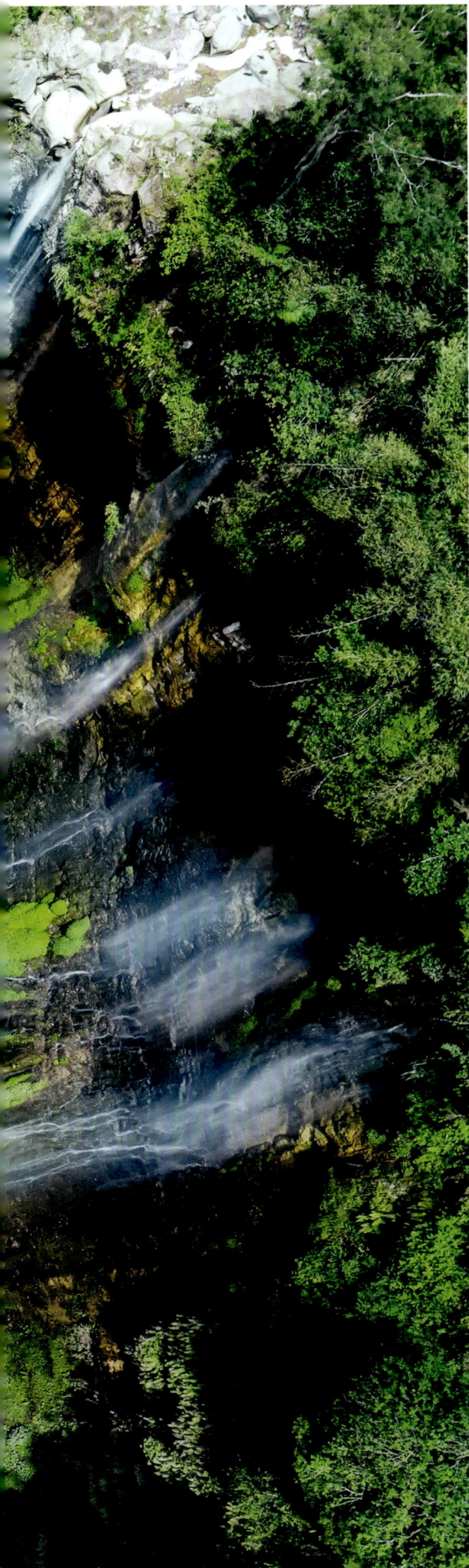

部分结冰的瀑布

冬天时，瀑布的一部分水可以冻成固体。冰岛的这个瀑布（见右图）的一部分就冻结成冰，另一部分依然是水。下面的跌水池中冰和水混合存在。

分流型瀑布

这个宽阔的瀑布位于印度尼西亚的东爪哇省，从半圆形剧场般的陡峭山崖跌落而下（见左图）。多条大小不一、水沫翻滚的河流落下来，在下面汇聚成一个跌水池。如果瀑布由好几条河流组成，则称为"分流型瀑布"。

跌落而下的液态水旁边**雪和冰锥**不断积聚

瀑布

瀑布又称"跌水"，形成于河流或其他水体从陡峭的山崖跌落，下面形成的水池称为"跌水池"。瀑布的形成有多种方式，但通常是由于在上游发生了侵蚀，携带沉积物的快速水流从坚硬的岩石流到了硬度较低的岩石（见下面方框内）。以这种方式形成的瀑布通常会向上游迁移，有时会形成峡谷。地形的剧烈变化，例如地震、火山喷发、山体滑坡引起的地形变化，也会导致瀑布的形成。瀑布的形状既取决于其下的地质情况，也取决于河流的大小和形状。

瀑布是如何形成的？

水流从坚硬的岩层（如花岗岩）流向硬度更低的岩层（如石灰岩或砂岩），就会形成瀑布。硬度较低的岩石被侵蚀得更快，于是坚硬的岩石就会形成伸出来的"帽岩"。由于没有支撑，最终帽岩也会坍塌。岩石会落入下面的跌水池中，在池中打转，也促使软岩进一步被侵蚀。

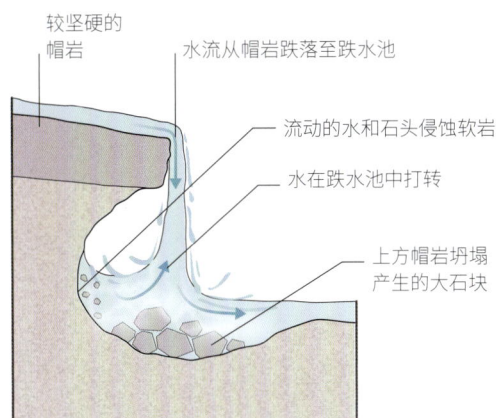

较坚硬的帽岩

水流从帽岩跌落至跌水池

流动的水和石头侵蚀软岩

水在跌水池中打转

上方帽岩坍塌产生的大石块

河口湾的分段

河口湾可以分成好几段，每一段都有不同的潮汐强度和海水淡水比例。在最远端，河流进入大海，此处以海水为主。在中段，海水和淡水的含量几乎相等。在更上游，淡水刚刚开始接触到潮汐带来的海水。

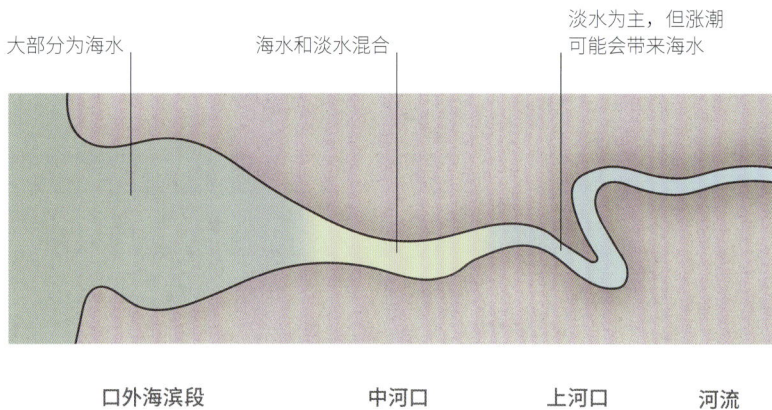

大部分为海水

海水和淡水混合

淡水为主，但涨潮可能会带来海水

口外海滨段　　　　　中河口　　　　上河口　　　　河流

S形曲流穿过湿地

内陆三角洲

奥卡万戈河（见上图）全长超过1 000千米，从安哥拉流到纳米比亚，再到博茨瓦纳的洼地。和世界上大部分河流不一样，奥卡万戈河最终并不汇入一个水体，而是进入卡拉哈里沙漠的一片平原，最终蒸发不见。

育空三角洲

育空河始于加拿大的不列颠哥伦比亚省，经育空地区进入阿拉斯加，最终在白令海形成一个三角洲。右边的卫星图展示了组成扇形三角洲的诸多曲流水道。科学家认为，流入三角洲的沉积物正在增多，原因是气候变化导致流域中的永冻土融化，释放出了更多的藏于冰中的沉积物。

三角洲和河口湾

三角洲产生于河水及沉积物汇入更大的水体时，一般是大海，有时也可能是湖泊或另一条河，不过在极少情况下河流进入陆地也能形成三角洲（见上图）。河流接近河口时会失去能量和速度，于是沉积物通常就在河床上沉淀下来。如果大量沉积物（主要是泥、土、沙）在此处堆积，河流就会分成诸多更小、更浅的水道，新的陆地（三角洲）就形成了。如果河流的流速太慢，携带的沉积物也不足以形成三角洲，那么海水就可能进入河口，形成微咸的水道或水湾，称为"河口湾"，其水位和盐度受潮汐影响（见上面方框内）。

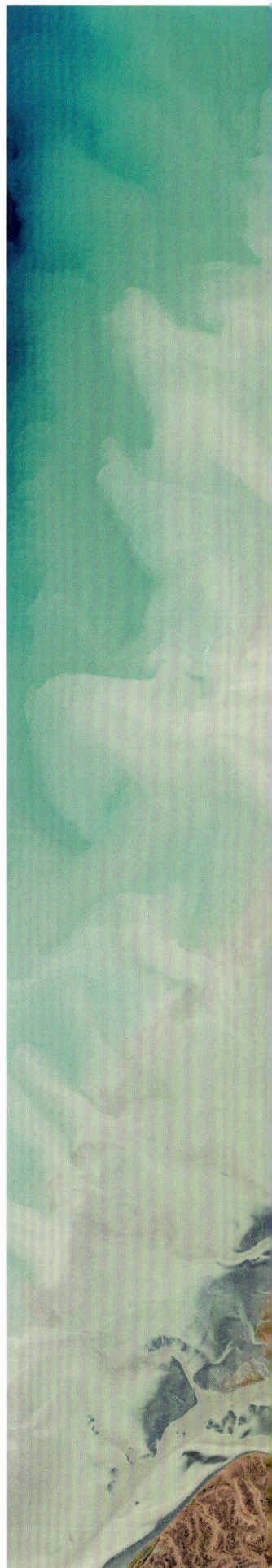

维多利亚湖

位于东非大裂谷的维多利亚湖（见左边的卫星图左下）是一个构造湖，形成于离散边界（见第106页）附近的大陆地壳变薄。它是非洲最大的湖泊，主要位于坦桑尼亚和乌干达境内，但也延伸至肯尼亚。左图上方绿色的长条形湖泊是肯尼亚的图尔卡纳湖。

苏必利尔湖

猛烈的风暴可以在大湖的湖面掀起巨浪，例如位于美国和加拿大边境的苏必利尔湖。这是世界上面积最大的淡水湖，其浪高有时可达数米（见右图）。

被风吹起的巨浪
拍打在湖岸上

湖泊

湖泊被陆地包围，除了通过河流，它不与大海连通，其洼地称为"湖盆"，其中的水来自雨水、冰雪融水、河水或地下水。湖盆的形成有多种方式，最常见的是由冰川形成的，是冰川后撤后留下的洼地。构造湖形成于地壳的运动，比如在离散边界（见第106、107页）或断层沿线（见第116、117页），地壳运动形成了洼地。湖水相对河水来说较平静，但依然会有水流，这些水流是浪、风、温度变化及河水注入造成的。有些湖则完全是人工的。

温度层

在夏天，许多湖会分成三个不同的温度层：较暖的最上层（湖上层）、较冷的最底层（湖下层）及中间的过渡层（温跃层），温跃层中的温度会急剧变化。秋季湖水会发生季节性混合（称为"周转"），各层混合直到整个湖变成同一温度。到了冬天，湖水又会按温度分层，但顺序颠倒过来，冰冻的表层温度最低，而湖床上温度最高。春天会再次发生"周转"，表层的水流向底部，较暖的水被带到表层，然后进一步吸收阳光的热量。

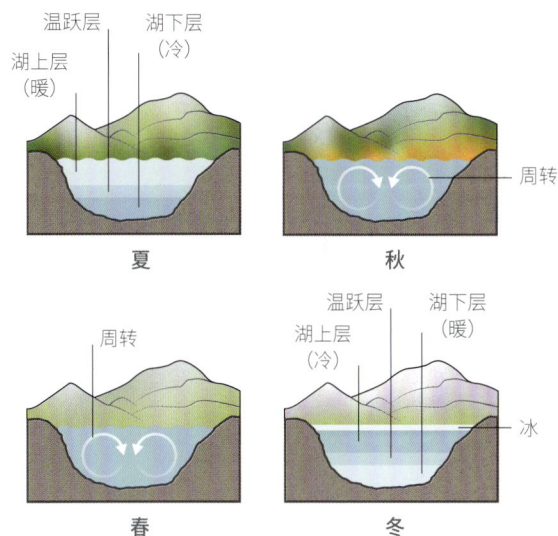

由水塑造的石柱

中国的喀斯特地貌是几百万年流水侵蚀碳酸盐岩形成的。这一过程塑造了众多耸立的石柱，现在石柱顶上长着茂盛的植被（见左图）。

喀斯特地貌

从巨大的石柱到裂纹交错的岩石地面，地球上许多最壮观的景象都属于喀斯特地貌。轻度酸性的降水和地下水缓慢溶解石灰岩、白云岩等碳酸盐岩，雕刻出了这样的地貌。首先，岩石出现裂缝，然后在地上和地下都逐渐变宽，在地下水位（此水位以下岩石含水饱和）形成复杂的溶洞和水流系统。富含矿物的地下水滴入溶洞内，形成冰锥状的钟乳石和溶洞地面上的石笋。溶洞顶坍塌之后就剩下了耸立的尖柱。

喀斯特地貌是如何形成的？

水流过碳酸盐岩时就会逐渐侵蚀它，形成裂缝（岩沟）和空洞。岩沟围成的块叫作"石芽"。从裂缝中流过的水进一步溶解岩石，形成大型的地下溶洞，并随着水的流过越来越大。最后，溶洞顶可能会变得太薄而坍塌，只剩下石壁，形成了地貌中的石柱。植物从岩石裂缝中的土壤长出。

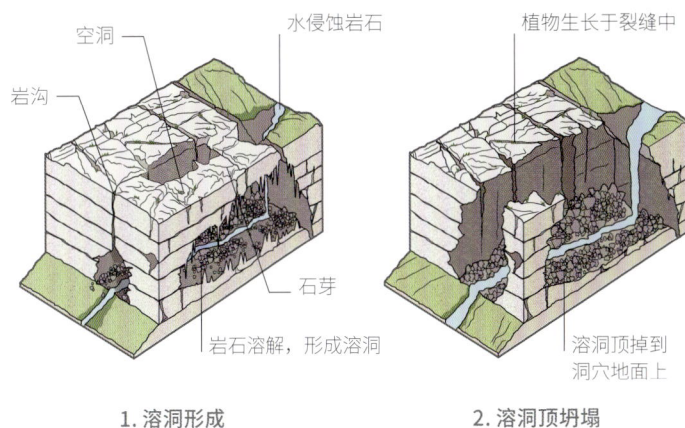

1. 溶洞形成

2. 溶洞顶坍塌

溶洞

溶洞是地下的洞穴，通常形成于喀斯特地貌（见第156、157页）。随着时间的推移，酸性的地下水和降水渗透进石灰岩（有时也可能是白云岩）的裂缝中，一点点扩大裂缝直到形成地下通道。许多溶洞系统迅速降至地下水位，然后横向延伸，形成漫水的管状通道，有时水会升到地面形成泉。最终，如果地下水位降低，溶洞也可能干涸，有时溶洞顶会坍塌而形成"落水洞"。干涸的溶洞随着更多的降水和地下水渗入也可能会进一步扩大。如果地下水位上升，干涸溶洞会再次充满水。

钟乳石从溶洞顶垂下

溶洞地面形成**石笋**

水下溶洞

右图中，一位洞穴潜水者正在探索石灰阱洞穴，这是充满水的地下空间，有通路与外部相连。墨西哥尤卡坦州的这处洞穴在22 000年前的末次冰盛期是干涸的，那时冰原覆盖最广，海平面比现在低大约120米。

溶洞奇石

此溶洞（见左图）有许多石灰石沉积，包括钟乳石和石笋（见下方框内），是沉积物从渗进溶洞的水中析出而形成的。纤细而中空的钟乳石被称为"石吸管"。

钟乳石和石笋

溶洞内因矿物质沉积而形成的岩石叫作洞穴沉积物，最常见的两种是钟乳石和石笋。矿物质饱和的水进入溶洞顶部并滴下时，矿物质就会堆积，钟乳石就形成了。水滴滴到地面，沉积的矿物质就会长成石笋。长此以往，二者可能会连起来，形成一根顶天立地的柱子。

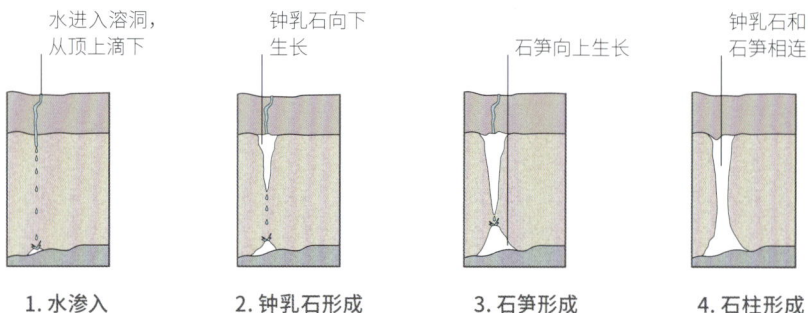

水进入溶洞，从顶上滴下

钟乳石向下生长

石笋向上生长

钟乳石和石笋相连

1. 水渗入

2. 钟乳石形成

3. 石笋形成

4. 石柱形成

冰川汇聚

长12.4千米的戈尔纳冰川（见右图中左侧）从瑞士阿尔卑斯的瓦莱山罗莎峰西坡下降，与较小的格伦茨冰川（见右图中右侧）汇聚，形成阿尔卑斯山脉的第二大冰川体系。黑色条状的中碛垄清晰可见。

冰川作用

冰川是移动的冰体，形成于几千年前的积雪的积累和压实。它们通常可以追溯到最近的一个冰期，现在见于许多山脉中，尤其在寒冷地区。它们因重力及压力而沿斜坡向下移动，这个过程中会侵蚀地貌而形成峡谷，同时产生岩石及沉积物沉积。其磨蚀作用也会留下条纹、岩面划痕、岩石凹槽等特征（参见第138、139页）。

冰川侵蚀与沉积

来自半圆形洼地（冰斗）的两个冰川可能会汇聚成一个，滑入已经存在的峡谷里。运动过程中，冰川以磨蚀作用（底部碎石刮划下面的岩石表面）和采石作用（将下面的岩石带走）侵蚀沉积物。积聚在下坡的沉积物被称为"冰碛"。在冰川最低端（冰川鼻）的冰碛称为终碛垄，在冰川两侧的称为侧碛垄，在冰川中间的称为中碛垄。

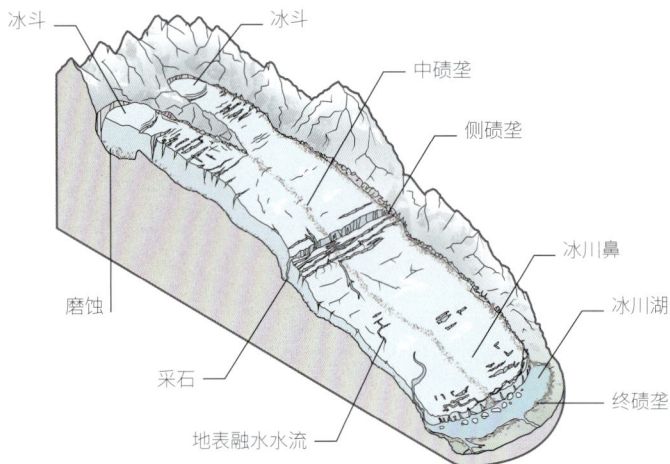

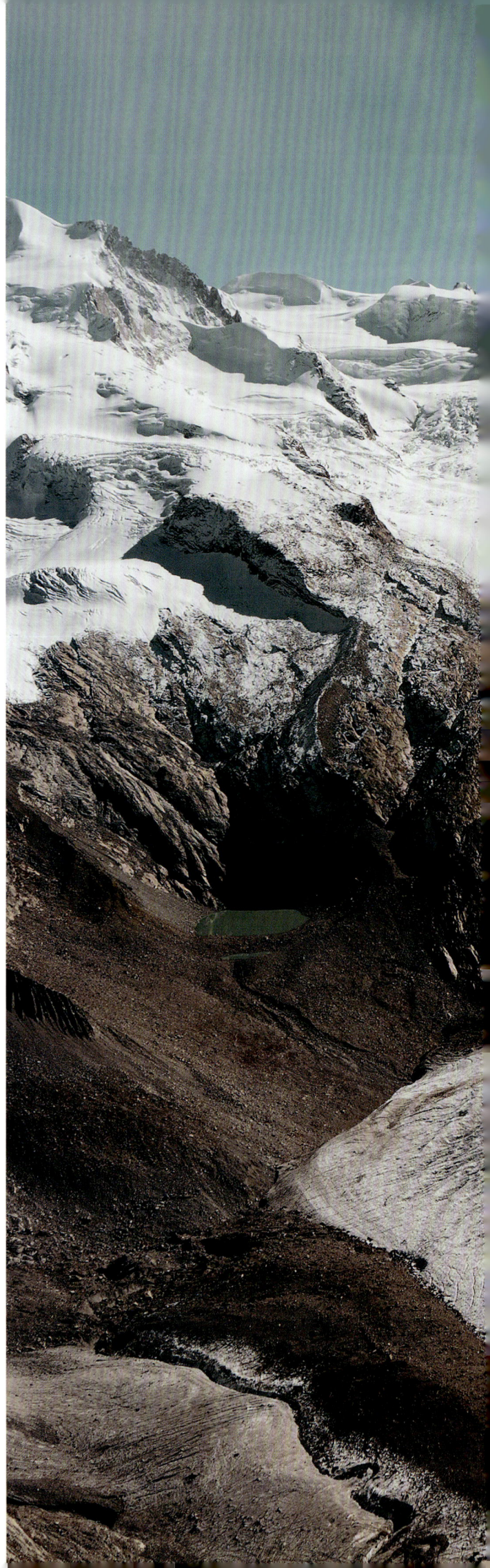

冰斗　冰斗　中碛垄　侧碛垄　冰川鼻　冰川湖　终碛垄　磨蚀　采石　地表融水水流

冰川湾位于阿拉斯加南部。在这里，太平洋伸进了一处壮观的地貌。这个海湾有105千米长，被世界上一些极高的海岸山脉围绕着，这些山脉是由太平洋板块和北美板块碰撞隆起形成的。

冰川湾

海湾的西边，费尔韦瑟山脉达到了海拔4 600米，它高耸的山峰阻挡了从阿拉斯加湾吹来的湿润空气，形成降雪，滋养着周围区域的一千多座冰川。

有些冰川直接进入大海，成为"潮水冰川"，而另一些终结于陆地上，是"山谷冰川"。约翰霍普金斯冰川和马杰瑞冰川是潮水冰川中最大的两座，都超过1.6千米宽，冰架前端高达60米，冰山在这里落入水中。随着气候变暖，此区域的大部分冰川都在后撤。泛太平洋冰川已经不再入海。

冰川湾并非一直是一个海湾。在1680年的小冰期，其南半部分是一个宽阔的山谷，有特林吉特人居住。一个巨大的冰川从北边侵入，到了1750年，整个山谷都已经在厚冰之下。但这也没有持续多久，到1880年，冰已经向内陆撤了70千米，留下了冰川湾。如今，各支流冰川又进一步向山谷上方后撤，谷中布满了水，形成了峡湾。

此冰川约1.5千米宽，30千米长，末端约50米高

兰普鲁冰川

托皮卡冰川

在冰川湾的西边，托皮卡冰川凿刻出陡峭的峡谷（见右图）。和阿拉斯加95%的冰川一样，托皮卡冰川也正在变窄，现已不再入海。据估计，自20世纪50年代起，此地区已失去了11%的冰川冰。

冰川洞穴

流经冰川内部或冰川下方的融水会在冰和基岩之间开凿出一条隧道。冰川洞穴和冰洞不一样，冰洞形成于基岩中，长年有冰，而冰川洞穴（见左图，阿尔卑斯山脉的冰川洞穴）是季节性的。由于气候变化导致更多冰川融化，冰川洞穴也越来越罕见。

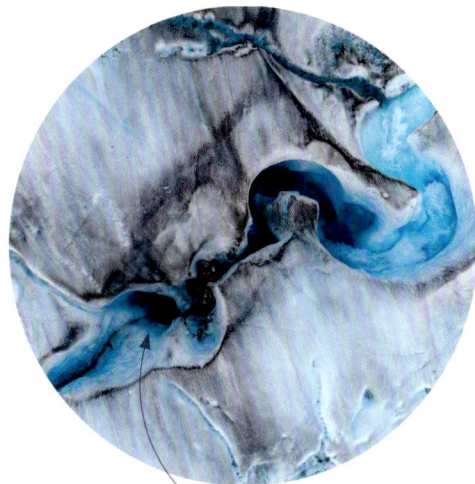

表面融水

右边的俯瞰图展示了美国阿拉加斯州索耶冰川的表面，融水形成的水流注入"冰川锅穴"中。冰川锅穴是冰川中垂直的"井"，融水穿过它流到冰川床上。

在冰上流动的**冰川融水**注入冰川锅穴中

冰川融水

冰原和冰川中的冰雪融化，就形成了融水。融水从冰川末端（冰川终结处的陡峭边缘）流出，将冰川中的岩石等碎渣带往下游并沉积（见第147页）。融水也可能在冰川底部形成隧道，沉积物可以积累形成长而蜿蜒的脊，叫作"蛇形丘"。每年冰川都会自然融化，这是季节性解冻的一部分。然而，气候变化导致全世界的冰川都在以前所未有的速度融化，引起海平面上升，洪涝风险增大。

融水湖

在冰川边缘和冰碛（冰川沉积物形成的脊）之间有时会形成融水湖。如果大块的冰从正在融化的冰川脱离（这一过程被称为"崩解"），这突然的坠落就会在湖面引起"湖震"。湖震可让水漫过冰碛（这一过程被称为"漫顶"），可能会引起洪水。全球变暖导致冰川融化加剧，使融水湖（又称"冰前湖"）的大小和数量都有所增加。

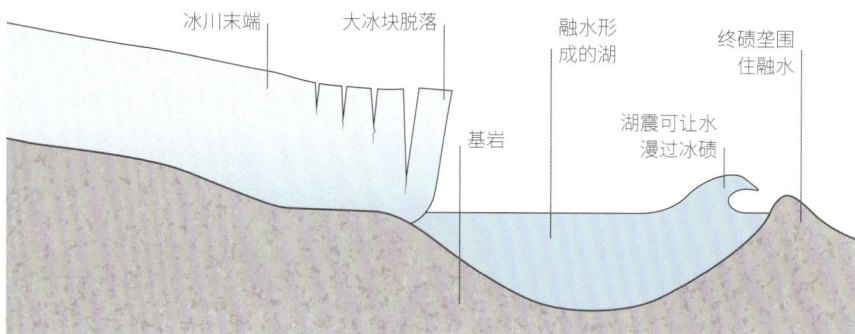

冰川末端　　大冰块脱落　　　融水形成的湖　　终碛垄围住融水

基岩　　湖震可让水漫过冰碛

海洋与大气

在地球形成之初，其最活跃的成分从地壳中以气体的形式逸出，有些逃逸到了太空，有些凝聚成了海洋，还有些聚集在一起组成了地球最外面的大气层。地球的这些流体部分始终在运动并相互作用：太阳的热量维持着海洋中的洋流，以及空气中的风和天气系统。

盐田俯瞰图，法国

海边用来晒盐的池子就叫盐田。阳光和风令海水蒸发，盐就会析出。微藻在这样的极端环境中能大量生长。在不同盐度下有不同的种类，所以随着盐度的升高，池子的颜色会从浅绿色变成鲜红色（见左图）。

盐田采收，泰国

当足够多的水被蒸发，盐度足够高，盐就会析出结晶，形成盐壳（见右图），这时就可以采收了。

被堆成锥形、等待采收的海盐

海洋化学

海水是含有将近100种元素的化学大杂烩，其中有构成生命的基础元素——碳、氮、磷、氢、氧，甚至还有金。除了水，海洋还含有500万亿吨溶解盐，主要是氯盐、钠盐、硫酸盐、镁盐、钙盐、钾盐、碳酸氢盐。其平均盐度为3.5%。一些陆缘海，如地中海和红海，盐度更高；另一些，如波罗的海，盐度则较低。海水呈弱碱性（pH为7.5～8.4），含有的溶解二氧化碳是大气中含量的60倍。

盐循环

海洋里的化学物质一直在变动，但总体盐度基本保持不变，这是由于一种叫"盐循环"的平衡机制。河流、火山、沙漠每年向海洋注入大约30亿吨的溶解化学物质，从洋中脊进入及海床矿物溶解进入的也达到差不多的数量。但生物体、生物残骸沉积于海床，海洋沉积物潜没入海沟，又消除了等量的化学物质。

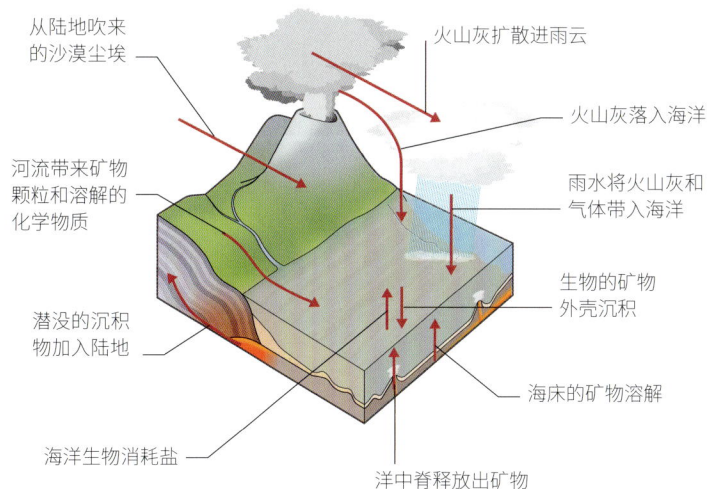

从陆地吹来的沙漠尘埃

火山灰扩散进雨云

火山灰落入海洋

河流带来矿物颗粒和溶解的化学物质

雨水将火山灰和气体带入海洋

生物的矿物外壳沉积

潜没的沉积物加入陆地

海床的矿物溶解

海洋生物消耗盐

洋中脊释放出矿物

大西洋涡流

右图基于卫星温度读数揭示了大西洋的洋流。墨西哥湾流（黄色表示暖流，绿色表示寒流）从佛罗里达州流向欧洲西北部，在加勒比地区被北赤道暖流（以橙色和红色表示）补充。这两个大型洋流系统都以一系列巨大涡流的形式流动。

大洋环流

大气在太阳能的驱使下不停涌动，驱动着世界上的大型洋流系统。表层环流是由赤道南北两侧各大洋周围的一系列环形的风海流构成的（右图为北大西洋环流）。这些环流中心的巨大水体会产生极大的压力，结合地球自转的效应（科里奥利效应）、陆地位置、海盆之间的狭窄通路，使得海水一直在运动，从而调节着全世界的气候。

翻转环流

随着表层环流流向两极，海洋底部的水也在温度和盐度变化的驱动之下慢慢流回赤道（见第175页）。这种翻转环流在世界各大洋之间运送大量的热、溶解矿物、沉积物，调节着地球的气候，并将二氧化碳锁定在海洋中。

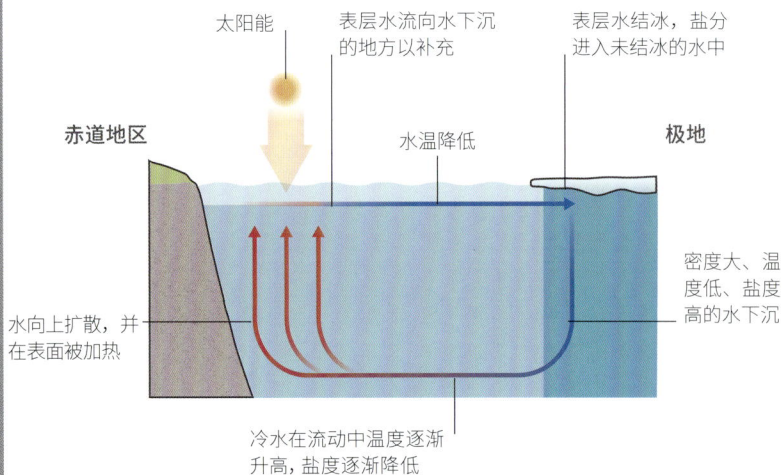

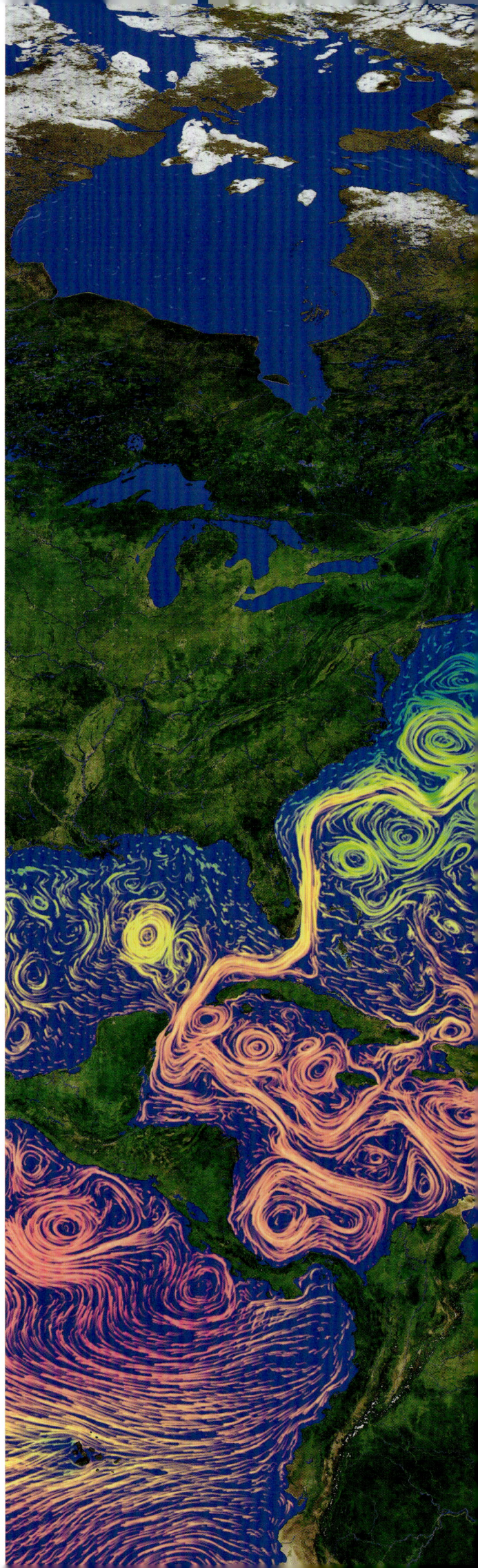

太阳能

表层水流向水下沉的地方以补充

表层水结冰，盐分进入未结冰的水中

赤道地区

水温降低

极地

密度大、温度低、盐度高的水下沉

水向上扩散，并在表面被加热

冷水在流动中温度逐渐升高，盐度逐渐降低

垂直扩散

水从水面之下几百米的地方慢慢上升就叫作"上升流"。下面的水升上来以补充风、洋流、科里奥利效应造成的表层水偏移。如果风和洋流是另一个方向，那么水就会流向岸边，表层水就会被迫下沉，这被称作"下降流"。

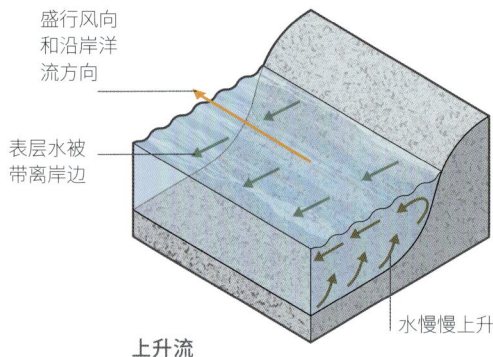

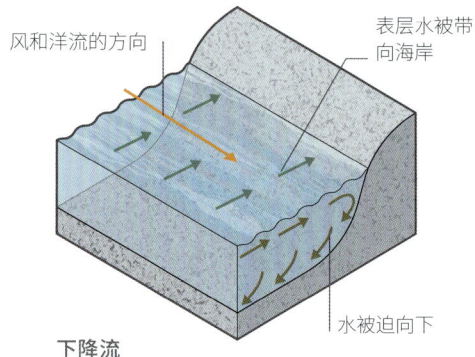

盛行风向和沿岸洋流方向

表层水被带离岸边

风和洋流的方向

表层水被带向海岸

水慢慢上升

上升流

下降流

水被迫向下

上升流和浮游生物爆发

上升流将富含矿物养分的水从深处带上来。在海洋表层，微小的浮游植物利用这些养分，通过光合作用生长。浮游植物包括藻类和蓝细菌等，它们被浮游动物捕食。这两类浮游生物供养了无数的海洋食草动物和食肉动物。

水华

在春季和夏季，上升流可导致浮游植物数量激增，形成"水华"。在右边的卫星图中，波罗的海大量繁殖的鲜绿色浮游植物被卷入爱沙尼亚岸边的表层涡流中。旋涡中心大约有30千米宽。这类水华可蔓延数百甚至数千千米。

浮游植物

浮游植物生活在阳光照射的表层水中，是寿命很短的单细胞生物。大部分（包括双鞭毛虫门的大多数）要在显微镜下才能看到，硅藻之类则有沙粒大小。许多浮游植物都是雕塑大师，利用从海水中获得的钙或硅构建复杂的骨骼。

三角形盒子一样的身体，"盖"着一层细网

围绕一点中心对称

硅藻门
蜂窝三角藻

鞭毛感知并捕捉其他浮游生物

双鞭毛虫门
夜光藻

身体狭长，沿长长从中间分为对称的两半

硅藻门
宽角斜纹藻

浮游动物

浮游植物繁盛的地方，浮游动物也会剧增，包括一些最小的海洋动物。浮游动物主要依靠潮汐和洋流运动，尽管有些也能微弱地游动。整个生命周期都在浮游的称为"终生浮游生物"，而"阶段性浮游生物"则是幼体阶段浮游，成年阶段底栖。

鳍条具有生物发光性细胞

鲉鱼幼体
尼氏花须鲉鮄

章鱼幼体阶段外套膜（身体）透明

章鱼幼体
斑马章鱼

大大的像镜子一样的眼睛探察猎物

介形纲
穆氏巨海萤

深海洋流

　　围绕着海盆的陡峭大陆坡上（见第188页）有狭窄的沟槽、深深的谷地、密集蜿蜒的水道。除了浅水区的部分其他都完全不可见。有些比美国亚利桑那州的大峡谷还深，还有些在海床上蜿蜒3 000多千米。这些通道将沉积物从陆地导向深海，这种深层水流叫作"浊流"，厚度可达500米，速度可达每小时95千米以上。海底的其他地方有星星点点的火山口，甲烷由此逸出，它们是富含有机质的沉积物释放出来的。海底还有滑坡，这可能会在上方引发强烈的海啸。深海洋流将海床雕刻出皱褶、沙丘及沉积波地貌，在海底显示出（见对页图）热盐环流输送带的路线。

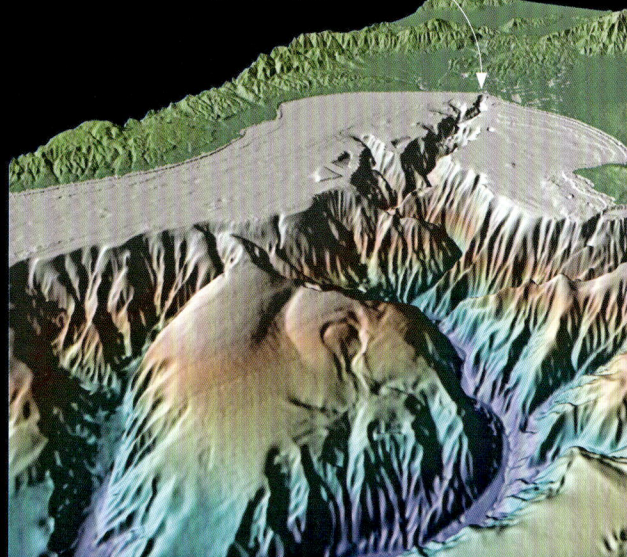

峡谷开始于蒙特雷湾的海岸线附近

美国蒙特雷湾的海底地形

　　蒙特雷海底峡谷在加利福尼亚大陆架上刻出一道深沟，然后顺着大陆坡向下，延伸470千米，最终达到4000多米深处的深海平原。

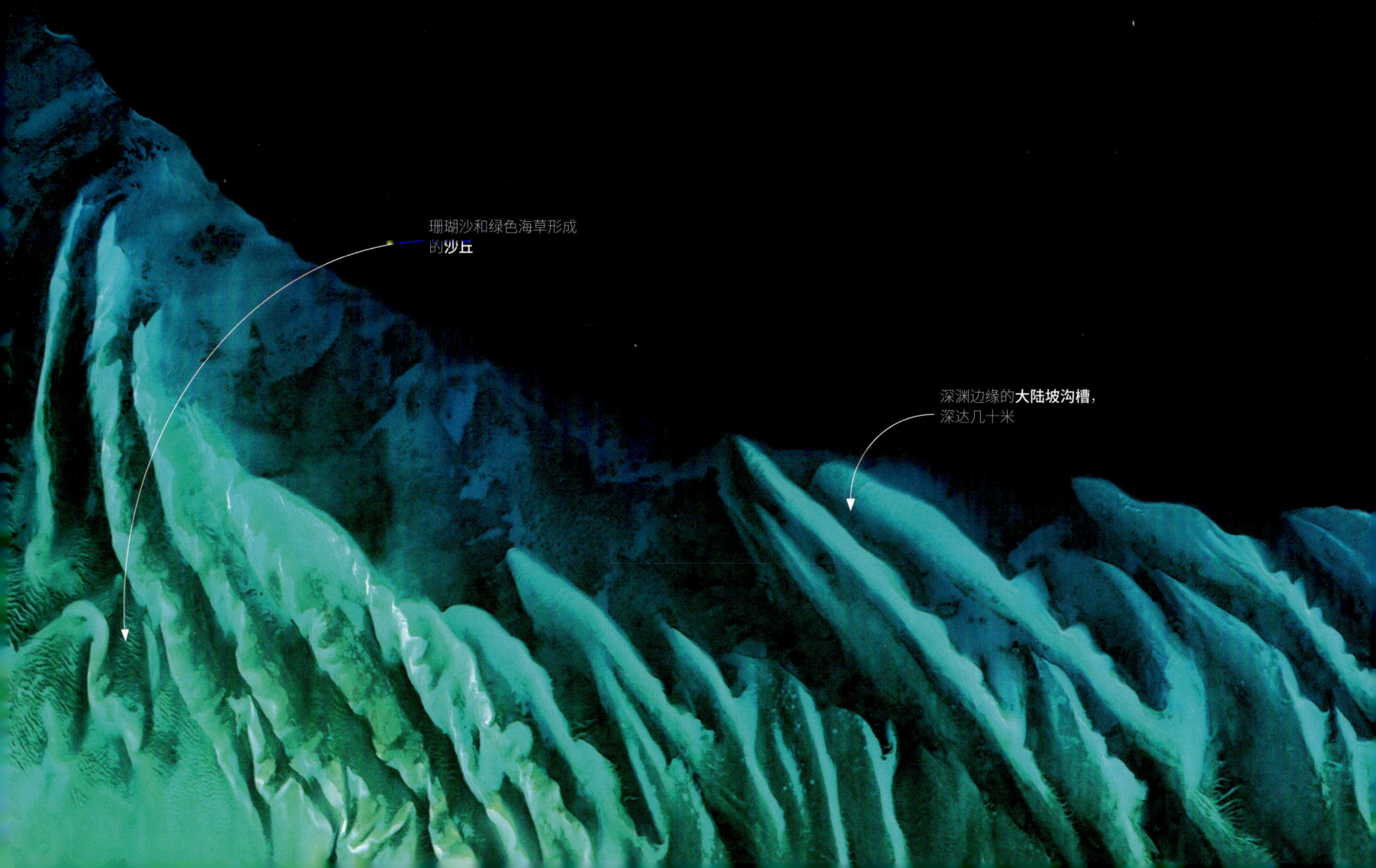

珊瑚沙和绿色海草形成的**沙丘**

深渊边缘的**大陆坡沟槽**，深达几十米

热盐环流输送带

　　深海洋流是全球热盐环流的一部分。水体由于温度和盐度不同而密度不同，这导致了热盐环流的产生，它就像一个巨大的输送带。两极的水温度更低，盐度更高，密度也就更大，所以会下沉，被从赤道流过来的温度更高、盐度更低、密度更低的表层水取代。在海底最深处，输送带的洋流可以像无声的瀑布一样坠落2 000米，或者像洪水一样扫过海床，引发看不见的混乱。

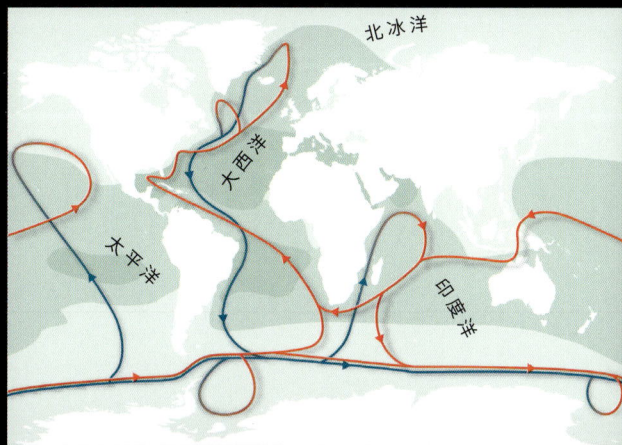

图例
— 深海寒流
— 表层暖流

含盐量 (%)
3.4　3.6　3.9

深渊边缘

　　下方这幅卫星图透过清澈的海水展现了"大巴哈马浅滩"的边缘，它在此下降2 000多米后进入深不见底的深渊——"大洋之舌"。边缘处美丽的纹路是宽达2 000米的沟槽，由强烈的洋流在海床上刻出。

涌潮，阿拉斯加

强大的潮汐倒灌入海湾或河流
就称为"涌潮"，它以波浪形式逆水
流而动。在阿拉斯加州的特纳甘
湾，涌潮可高达3米，速度可达每小
时25千米（见右图）。

花盆岩，芬迪湾

加拿大的芬迪湾有最大的潮差，
在16米以上。海水每天两次漫过，并
侵蚀这些砂岩的底部（见左图）。

潮汐

自40亿年前海洋形成之时起，就有潮汐的涨落。潮汐是波长很长的波，扫过
全球。高潮是波峰，低潮是波谷，不过实际上潮汐运动很复杂，因摩擦和地形的
限制、海盆和陆缘海的形状而有所不同，近期还受到河道清淤等人类活动的
影响。高潮和低潮之差称为"潮差"，在封闭的海湾和河口处，潮差从0米到
12~16米不等。

每月潮汐循环

每月的潮汐循环受到地月引力和地日引力的影响。太阳和月亮在一条线上时（满月和新
月），两个引力场同向作用，形成很高和很低的大潮。太阳和月亮呈直角时（上弦月和下弦
月），引力作用方向不同，形成小潮。

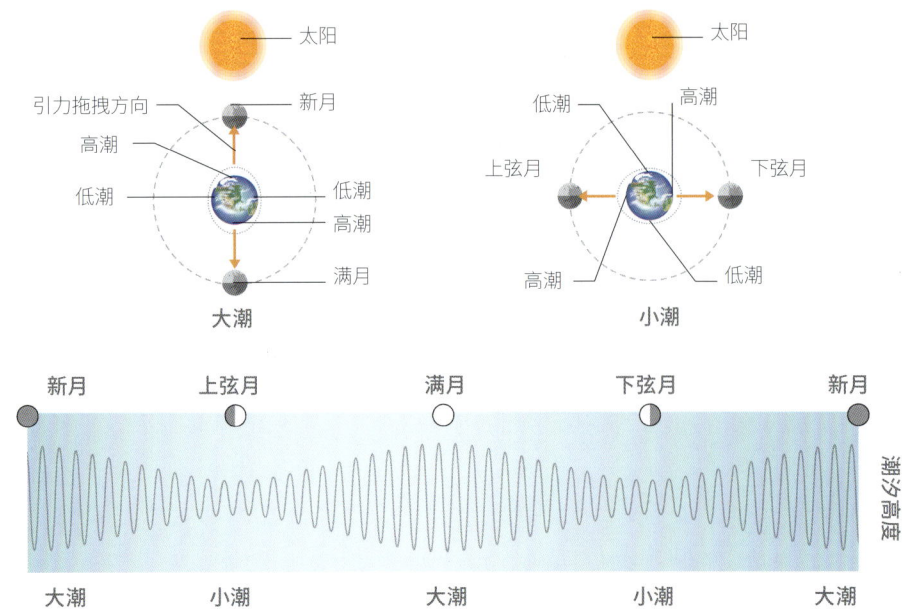

太阳

引力拖拽方向 —— 新月
高潮
低潮 —— 低潮
高潮
—— 满月

大潮

太阳

低潮 高潮
上弦月 下弦月
高潮 低潮

小潮

新月　上弦月　满月　下弦月　新月

潮汐高度

大潮　小潮　大潮　小潮　大潮

波浪的形成

风吹过海洋的表面（风浪区）就会形成波浪。小的波澜（毛细波）逐渐叠加形成混乱的波浪。在风浪区之外，波浪的运动有独特的规则形式，称为"涌"。波浪进入浅海时会受到海床的阻碍而变慢，其浪高增加，形成碎浪继续前进。

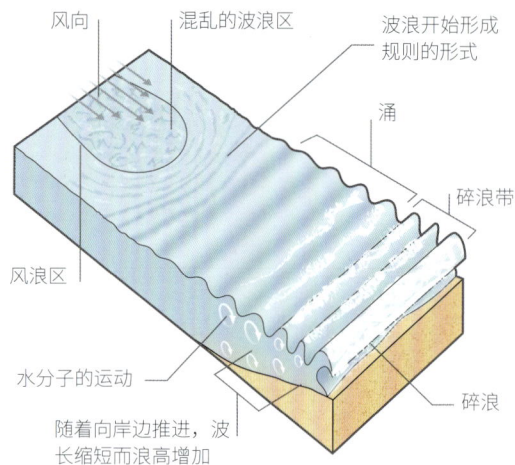

风向
混乱的波浪区
波浪开始形成规则的形式
涌
碎浪带
风浪区
水分子的运动
碎浪
随着向岸边推进，波长缩短而浪高增加

海浪

　　海浪和大海的颜色一样令人熟悉而又多变。海浪拍打着岸边，不停地侵蚀着陆地。几乎所有的浪都是海洋表面的风应力引起的。风越大，浪也越大，也就储存了更多的能量，在拍向岸边时释放出来。单个的暴风浪可产生瞬间每平方米30吨的高压，足以摧毁峭壁、码头及沿岸建筑。风暴会在大海上引起"波列"——一连串波长相近的波。如果没有受到干扰，它会保留着自己的特征穿过数千千米的整个大洋。

船迎浪而上，满载能让它在突破"疯狗浪"时保持稳定

"疯狗浪" 可在15米以上

波浪能

　　在美国华盛顿州的失望角，反弹回来的浪与后续的碎浪壮观地撞击在一起，激起巨大的水花（见右图）。当波列遇到陆地时（见第185页），波浪的能量和侵蚀力会集中于这种海岬。

"疯狗浪"

　　海洋环境有时会导致波浪相互叠加，形成一个巨大的单一浪，这被称为"疯狗浪"（见左图）。它在开放大洋单独出现且不可预测，即使对大船也是一种威胁。

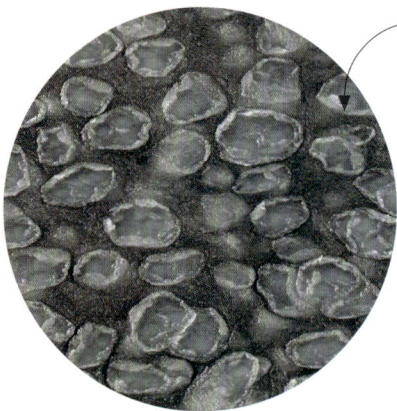

"莲叶冰"反复碰撞，
而导致**边缘高出一截**

"莲叶冰"

上图的"莲叶冰"是一种直径为
0.3～3米且边缘高起的盘状冰，形成于
中等至强烈的海浪活动环境中。

冰盘

在冰岛东南部赫本的岸边，
这些边缘尖锐的冰盘（见右图）
为海豹提供了一个暂时的停留
之地，也是捕食的有利之地。冰
盘的厚度为0.5～5米，它们会连
成大片海冰之后，又因为风浪和
融化而裂开，并反复进行。

冻海

冰天雪地、寒冷异常、无法居住——这就是极地的海洋。北极
是被陆地围绕的冰封海洋，而南极是被冻海围绕的冰封大陆。在极
地的极夜寒冬，温度降到零下30°C以下时海水就会结冰。由于冰比
海水的密度小，这些冰就会漂浮在海面上。在任意时间点大概都有
7%的海洋面积被浮冰覆盖，这差不多相当于北美洲的大小。固定于
陆地的海冰叫作"坚冰"，而随洋流漂动的海冰叫作"流冰"。随
着极地夏季极昼的到来，持续的日光会让许多冰融化，再次汇入海
洋。有些冰终年不化，但全球变暖正让这些区域的面积越来越小。

海冰是如何形成的？

低温导致海洋表面形
成冰晶，随着风的吹拂，
冰晶融合成雪泥状，称
为"油脂状冰"，随着温
度的降低，它会变硬、变
厚。风浪会把这一层冰打
破，形成圆形的"莲叶
冰"，它们聚到一起就形
成了"冰盘"。年复一
年，海冰逐渐增厚，尤其
是在靠近海岸的地区。

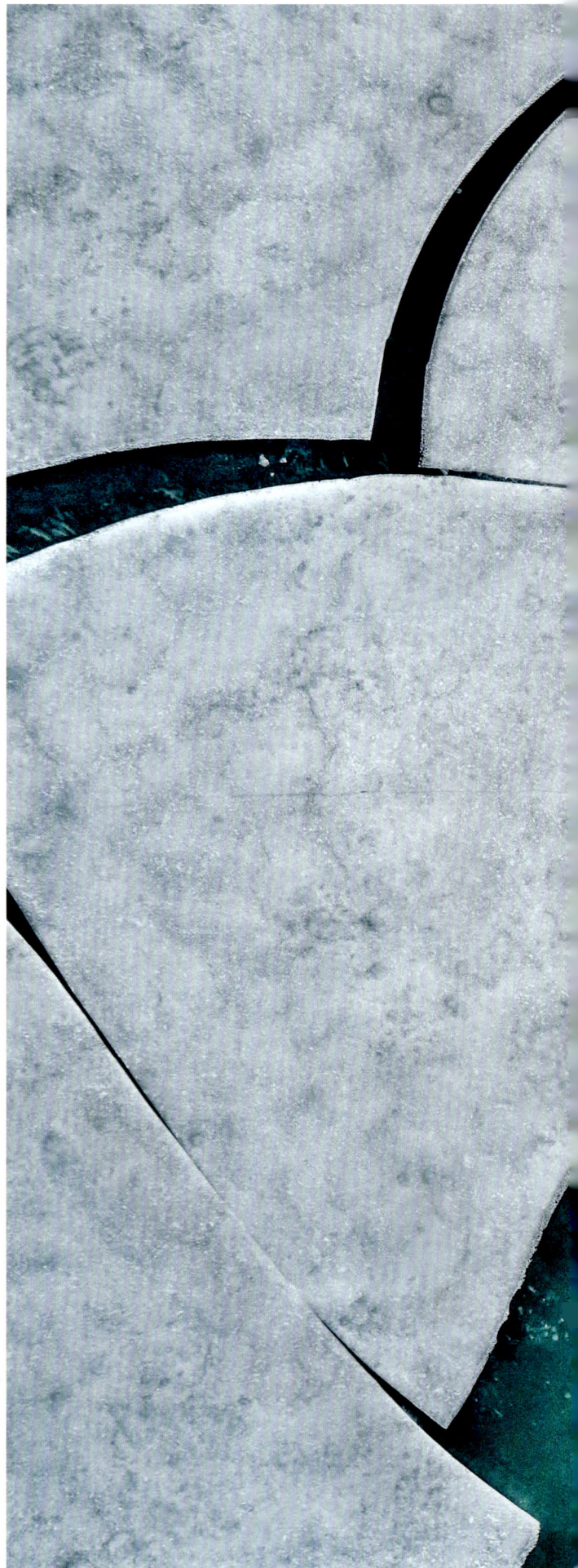

冰晶在表面
附近形成

油脂
状冰

莲叶冰

冰盘

多年积累形成
的厚层海冰

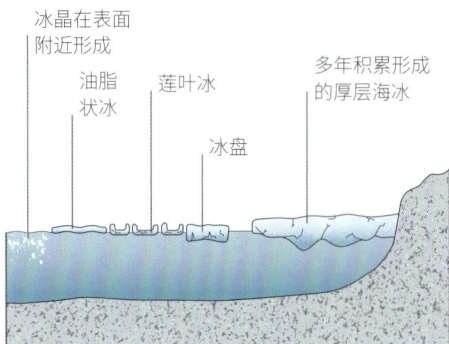

误导人的外观

　　在加拿大哈德森湾的一处冰山，海象在一小片冰筏上休息（见右图），这只是冰山的水上部分。冰山大概有90%都藏在水面之下。

海象以皮下脂肪来御寒

侧漂冰山，长轴平行于水面，密度只比海水稍小，所以吃水较深

冰架和冰山

　　流动的冰原和冰川在到达海岸时可能会延伸到海面上，形成巨大的漂浮冰架，盖在波浪之上。冰架中的冰是由几千年的积雪形成的，逐渐变得越来越紧实。随着气泡被挤出，冰会由白变得发蓝。冻在冰中的海藻呈现出鲜绿色，而冰川移动过陆地时磨碎的岩粉产生红色、黄色、棕色。冰架或冰川的一部分脱离开来，漂到海里，就形成冰山，其大小不一，小至15米长，大至卢森堡等小国家那么大。

冰山上的帽带企鹅

　　随着漫长冬季的过去，帽带企鹅等会来到冰山上，等待春季浮游生物爆发（见第172页）带来的丰富食物（见左图）。冰山本身也会促进浮游生物的生长，因为融化时会释放从陆地上带来的营养物质。

冰山是如何形成的？

　　漂浮的冰架和冰川受到强风大浪的吹打，而冰下的潮涨潮落也会带来更大的撞击。冰中出现裂缝并越来越大，之前就已存在的缝隙也被扩大。最终，在名为"冰山崩解"的过程中，大块的冰脱离开，落入海中，逐渐漂走。这种大块的淡水冰就叫作冰山。

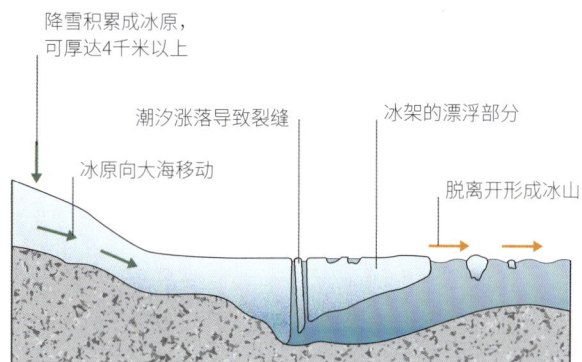

降雪积累成冰原，可厚达4千米以上

潮汐涨落导致裂缝

冰架的漂浮部分

冰原向大海移动

脱离开形成冰山

海岸侵蚀

典型的高能量海岸线会显示出被迅速侵蚀的峭壁、巨大的砾石及海岬。海浪的波面到达海岸时，会折向海岬旁边的浅海，能量集中于此。不断的侵蚀产生"负沉积"，即被带走的多于沉积下来的，并雕刻出洞穴、拱门、砾石。在海岬之间，沙滩形成于有掩护的海湾，那里沉积下来的物质比侵蚀带走的物质更多。

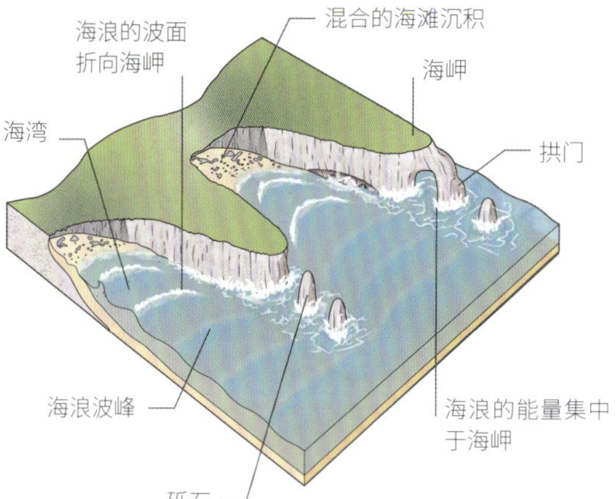

高能量海岸线

海陆相遇之处

海岸边一直上演着大海与陆地的"争斗"。海水是雕刻大师，也是无情的毁灭者，侵蚀峭壁，塑造岩石海岸，将卵石磨圆，将沙子磨细形成长长的金色沙滩，最终这些沙子还会被冲到海里。但海岸线被河流带来的沉积物维持着，这些沉积物每年大约有200亿吨，风吹和冰川融化也带来了更多的沉积物。海岸线美丽多变，既有复杂的峡湾，也有海浪拍打的峭壁，还有宽阔的滩涂三角洲、红树林沼泽、白色的珊瑚沙。

骷髅海岸，纳米比亚

世界上最长的四大沙滩（每个都长达100千米以上）都位于骷髅海岸（见左图）。这是纳米布沙漠和南大西洋相遇之处。这个沙漠形成于约6 000万年前，其沙丘（有些高达300米）一直延伸到海边。

恒河三角洲

右图这个广阔的三角洲一部分是野生红树林，另一部分是高度耕种的农田。雨季的洪水将黏土沉积物冲到海里，横穿孟加拉湾，形成了一个长达2 500千米的巨大海底三角洲。

小河将恒河的水和沉积物带入孟加拉湾

深绿色的是**红树林**

海拔30米的
鹅卵石海滩

被抬高的海滩，新西兰

在地震多发地区，地壳可能会被构造板块的力量抬高或降低。右图是新西兰图拉基拉角的景象，展示了三个古老的滩岭在现今沙滩上方的陆地上蜿蜒而过。这些滩岭是160年前（最低处）和5 000年前（最高处）形成的，代表了曾经的风暴滩前位置，后来被大型地震活动抬升了。

回弹的陆地

冰盖会压缩之下的陆地，但冰融化时陆地就会慢慢回弹，这一过程被称为"均衡隆升"。它造就了苏格兰朱拉岛塔伯特湖的这一片升高的鹅卵石海滩（见左图）。

海平面变化

海平面高度是指海洋表面相对于陆地的平均高度，它在地球历史上因为构造板块运动和气候变化一直在改变。在全球温度很低的时候，更多的水被锁在冰盖和冰川中，导致海平面在过去的100万年中至少有4次下降了多达120米，宽阔的大陆架变成了干的陆地。更早以前，快速的海洋扩张和山峦升起曾导致更大的变化，海平面比今天高250～350米，海洋覆盖了世界的82%。现在的全球变暖也在让海水扩张、冰盖融化。至21世纪末，海平面可能会上升30～50厘米。

海平面变化的证据

这是查尔斯·莱尔1853年《地质学原理》第九版的卷首插图，展现了意大利南部波佐利的古罗马塞拉比斯神庙（现在也有说是市集）。莱尔认为，柱子上石蛏造成的明显孔洞层说明它们曾经被淹没在海底，后又升出来，这就证明了海平面有变化，以及"均变论"的正确。近期的研究广泛证实了他的结论。

海洋双壳类在大理石柱上留下的孔洞带

塞拉比斯神庙，波佐利，意大利

从浅海到深海

大陆被缓慢下降的大陆架围绕，在大陆架之外是更陡峭的斜坡，上有深深的峡谷和排水河道。大型水下河流（浊流）和巨大的滑坡将沉积物带到斜坡下方，沉积在大陆隆起上，被强大的等深流再次卷入侧向漂移，或者洒落在深海盆上，形成海底扇。

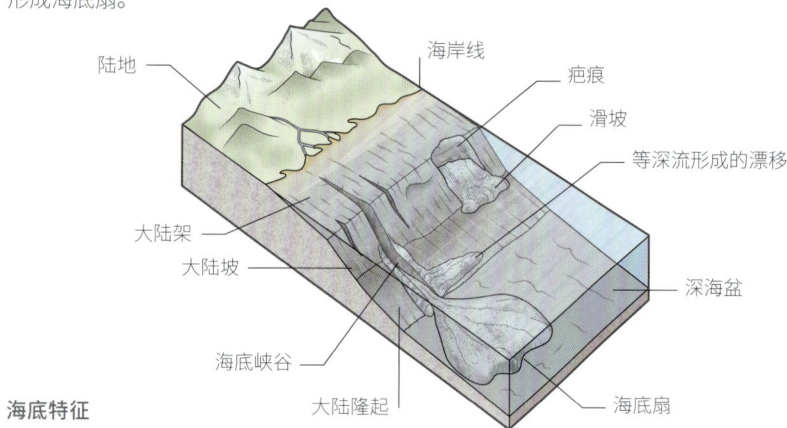

陆地 — 海岸线
疤痕
滑坡
等深流形成的漂移
大陆架 —
大陆坡 —
深海盆
海底峡谷
大陆隆起
海底扇

海底特征

浅海

从海岸一直到大陆架边缘的这一段海被称为"浅海"，约有100米深。它沐浴在阳光中，通常富含营养物质，对于光合作用、珊瑚礁生长、海藻林生长是非常理想的。它也为生命幼体提供了栖息和成长之所，同时还是许多海洋物种的进食之地。浅海的形成既有生物活动的影响，也有海浪、潮汐、洋流、海岸上升流的共同作用。海底的纹路和沙丘显示了沉积物被从陆地运输到大陆架上。

海床工程师

火焰贝（雪锉蛤属，见左图）对改造海床有很大影响。它们用贝壳和石头制造的巢集合在一起形成了致密的礁石状结构，抬升并稳定了海床，形成了一个能支持多物种共同生存的栖息地。

触手会分泌刺激物，令捕食者回避

海藻林，加利福尼亚近海

巨藻林生长在富含营养物质、温和的大陆架海水中，例如美国加利福尼亚州近海的这些（见右图）。它们以固着器固定自己，以气囊让自己漂浮起来，每天可生长60厘米。许多海洋动物都在海藻林的冠层之下找到了安全的港湾。

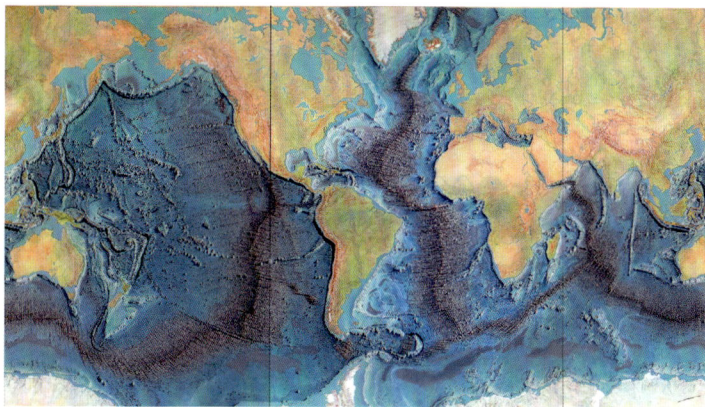

地球科学的历史

测绘海床

20世纪最重要的地图可能是一份全新的海床图，由美国地质学家玛丽·萨普和布鲁斯·希森于1957—1977年精心编制。海床全貌第一次被呈现在公众和科学家眼前，而在之前，这占地球71%的部分几乎不为人所知。这促使我们对地球的本质有了十分重要的洞见。

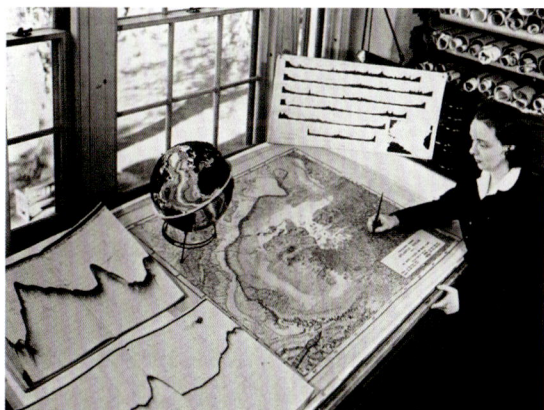

工作中的玛丽·萨普

上面的照片拍摄于美国纽约的拉蒙特地质观测所，玛丽·萨普正一点点将声呐读数转变为突破性的世界海床地图。

希森-萨普图将海床的地形记录在了纸面上。这幅地图揭示了地球上最大的山脉——洋中脊体系，在海床之上耸起3 000米，全球绵延60 000千米。地图还展示出深色的沟壑，深达1 000米以上。深邃的峡谷围绕着陆地边缘，切开平坦的大陆架，将陆地上侵蚀而来沉积物洒落成深海平原上巨大的海底扇。地图显示了无数被淹没的海底山，以及升向表面的活火山，它们造就了被礁石环绕的岛屿。

两人的工作为板块构造学说提供了关键的证据，这一学说直到20世纪60年代才被广泛接受。

萨普和希森利用海床的声呐读数来绘制其地图。他们的世界海床图及海因里希·贝兰绘制的美丽的1977版是真正的里程碑。

今天，我们的方法更复杂、更精确，使用卫星图像完善世界海洋地图，并使用高精度深海拖曳声呐来探测海床的诸多特征，包括沉积波、气体逃逸点、深海珊瑚礁，甚至是苏门答腊海沟中的断层位移，而正是它导致了2004年毁灭性的海啸。

震惊世界的地图

萨普和希森的地图（见左图）揭示了中大西洋海岭，这一发现革新了海洋科学，但最初也遭到了质疑。随后，雅克·库斯托用潜水器探索了中大西洋海岭，本来是想推翻两人的发现，结果却证实了裂谷的存在，而海底扩张就发生于此。

> **显然，现有的关于地表形成的解释不再能站住脚。**

哈利·费尔特，《测海：测绘海洋的非凡女子的故事》，2012年

远洋捕猎者

信天翁是远洋捕猎者，它们会在开阔的海域上生活数月，有时甚至超过一年，然后才返回遥远的岛屿去繁殖。这些黑眉信天翁仔细搜索着南冰洋波涛汹涌、富含营养的海水，寻找着猎物（见右图）。

深海的居民

深海是一个黑暗、寒冷、高压的栖息地。烟灰蛸（见左图）生活在深达4 000米或更深的地方。它们在海床上盘旋，寻找双壳类动物、甲壳纲动物及蠕虫。

红色在深海不可见

开放大洋

开放大洋覆盖了2/3的地表，这里的初级生产力较低，水中只有稀少的生物。海水分层，有不同的温度、盐度、透光度，并被洋流分隔开。如果这脆弱的屏障被风暴、局部上升流、水体相遇等干扰，溶解的营养物质就会升到表面，促使浮游植物爆发。食草动物聚集起来觅食，但却无处藏身，于是进化出了许多策略来避免被捕食。例如，身体透明、反影伪装、浮游动物从表层大量迁徙到深海及聚成一大群。

海洋温跃层

温跃层是温暖表层水的底部，这一层表层水厚50～1 000米，遍布于温带及热带海洋。在热带，平静的天气稳定温跃层，抑制混合，于是表层水逐渐耗尽营养物质。在中纬度的温带地区，风暴加强混合，搅动温跃层，将营养物质带到表面：富含浮游植物的绿色水体中生命繁盛。

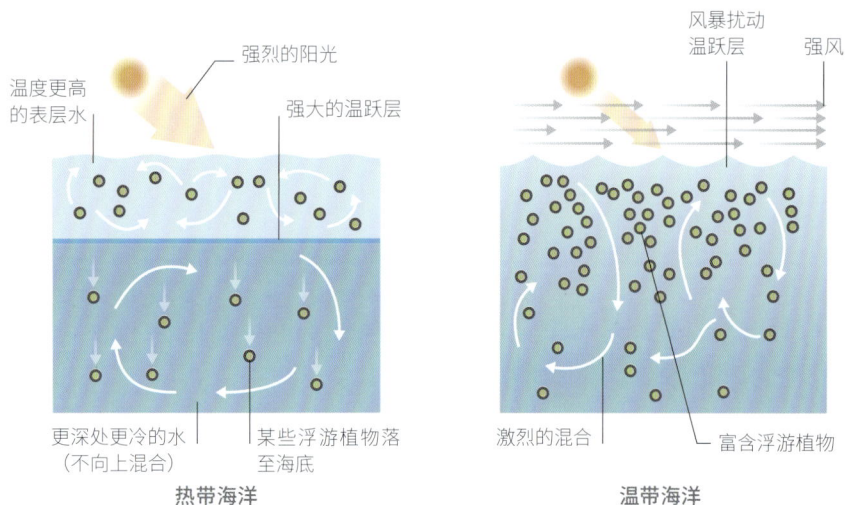

强烈的阳光

温度更高的表层水

强大的温跃层

更深处更冷的水（不向上混合）

某些浮游植物落至海底

热带海洋

风暴扰动温跃层　强风

激烈的混合

富含浮游植物

温带海洋

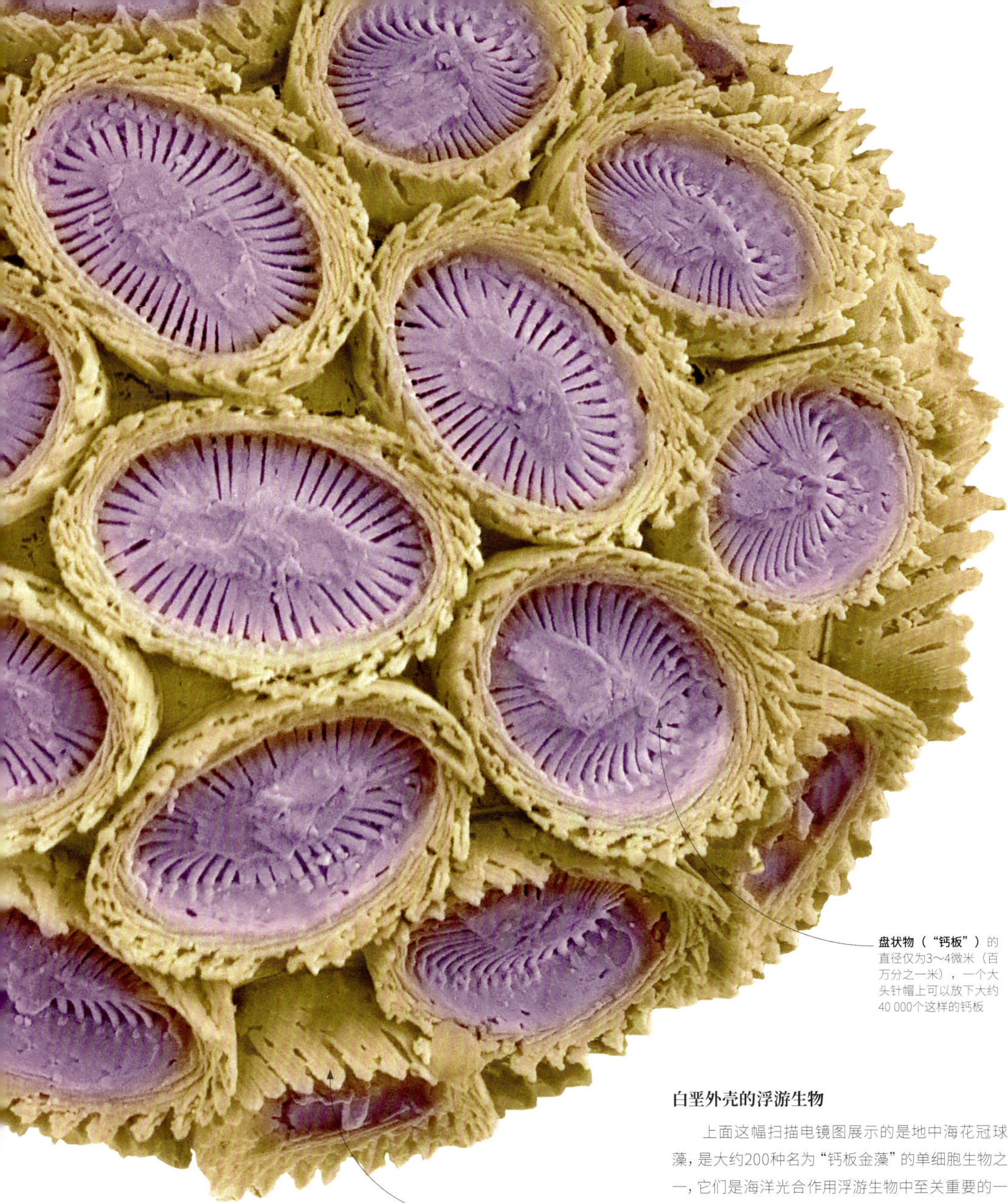

盘状物（"钙板"）的
直径仅为3~4微米（百
万分之一米），一个大
头针帽上可以放下大约
40 000个这样的钙板

尖刺和辐条可能可以防护
捕食者或病毒，但其功能
还没有被完全证实

白垩外壳的浮游生物

上面这幅扫描电镜图展示的是地中海花冠球
藻，是大约200种名为"钙板金藻"的单细胞生物之
一，它们是海洋光合作用浮游生物中至关重要的一
部分。这种生物被纹理细致的白垩碳酸钙盘状物围
绕，这些在生物死后就会落到海床上，成为生物来
源石灰岩沉积的一部分。

海床上的纹路

海床几乎完全被沉积物覆盖。在洋中脊两侧，沉积物只是海洋地壳上的薄薄一层，但在大陆边缘沿线和大型三角洲之下，沉积物的厚度可超过16千米。每粒沉积物颗粒都讲述着不同过程、气候、环境的故事。有些是风、河流、冰川、水下水流从陆地带来的，有些则是生物产生的。例如，有孔虫、钙板金藻、放射虫、硅藻等浮游生物的残骸。沉积物中还可能有从液体或火山排放物中析出的矿物和金属，甚至是落到海底的太空尘埃。

有孔虫微体化石

有孔虫是单细胞原生动物，只有中等至粗大的砂粒大小，大多数都具有碳酸钙的壳。现在已知50 000多种，大部分生活在海床上，其余则是重要的浮游动物。

放射虫微体化石

放射虫和有孔虫一样也是浮游动物，或者说类似动物的浮游生物。这些微小原生动物是开放大洋中的掠食者，直径为0.03～2毫米。它们有一个玻璃质的二氧化硅外壳，上有孔洞，由细胞物质组成的"手指"可以由此伸出，这被称为"假足"。

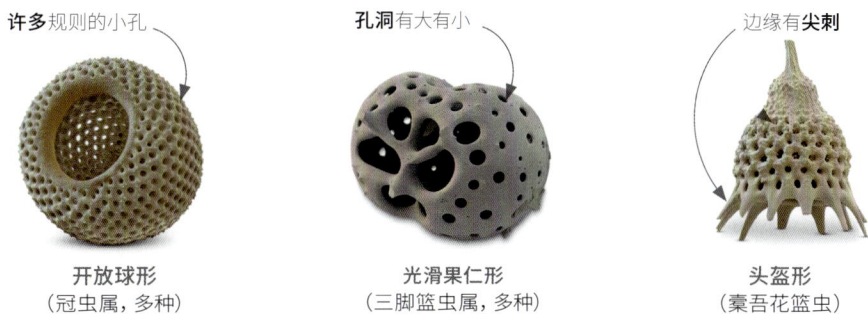

螺旋肋状壳

底栖
（波纹希望虫）

孔洞让臂状假足能伸出来捕捉猎物

浮游
（普通圆球虫）

壳分为多个腔室

底栖
（波伊艾筛希望虫）

许多规则的小孔

开放球形
（冠虫属，多种）

孔洞有大有小

光滑果仁形
（三脚篮虫属，多种）

边缘有**尖刺**

头盔形
（橐吾花篮虫）

海床沉积物

环绕陆地及在两极附近，海床被冰川及其他陆地侵蚀过程产生的沉积物覆盖。上升流导致富硅浮游生物爆发的地方就会有硅质沉积物。石灰质沉积物（由碳酸钙构成）也是由浮游生物的微小外壳落下而产生的，但只能保存于4～5千米深度以上，在此深度之下，酸性更强的水会溶解碳酸钙，只留下被称为"深海红黏土"的细腻物质。

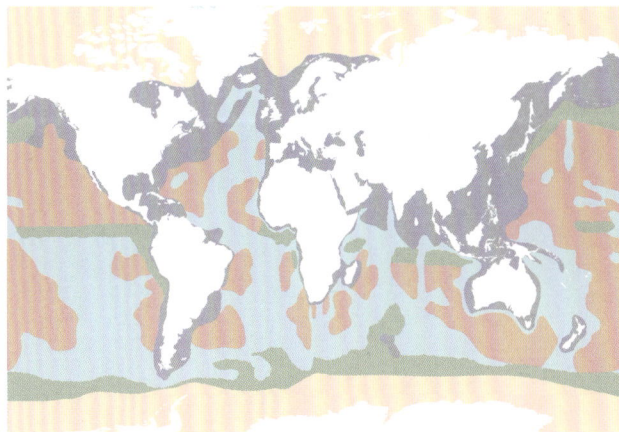

图例

■ 陆地产生

■ 冰川产生

■ 生物硅质

■ 生物钙质

■ 深海红黏土

海底沉积物的来源

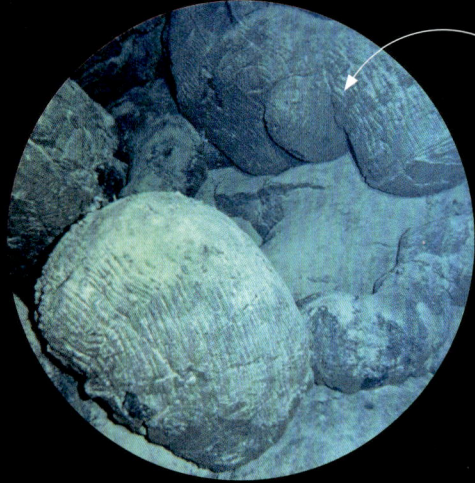

圆形的枕状熔岩，直径一般在0.5～1.5米

枕状熔岩，夏威夷

熔岩进入冷的海水就会形成坚硬的外壳，但熔岩会持续注入，导致压力持续，体形膨胀，之后熔岩冷却凝固就在海床上形成了枕状的石块。

热泉喷入冰冷的海水，**金属析出形成黑色的云**

海洋地质构造

洋中脊（见第107页）是海底火山活动的温床。上升的玄武质岩浆驱使海床的构造板块分离，并在海床上喷出形成熔岩，制造新的海洋地壳。洋中脊共有约300个海底热泉，被地下岩浆加热到过热的水，以300～450℃的温度在此涌入海洋。来自下方岩石的溶解矿物质接触到冷的海水就会析出，形成一团团黑色的金属氧化物云，以及高高的金属硫化物烟柱。微生物在喷发口周围繁盛，通过处理热液中的硫化氢和周围海水中的氧气来获得生命所需的能量。这些微生物支撑着一个完整的生态系统，其中所有生物都适应了这种极端条件下的生活。

黑烟囱

右边这些黑色的、翻滚的析出矿物云被称为"黑烟囱"。锥形的岩石和尖峰富含铁、锰、铜、锌、铅、银，是中大西洋海岭上水深近3 000米处的一座海底热泉。

特异化的虾在头部有热感应点，可以引导它去向海底热泉以寻找食物

海底热泉

冷的海水渗入新形成的海床，通过裂缝进入海洋地壳，与此同时，析出多种化学物质。海水遇到炙热的岩浆时会过热并被推回地表，海底热泉就形成了。溶解的矿物质析出形成"黑烟囱"，留下富含金属的沉积物，各种烟柱仿佛绘出一座城市。蛤蜊、贻贝、藤壶、海葵、帽贝、螃蟹、蠕虫、鱼虾都围绕在热泉周围，完全依赖微生物生存。

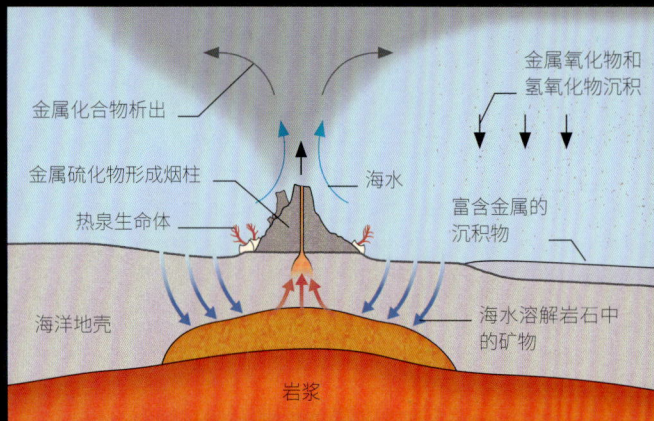

金属化合物析出
金属硫化物形成烟柱
热泉生命体
海洋地壳
金属氧化物和氢氧化物沉积
海水
富含金属的沉积物
海水溶解岩石中的矿物
岩浆

海底热泉的矿物沉积

海洋中的岛屿

  岛屿之于海洋就像绿洲之于沙漠，它们是陆生生物和水生生物的天堂，还能告诉我们海洋的过去和现在。全世界海洋中成千上万的岛屿可分为四大类。火山岛和珊瑚礁通常面积较小，出现和消失都较快，会受到侵蚀、沉降和生物性改变的影响。大陆岛则大小不一，由海平面上升或构造分离造成，与大陆隔离开。复合岛屿面积较大，寿命较长，由多种过程共同作用形成。有些岛屿（如地中海的塞浦路斯）的内核是深海地壳，即"蛇绿岩"，在构造板块碰撞时被推至地表。

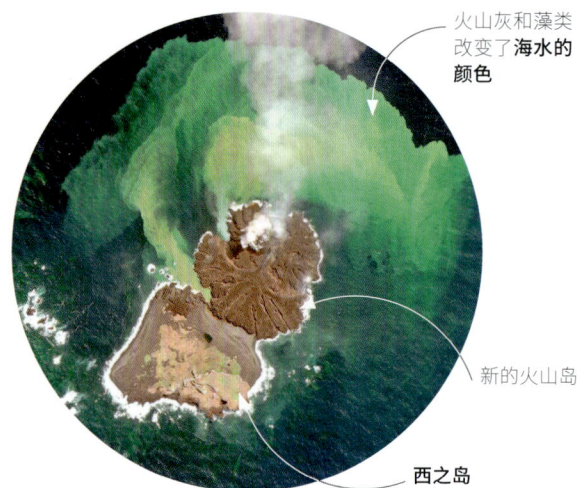

火山灰和藻类改变了**海水的颜色**

新的火山岛

西之岛

岛屿融合

  日本的火山岛西之岛与2013年火山爆发后新出现的另一座火山岛融合而变大（见上图）。西之岛位于一处俯冲带（见第104、105页）之上，太平洋板块在此俯冲到菲律宾板块下方。

环礁，印度尼西亚

位于班达海的恩达岛（见下图）是一座环礁，中间围出一片潟湖。其下是一座死火山，已塌陷并成为海底山。如果环礁生长得足够快，能够跟上火山塌陷的速度，那么它就会留在海面上；反之，则会随火山一起下沉，消失在波涛之下。

火山岛的演变

一些火山岛，如夏威夷岛和加拉帕戈斯群岛，形成于地幔焰（见第129页）的热点之上；另一些火山岛，包括汤加和马里亚纳群岛，则形成于俯冲带（见第104、105页）之上。火山岛诞生于大量熔岩喷出并堆积在海床上，冲出海面时就会变成火山喷发。如果能经受住早期的侵蚀，它就可能长成一个巨大的锥体，在热带海洋中会被珊瑚礁环绕。如果熔岩停止喷出，火山岛就会塌陷形成海底山，珊瑚会随着岛屿的下沉继续长向阳光照射的浅滩，在海面上形成环礁。

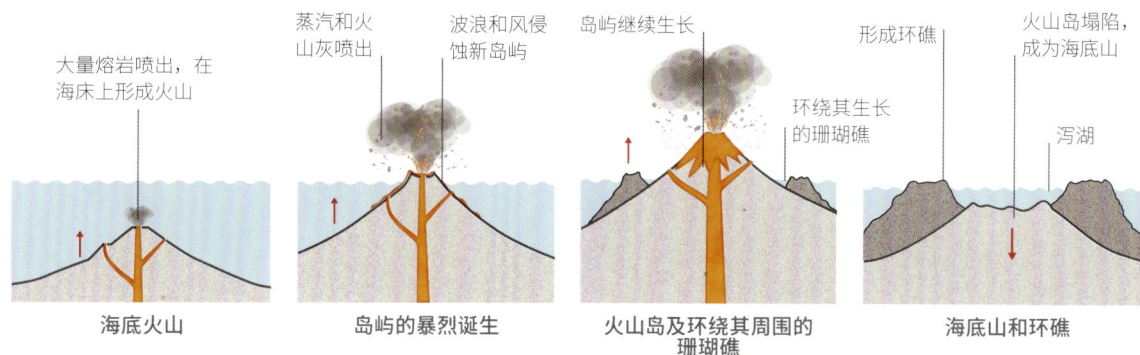

大量熔岩喷出，在海床上形成火山

海底火山

蒸汽和火山灰喷出　波浪和风侵蚀新岛屿

岛屿的暴烈诞生

岛屿继续生长　环绕其生长的珊瑚礁

火山岛及环绕其周围的珊瑚礁

形成环礁　火山岛塌陷，成为海底山　潟湖

海底山和环礁

大气的分层

大气可分为好几层，每一层都有自己的特点和现象。最底层的是对流层，地球大部分天气系统和商用飞行都在这一层；往上是平流层，臭氧气体的浓度在此达到顶峰；再往上是中间层和热层，炫目的流星雨和壮观的极光就发生在这里。卡门线界定了一国领空的上限，再往上是热层和外逸层，这里空气过于稀薄，飞行器无法飞行。

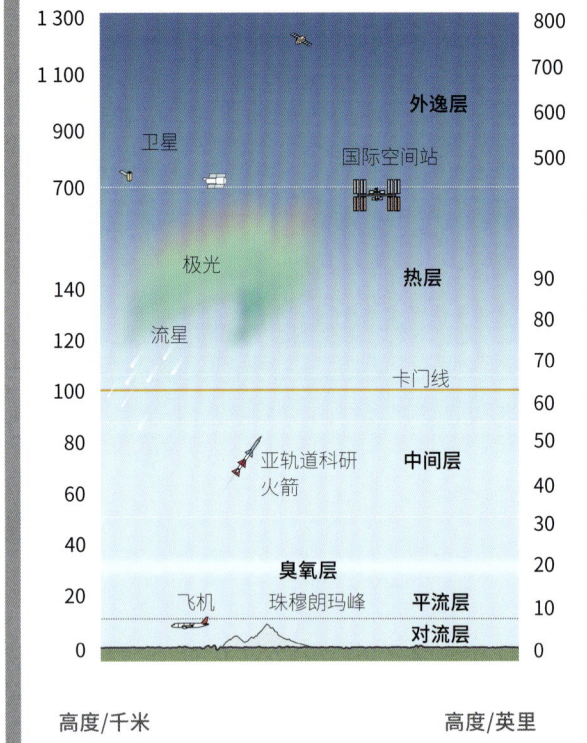

高度/千米 | 高度/英里

外逸层
卫星
国际空间站
极光
热层
流星
卡门线
亚轨道科研火箭
中间层
臭氧层
飞机　珠穆朗玛峰　**平流层**
对流层

狮子座流星雨每年一次，是由坦普尔—塔特尔彗星留下的残骸形成的

流星雨

流星体是位于外太空的小型岩质或金属物体。它们进入地球大气就会燃烧，划出光亮的一条线，这就是流星。据估算，每天有2 500万个流星体、太空尘埃及其他残骸进入地球大气。

太空的边缘

除了主要的气体成分外，大气的最底层（对流层）还含有水蒸气，以及由太阳的热量驱动的天气系统（见右图）。随着与地球的距离越来越远，大气也越来越稀薄，直到和行星间的外太空无异。

地球的大气层

我们星球的海洋—大气组合在太阳系中独一无二，最初形成于原始地球（见第18、19页）的火山喷出的气体。大气每一层的组成都是氮气约占78%，氧气占20.9%，氩气占0.9%，以及微量的10～15种其他气体。在低层大气中，臭氧气体吸收了来自太阳的紫外线辐射，否则紫外线辐射会破坏动植物的DNA，而且会使植物无法进行光合作用。二氧化碳和甲烷等温室气体留住红外辐射，使地球保持宜居的温度。然而，人类活动已使大气中的这些气体增加到危险的程度，导致全球变暖。

地球的磁场

地球就像一块巨大的磁铁。部分熔融、富含铁的地核外层一直在运动，在地球周围产生广阔的磁场，能达到数千千米之外的太空。这个磁屏障被称为"磁层"，能保护地球不受有害太阳风的伤害。当穿透磁层的太阳风粒子被拉向磁极时，极光就产生了。

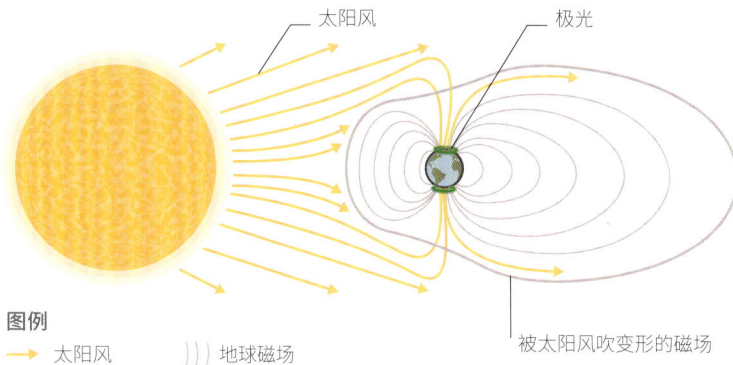

太阳风　　　极光

图例

→ 太阳风　　))) 地球磁场

被太阳风吹变形的磁场

极光

地球的大气不断受到太阳风的轰击，太阳风就是太阳上层大气射出的等离子体带电粒子流。大部分粒子都被地球磁场挡住了，但也有一些在磁极附近穿透磁场。这些粒子与大气中的氮原子和氧原子碰撞，能量会以光的形式释放出来，在天空中形成迷人的舞动之光，在北半球被称为北极光，在南半球被称为南极光。

北极光

极光的颜色取决于被太阳风粒子撞击的原子，以及撞击发生的高度。左图是冰岛上空的红绿色极光，这是最为常见的，但黄色、紫色、蓝色、粉色极光也有可能出现。

从太空中看到的围绕南极的**南极光**

极光晕

大部分极光，如右图中围绕南极洲的这个，都以宽为3°～6°的光晕形式出现在距离北极或南极10°～20°的地方。

风

有微风徐徐也有狂风大作，对流层（见第200、201页）的空气由于气压和温度的差异一直在绕着地球运动。太阳加热地球的不同部分，这些温暖区域周围的空气也会升温。暖空气向上升，在其下就形成了一个低气压区。密度更大的冷空气就会下沉并填补这一区域。空气不断从高压区流向低压区，风就产生了。这种低层大气的风被称为行星风或盛行风，组成了三大环流，占据着各个半球（见右图）。局部风则发生在较小的区域和时间段，是沿海地区海风和陆风循环的结果。

始终如一的风

在新西兰南端的"斜坡角"，被称为"咆哮40°"的盛行西风遏制并塑造了这些树木的生长（见上图）。在南半球，强劲的西风在纬度为40°～50°肆虐，几乎没有陆地阻挡，不会被减速。同一方向持续劲吹的风使这些树木一侧的嫩枝和新芽干死，导致这一侧无法生长，而另一侧却能正常生长，造成了树木随风弯向一边的样子。

大气环流

在赤道，强烈的阳光加热空气，热空气上升，赤道两侧的空气补入，从而产生了"信风"，吹拂过热带地区。上升的空气向两极流动，迅速冷却然后下沉。这种持续不断的环流在赤道两侧形成了"空气环流"，称为"哈德来环流"。另有其他环流形成于中纬度和极地地区，形成盛行西风和极地东风。

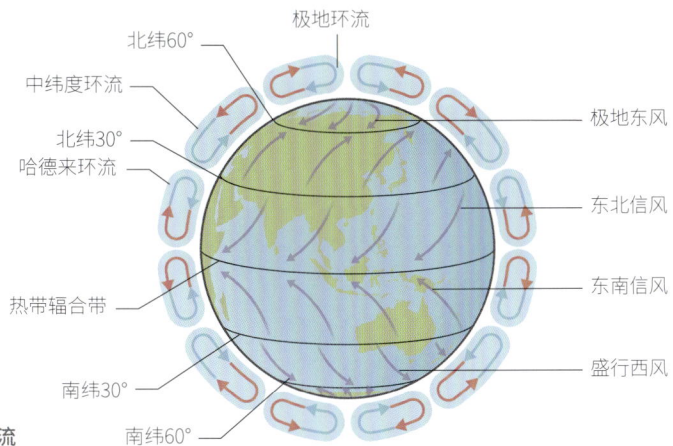

全球大气环流

- 极地环流
- 北纬60°
- 中纬度环流
- 北纬30°
- 哈德来环流
- 热带辐合带
- 南纬30°
- 南纬60°
- 极地东风
- 东北信风
- 东南信风
- 盛行西风

沙尘墙可达3千米高

沙尘暴

上图中的沙尘暴正在逼近苏丹的喀土穆。沙尘暴在世界各地的干旱地区都很常见，强风几乎没有征兆地来袭，掀起宽达100千米的沙尘墙。

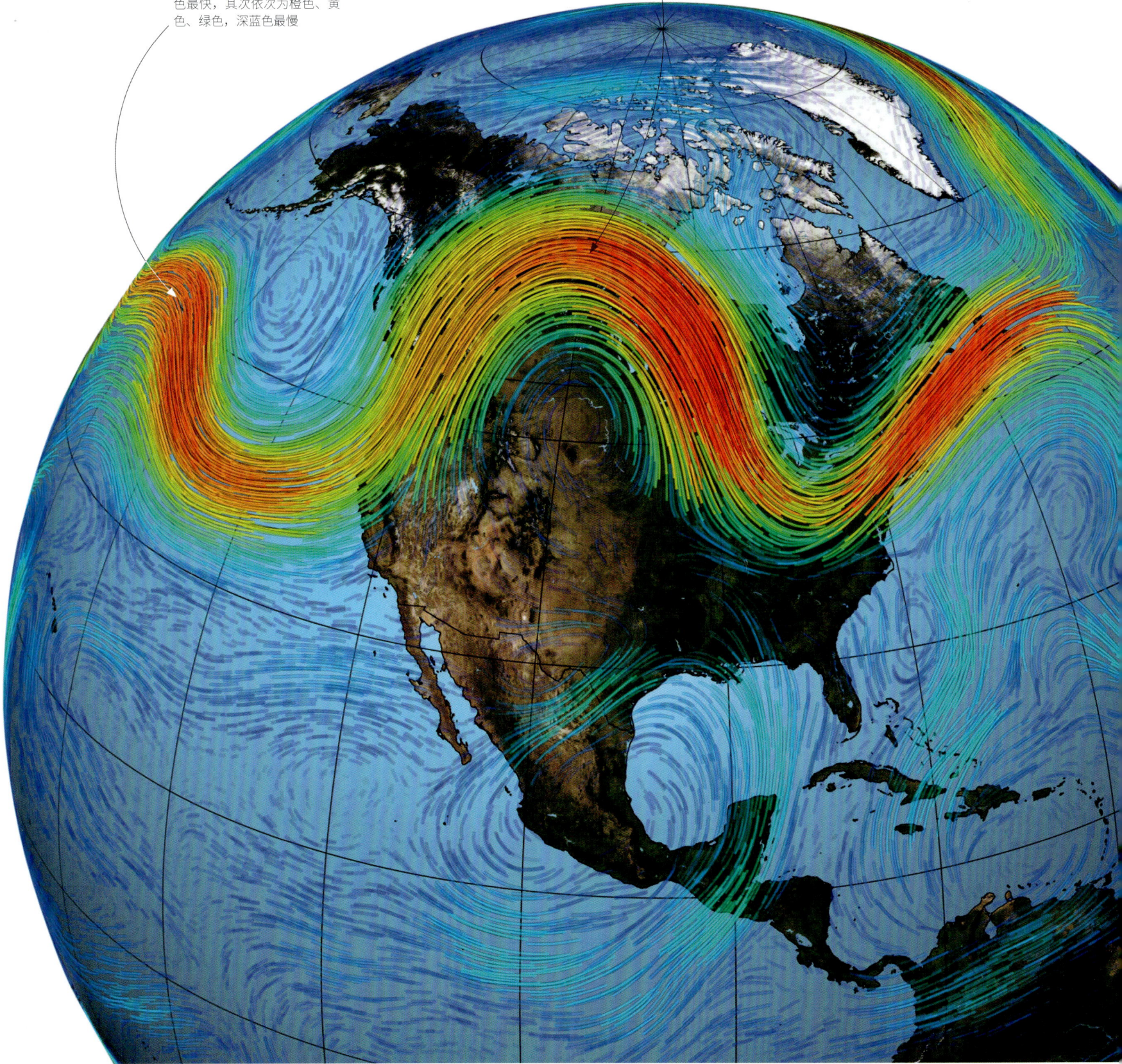

"罗斯贝波"是高速气
流中的大型弯曲

不同颜色代表不同的**风速**，红
色最快，其次依次为橙色、黄
色、绿色，深蓝色最慢

臭氧空洞

　　彩色卫星图（见右边两幅图）显示了南极洲上空的大气中，臭氧已被消耗得所剩无几。深蓝色代表含量最低的地方，即臭氧空洞。1987年以后，空洞继续扩大，在2000年达到了2 800万平方千米，但之后稳定下来，并逐渐缩小。

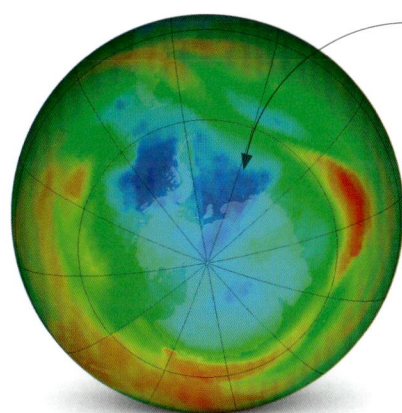

最初发现的两个小空洞

1979年

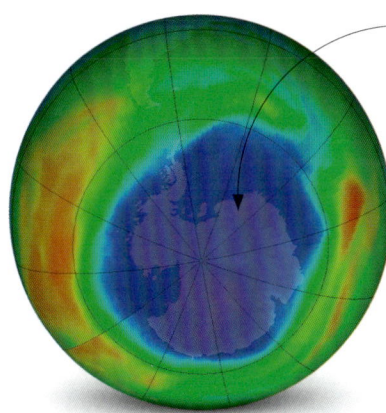

扩大的臭氧空洞，达到2 600万平方千米

1987年

地球科学的历史
大气成像

　　从20世纪60年代起，人类部署了携有大气监测仪器的卫星，使我们得以同时观察到世界的大范围区域，也能对特定地区进行更长时间的监测。卫星图像让我们能够发现臭氧层中的空洞，促使我们采取行动解决这一问题，并帮助我们理解可能会影响地球生命的大气变化。

太空之眼

　　具有历史意义的卫星Nimbus-7上的传感器在1979—1980年检测到南极上空的臭氧浓度异常偏低，从而帮助发现了臭氧空洞。

高速气流可视化

　　高速气流是指对流层上部的高速东风带，左图的建模基于北美洲上空水蒸气含量的卫星观测。高速气流的位置对于决定其下的天气有重要作用，因为它会导致风暴频发及其他与低气压相关的天气现象。

　　卫星常用于为海洋和大气科学提供各方面信息。它们对观测和预报天气非常重要，还能预警极端事件。长期观测可记录火山、山火、城市交通造成的大气污染有何影响，并帮助我们了解厄尔尼诺现象（见第233页）等气候变化的性质和影响。

　　卫星被安置在较高的地球同步轨道上，用以监测天气，轨道高度近36 000千米。大部分其他科学遥感都在160～2 000千米的高度进行。这些"近地轨道"与赤道平面的交角各有不同，卫星每90～120分钟绕地球一圈，但每圈覆盖的轨迹不同，约12小时就能覆盖全球。

　　从20世纪70年代开始，卫星利用红外线、可见光谱、微波波段的仪器观测了大气层。有些卫星通过侧向扫描来观察高层大气的边缘，并能测量气体、温度、压力的垂直变化。还有些则通过感应多普勒频移来测量高空风。

　　在分析大气成分时，质谱传感器通过气体吸收或发射特定波长辐射的方式来识别气体。正是Nimbus-7等卫星提供的质谱仪数据成为确定臭氧层变薄的关键，这促成了1987年《蒙特利尔议定书》的签署，协议让人们行动起来，控制并缩小臭氧空洞。卫星成像的另一个重要贡献是测量温室气体水平，帮助我们监测应对气候变化的努力带来了什么效果。

> 卫星图像……革新了我们对海洋-大气的理解……

伊恩·罗宾逊教授，英国南安普顿国家海洋学中心

天气系统

阴晴雨雪，大风或宁静——不断变化的局部天气情况都是太阳的能量与海洋、大气、陆地相互作用的结果。某些地方接收到的太阳光更强，从而导致气压的差异而产生了风（见第204、205页），并且驱动了水循环（见第214、215页）。全球不同地区有各种天气系统——热带型、季风型、温带型、极地型。温带地区受到中纬度低压（气旋）的影响，它们在数天内形成又消散，一个接一个地自西向东移动。这些低压区是"罗斯贝波"造成的，它是高空高速气流中的大型弯曲，由地球自转产生（见第206、207页）。

东海岸炸弹气旋

上面这幅美国东海岸的卫星图像显示了炸弹气旋的云层。它是天气系统从外到内气压急剧下降造成的，起因是来自大陆的冷空气和来自海洋的暖湿空气相遇。

中纬度气旋

在盛行西风的驱动下，快速移动的极地冷空气潜入速度较慢的热带暖空气之下，热带暖空气被抬升，形成低压区。在北半球，流入该区域的空气会产生逆时针旋转，而在南半球则是顺时针旋转。

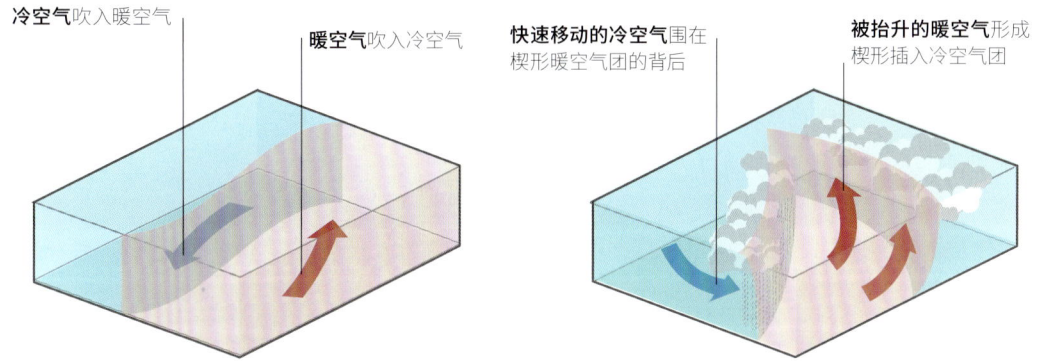

冷空气吹入暖空气

暖空气吹入冷空气

快速移动的冷空气围在楔形暖空气团的背后

被抬升的暖空气形成楔形插入冷空气团

第一阶段
冷空气流向暖空气时就会发生相互作用，这是气旋产生过程的最初阶段。

第二阶段
冷空气抬升暖空气，由此造成两个空气团的旋转，形成涡旋。

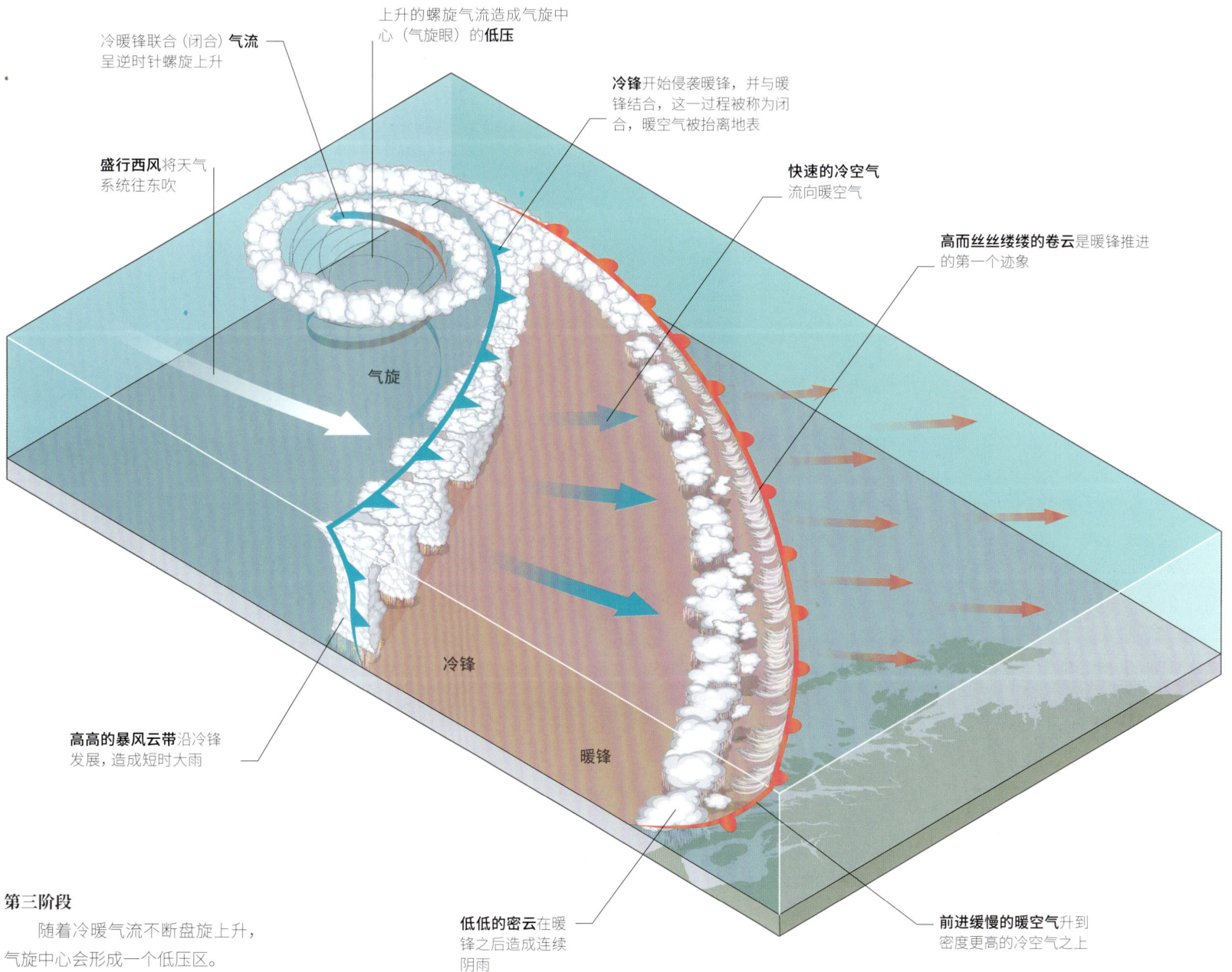

上升的螺旋气流造成气旋中心（气旋眼）的**低压**

冷暖锋联合（闭合）气流
呈逆时针螺旋上升

盛行西风将天气系统往东吹

冷锋开始侵袭暖锋，并与暖锋结合，这一过程被称为闭合，暖空气被抬离地表

快速的冷空气
流向暖空气

高而丝丝缕缕的卷云是暖锋推进的第一个迹象

气旋

冷锋

暖锋

高高的暴风云带沿冷锋发展，造成短时大雨

第三阶段
随着冷暖气流不断盘旋上升，气旋中心会形成一个低压区。

低低的密云在暖锋之后造成连续阴雨

前进缓慢的暖空气升到密度更高的冷空气之上

风暴眼

左图是2018年的飓风"佛罗伦斯"。虽然风暴中心有一片平静的冷空气下沉区域，称为风暴眼，但热带气旋中最强的风会沿着眼壁螺旋上升，围绕着风暴眼还有最高的雷雨云、猛烈的风暴和频繁的闪电。

平静的风暴眼区域一般宽3~64千米

热带气旋

热带气旋是地球上最大、最猛烈的风暴，持续风速可达每小时120~250千米，最高阵风可达每小时400千米以上。起源于北大西洋和东北太平洋的热带气旋被称为飓风，起源于西北太平洋的热带气旋被称为台风，形成于南太平洋和印度洋的直接被称为气旋。一个热带气旋释放的能量相当于约10 000枚核弹。尽管它们形成于温暖的热带海域，但这些猛烈的旋转风暴到达海岸并进入内陆，就会造成大范围的破坏——强风和大量降雨摧毁房屋和树木，并引发灾难性的风暴潮。

热带气旋的形成

海面温度超过27℃时，热带气旋就会形成。水从过热的海面蒸发、上升并凝结成积雨云，升腾至12~16千米高的对流层（见第200、201页）顶部。冷空气涌入以填补暖湿气流上升造成的空隙。地球自转导致暴风在北半球是逆时针旋转，而在南半球是顺时针旋转。干燥的冷空气通过无云的风暴眼（风暴中心的平静区域）下降。

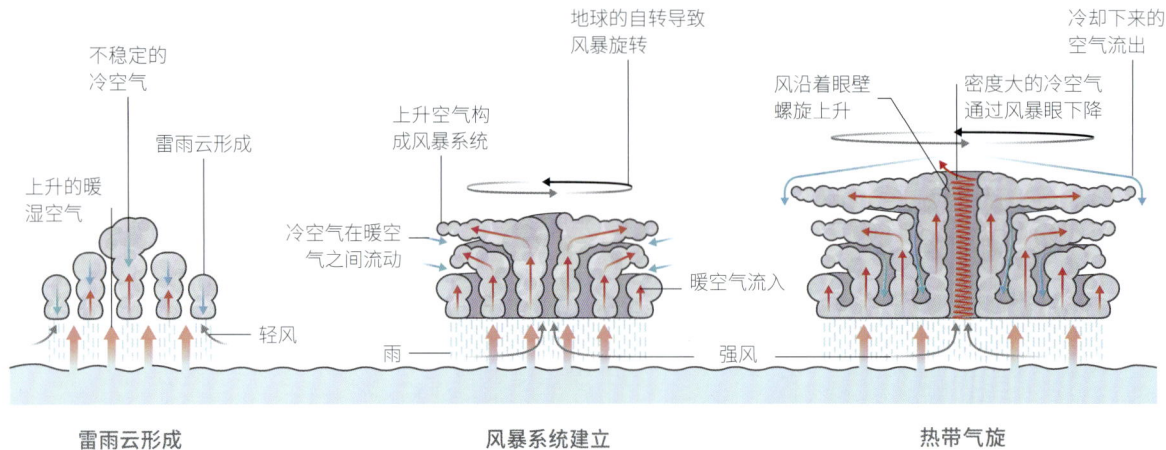

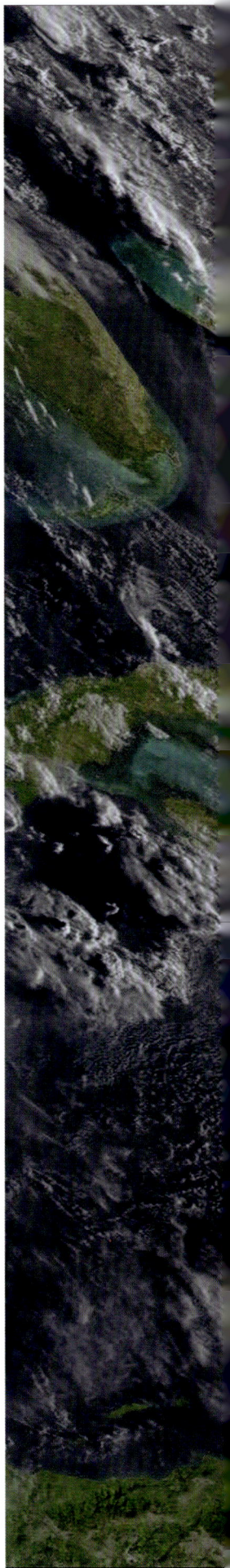

不稳定的冷空气

上升的暖湿空气

雷雨云形成

轻风

雷雨云形成

上升空气构成风暴系统

地球的自转导致风暴旋转

冷空气在暖空气之间流动

暖空气流入

雨

风暴系统建立

风沿着眼壁螺旋上升

冷却下来的空气流出

密度大的冷空气通过风暴眼下降

强风

热带气旋

大西洋飓风

整个夏季，热带的北大西洋和加勒比海地区的海面温度不断升高，催生了从6月到11月为期6个月的飓风季节。与袭击该地区的许多其他飓风一样，2015年10月横扫加勒比海的飓风"华金"（见左下图）也造成了大面积的破坏。

高云和极高云

虽然夜光云和珍珠云等类型的云一直到中间层和平流层（见第200页）的高空都可以找到，但大多数云都形成于对流层。在对流层中，最高的云出现在离地面7 000～12 000米的高空，通常是完全由冰晶组成的缕状或波纹状小片云。多层积雨云（见第222、223页）可以高高耸起，占据整个对流层的高度。

暮色中可见**薄纱一般丝丝缕缕**的云，这些极高云形成于中间层

夜间可见的**极高平流层云**，因类似珍珠母而得名

夜光云

珍珠云

中云

中云位于离地面2 000～7 000米的高空，以常见的片状高层云和块状、卷状、涟漪状高积云为主。更奇特的类型还有神奇的荚状云和乳状云，后者底部有蜂窝状突出的小圆袋。

天空中较高处的**片状云和条状云**

散开的球状云，有时排成平行的长条

高层云

高积云

低云

在多云的日子里，整个对流层低层（高度在2 000米以下）会布满低垂的片状云、蓬松的积云或混合型的层积云，以及高耸流云和积雨云的基部。在这个高度上，云中充满了水滴。荚状云、管状云、片状云也可能出现。出现在地表的层状云则被称为雾。

罕见的层状云，底部呈波纹状，2017年才收入《国际云图集》

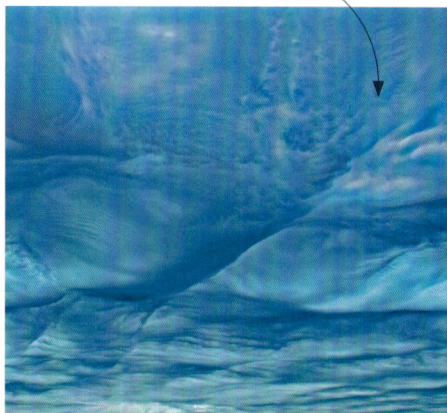

圆形球状云，有时呈平行带状排列

糙面云

层积云

云的类型

云的形状、颜色、大小千差万别，既有丝丝缕缕的虹彩，也有鼓鼓囊囊的小圆球。潮湿的空气被地面加热或被推到高地上之后，再上升就会形成云。空气上升时会变冷，同时保持水分的能力下降。达到"露点"时，水分饱和，空气中的水蒸气就会凝结在称为"云凝结核"的微小颗粒（如灰尘、花粉、孢子）周围，形成微小的水滴或冻结成小冰晶，这就是云的底部。水凝结时会释放潜热，使空气继续上升，形成厚厚的云层。云的类型取决于温度、湿度及空气稳定性。

细丝状云意味着晴天，但也可能预示着风暴即将来临

卷云

豆荚状云，通常非常光滑，顶部圆鼓鼓

荚状高积云

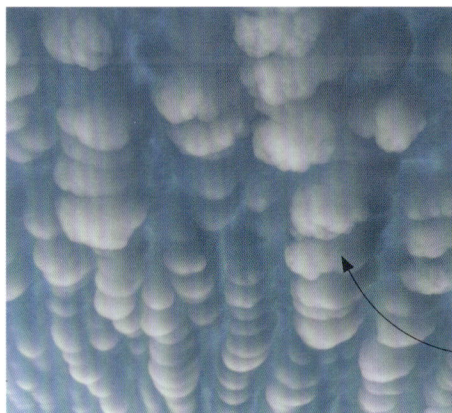

母云底部有很多奇特的小圆袋

乳状云

蓬松的棉絮状云，通常小片出现

积云

低空片状云，可以盖满整个天空

层云

壮观的卷云，由积雨云的下沉气流形成

弧状云

水被困于沉积岩中，受构造运动的影响，沉积岩下降，这些水随后以火山气体的形式喷发出来

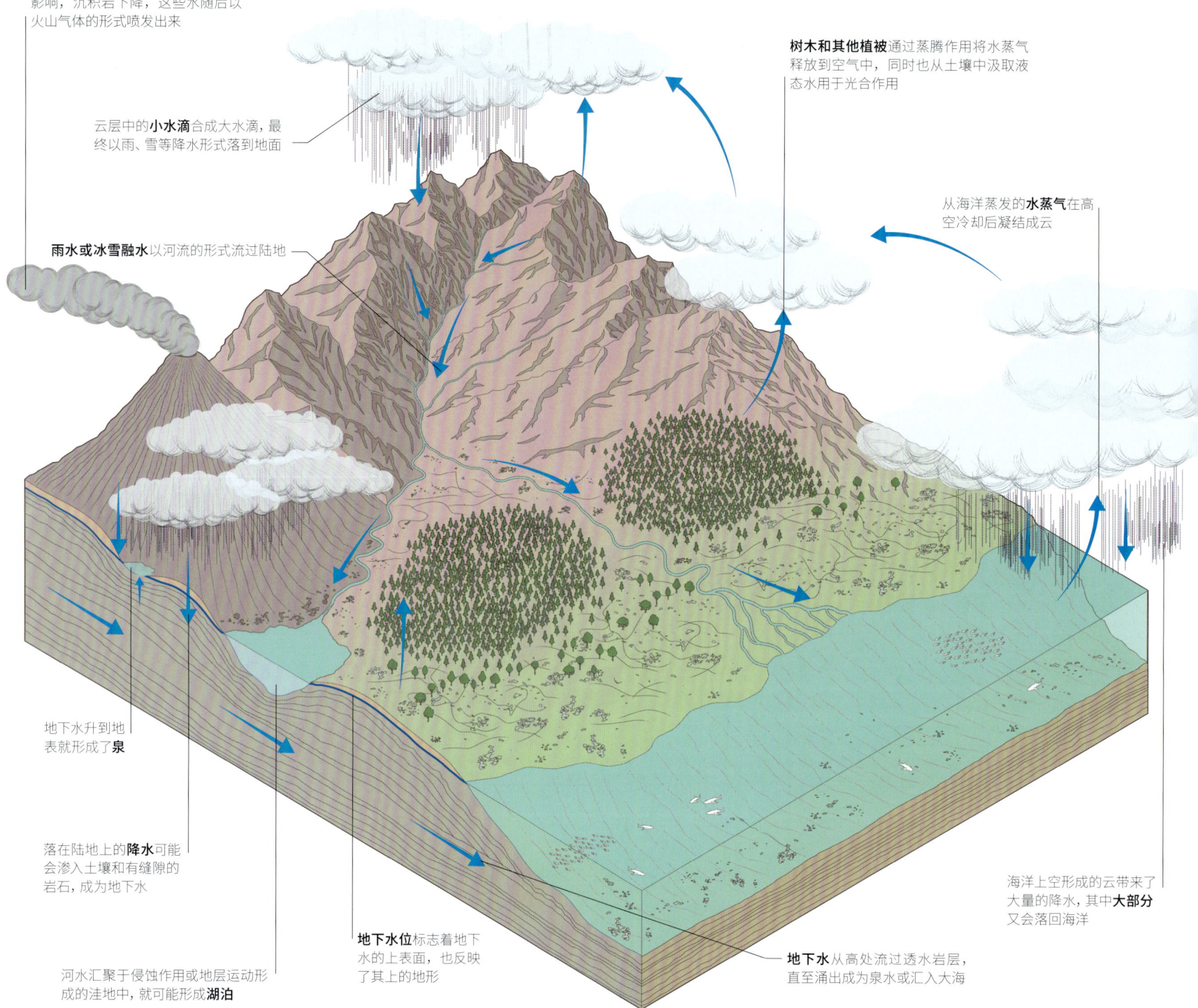

云层中的**小水滴**合成大水滴，最终以雨、雪等降水形式落到地面

树木和其他植被通过蒸腾作用将水蒸气释放到空气中，同时也从土壤中汲取液态水用于光合作用

从海洋蒸发的**水蒸气**在高空冷却后凝结成云

雨水或冰雪融水以河流的形式流过陆地

地下水升到地表就形成了**泉**

落在陆地上的**降水**可能会渗入土壤和有缝隙的岩石，成为地下水

地下水位标志着地下水的上表面，也反映了其上的地形

地下水从高处流过透水岩层，直至涌出成为泉水或汇入大海

河水汇聚于侵蚀作用或地层运动形成的洼地中，就可能形成**湖泊**

海洋上空形成的云带来了大量的降水，其中**大部分**又会落回海洋

一直不停地运输

太阳的热能使海洋和陆地上的水蒸发，并使植物通过蒸腾作用将水蒸发。水蒸气上升、冷却并形成云。最终，大气中的水以降水的形式返回地面。冰雪融水、河流及地下水都将液态水从陆地运输回海洋。

被阻挡的地下水

降水可能会通过透水岩石渗入更深的岩层，遇到不透水岩层就可能被挡住。透水岩石中的水压可能会使水流回地面，形成天然泉水。有时人类可以加以挖掘，形成自流井。

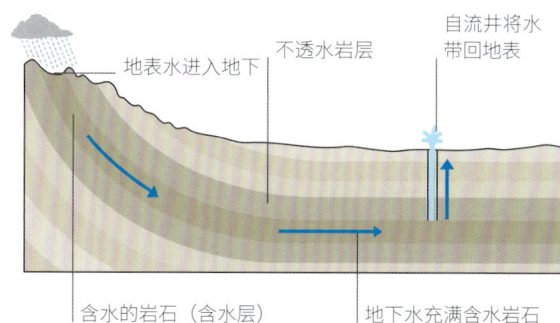

自流井将水带回地表

不透水岩层

地表水进入地下

含水的岩石（含水层）

地下水充满含水岩石

水循环

　　全球水循环是塑造地表、调节大气的重要系统之一，由太阳的能量驱动。它对动植物至关重要，推动着天气变化，在海洋、大气、陆地之间传递能量。水还能润滑板块运动，引发地震。地球的总水量约为14亿立方千米，分布在地表和地下。其中，海洋约占96%，冰川和冰原约占3%，地下水约占1%。世界上所有的河流、湖泊、大气、生物圈中的水加在一起仅占其中的一小部分（不到1%）。一个水分子在大气中可能只停留几天，在河流中可能只停留几周，但在冰原中却可以被锁住100万年。

季节性水循环

　　格陵兰岛东部的夏季融水滋养了水流，从陡峭的坡上流下，带着沉积物从西尔托普内冰川流过岩质三角洲，注入2 700多米之下的奥斯卡二世峡湾（见左图）。冬季，大量降雪又将水带回山上，如此循环。

雨滴

　　雨滴的形状取决于其大小，但不是人们想象中的梨形和泪滴形。直径不超过1毫米的小雨滴大致为球形。较大的雨滴在下落过程中会因空气阻力变扁，因此更像椭圆形。雨滴直径达到4.5毫米就会裂开，又变成两个独立的球形雨滴。

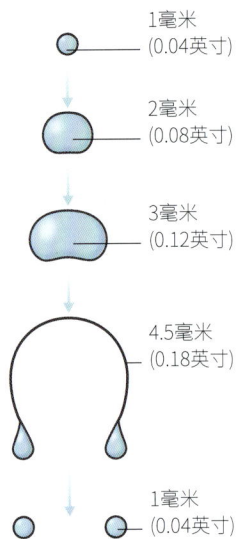

1毫米
(0.04英寸)

2毫米
(0.08英寸)

3毫米
(0.12英寸)

4.5毫米
(0.18英寸)

1毫米
(0.04英寸)

雨滴的变化

暴雨

　　右图中，一艘船正在逃离欧洲黑海上空的大型积雨云造成的暴雨。云层下看似无法穿透的帷幕实际上是落在海面上的倾盆大雨。在上升气流过于猛烈或高温导致蒸发时，雨水可能根本到不了地表。

降雨

　　当大气中的水蒸气凝结于微小颗粒（云凝结核，见第212、213页）周围时，所形成的小水滴就会聚集成云层。云层中的持续运动使这些水滴聚合变大，直到足够重，能够落到地面。作为淡水资源的主要来源，降雨对地球上的生命至关重要，每年全球的降雨量超乎想象——超过500万亿立方米。雨水不仅是宝贵的水源，还有助于减少温室气体的累积，因为大气中的二氧化碳会溶解在水中。

冬季降水

　　在低温条件下（通常在冬季），冷空气会导致云层中形成雪而不是雨。然而，到达地面的到底是雨还是雪，取决于途中经过的冷暖气团（如下图所示）。红色部分表示暖气团穿过冷气团。

雪
　　雪穿过冷空气，一路到达地面

雨夹雪
　　雪在暖气团中部分融化，在到达地面之前又结冰

冻雨
　　雪在暖气团中融化，遇到冰冷的地面时又冻上

雨
　　雪在暖气团中融化，到达地面也无法再结冰

每年，数以百万计的度假者和冲浪者涌向美国的热带海岛——夏威夷群岛，但令人惊讶的是，地球上极潮湿的地方之一也在这里：考爱岛的怀厄莱阿莱峰。这座死火山高达1 569米，且由于降雨量大，深深的火山口里有郁郁葱葱的热带雨林和沼泽地。

怀厄莱阿莱峰

"怀厄莱阿莱"意为"涟漪"或"满溢"，它是地球上降雨量极高的山峰之一，年降雨量通常在9.5~11.4米，年降雨天数在335~360天。仅1982年全年，其降雨量就达到了惊人的17.3米。

考爱岛是夏威夷群岛中最北端的岛屿，四面环海，并受到从东北方向吹来的湿润信风的影响。由于山体呈圆锥形，潮湿的海风很快就能爬上怀厄莱阿莱峰东边的峭壁，在短短800米的距离内上升900米。随着气流上升和冷却，它凝结成云。怀厄莱阿莱峰之所以能成为夏威夷乃至世界上极度潮湿的地方之一，最重要的因素可能就是它的高度。山顶正好位于信风反转层（信风无法再上升的高度）之下一点。于是，饱含水气的云层无法继续上升，被挤压到一个狭小的空间，只能将大部分雨水集中降在一个地方：怀厄莱阿莱峰。

这种稀有植物为**怀厄莱阿莱峰所特有**，其紧凑的圆顶形状和密集的叶片有助于它在山上潮湿的气候中茁壮成长。

怀厄莱阿莱轮菊

哭墙

怀厄莱阿莱峰的丰富降水为山上的许多瀑布提供了水源，包括这些从火山口陡峭侧面飞流直下的瀑布。这面郁郁葱葱的山壁被称为"哭墙"或"泪墙"，是这座山著名的景点之一。

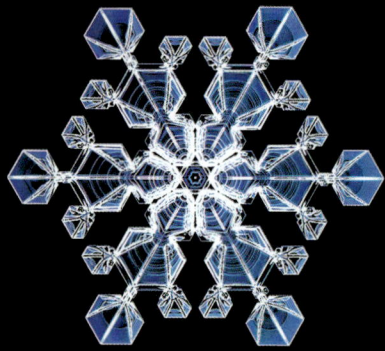

六边形分区的雪片是缓慢生长的结果

树枝状分叉形成于水蒸气接触到雪片并迅速冻结时

雪

在寒冷的环境中，凝结在灰尘及其他微小颗粒上的水蒸气会形成小冰晶。过冷的云中水滴冻结在这些原始冰晶上，就会形成雪花，长成独特而精致的样子，大小通常为2～10毫米。雪花总是六角形的，这是由它们所附着的原始冰晶的内部结构决定的。雪花在湍急的空气中飘舞，相互碰撞粘连，逐渐形成蓬松的雪花聚合体，最终落到地面上。

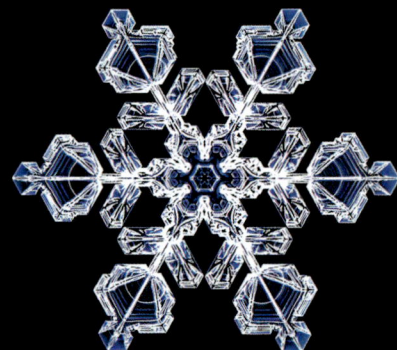

这片**雪花**几乎完全呈树枝状，说明是快速形成的

雪花的形态

雪花的形态部分取决于空气的温度和含水量。当湿度低时，雪花会形成坚固的板状和棱柱状，而当湿度高时，雪花会形成更精致的树枝状和细小针状。最大的雪花和降雪量出现在−5～0°C之间，此时空气中的水分较多。在更低的温度下，空气更干燥，因此雪量更少，雪花也更小。

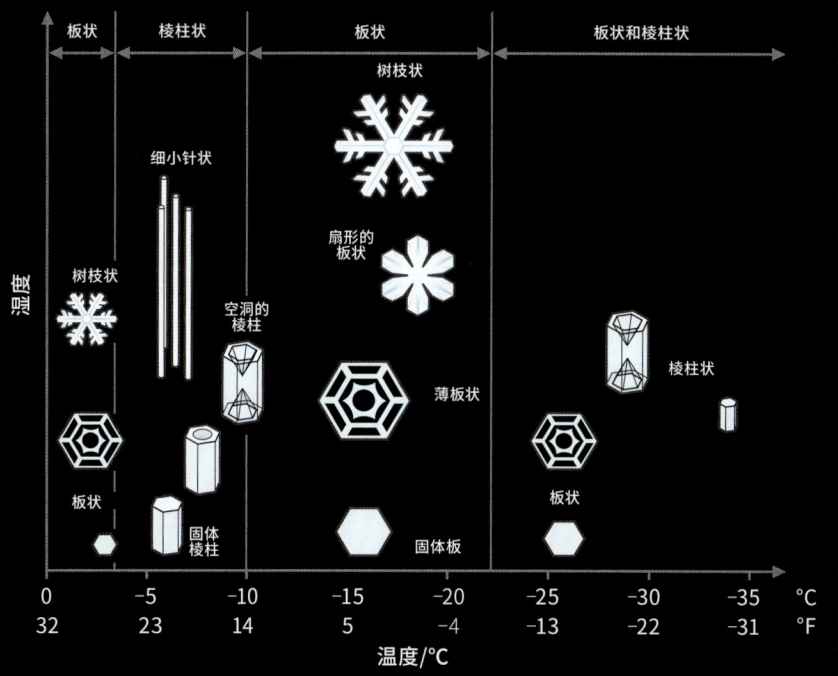

雪花

如右边的光学显微照片所示，即使是最普通的雪花也能呈现出一系列精巧的花纹。雪花缓慢生长就会有六角形分区的板，而当生长速度较快、稳定性较低时，雪花则会出现更精细的树枝状分叉。如果经历了各种环境，雪花则会呈现出多种不同形态的结合。

这片雪花的中心是一个简单的六边形板

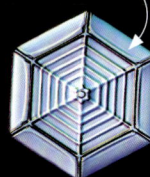

很薄的六棱柱

六边形板

细如发丝的晶体

针状

在柱上生长的结果

有盖柱状

具有宽臂宽脊的板

分区板

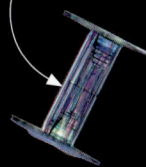

两端空心

空心柱状

多个柱体长在一起

子弹玫瑰花状

雪花的形状

雪花是对称的六角形冰晶，最终形状取决于生长环境。树枝状是最为人们所熟悉的，但雪花也可能呈板状、针状、柱状或玫瑰花状。

超级单体

有时，积雨云中的上升气流和下降气流会分离并相互绕着旋转，形成一个更大的风暴前沿，称为"超级单体"。美国内布拉斯加州的这个超级单体带有闪电、龙卷风和大量降水（见左图）。

冰雹

冰雹在积雨云的强上升气流中形成，是过冷的水冻结、积聚形成的圆形冰球。

湿冰雹形成于较小的冰晶碰撞，并粘在一起

雷暴

雷暴产生于高耸的积雨云中，其底部离地面只有几百米，乌云压顶，气势汹汹，而多层波状云则可延伸到12千米之上的对流层（大气最底层）顶部。风暴云会导致突然的暴雨、冰雹、降雪，并伴有闪电、雷鸣，甚至龙卷风。雷暴在温暖、湿润的赤道地区最常见，但除极地之外的地方都可出现雷暴。

雷暴的形成

暖湿空气上升时就会凝结出水滴。如果气团非常不稳定，这种上升（称为对流）会非常迅速，从而形成积雨云。快速对流释放热量，导致暖空气进一步上升，速度可达每小时160千米，并伴随冷空气下降。云遇到"对流层顶"就会形成一个扁平的砧状顶。高速的上升气流有时会冲破这一层，形成过冲顶。

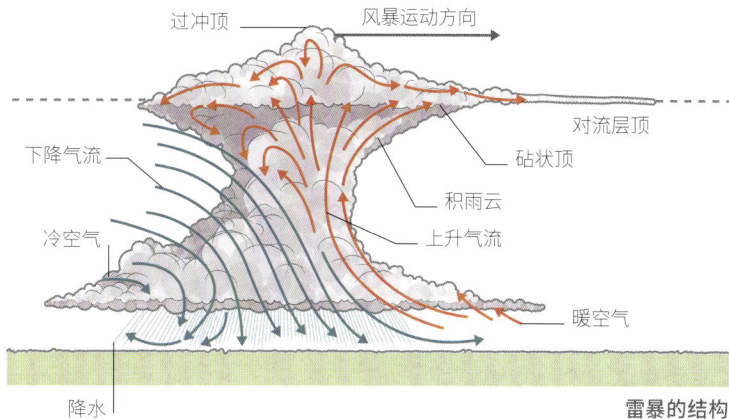

过冲顶　　风暴运动方向

下降气流　　　　　　　　　　对流层顶

砧状顶

积雨云

冷空气

上升气流

暖空气

降水　　　　　　　　　　　　雷暴的结构

北美大平原从美国得克萨斯州一直延伸到加拿大。这里多极端天气，因龙卷风频仍而闻名的"龙卷风走廊"也位于此。尽管此地的龙卷风数量世界第一，但科学家警告说，最强烈、最危险、持续时间最长的龙卷风通常袭击北美大平原以南和以东地区。

龙卷风走廊

龙卷风始于积雨云顶部附近，上升的暖空气开始缓慢旋转，在中心形成漏斗形。下降的冷空气气流会将这个螺旋的漏斗向下压，使其从云的底部穿出。随着漏斗半径的减小，它的旋转速度会越来越快。到达地面时就成了龙卷风。其持续时间从几秒到一个多小时不等。气象学家使用改良藤田级数来评定龙卷风的强度，从EF0到EF5。有记录以来，最快的EF5级龙卷风风速达到了惊人的每小时480千米。龙卷风的宽度可超过7千米，扫过超过300千米的陆上距离。

"龙卷风走廊"定义宽泛，从美国南部的得克萨斯州一直到北部的南达科他州，该地区每年大约会发生1 000次龙卷风。从墨西哥湾北上的暖湿气流与来自加拿大和落基山脉的干冷空气相遇，形成不稳定的大气条件，使得该地区成为孕育强烈龙卷风的理想温床。

龙卷风走廊的居民**大难临头**，
或许会侥幸躲过一劫

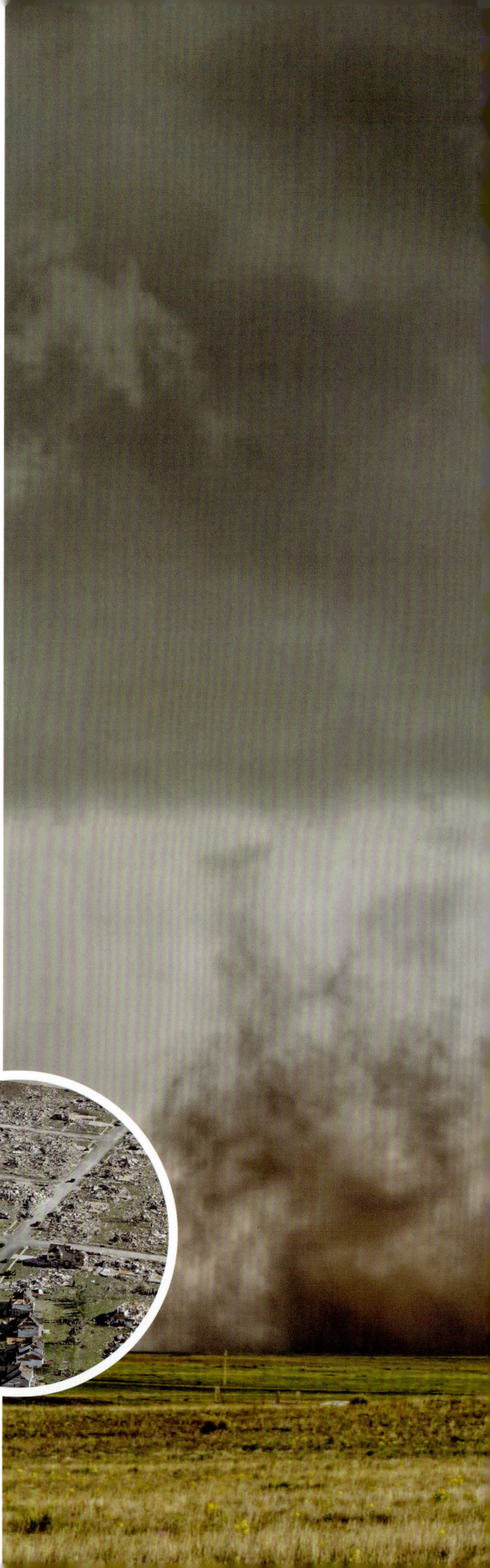

一脸毁灭

猛烈的气流

在北半球，因地球的自转，龙卷风通常逆时针旋转。顺时针旋转的龙卷风称为反气旋龙卷风，非常罕见。美国科罗拉多州西姆拉附近的这个反气旋龙卷风卷起了平原上的许多尘土和残骸，并即将摧毁一个不幸的牧场。

蓝色是由许多微小球体对光的散射造成的

部分土壤已被高温熔化

雷电产生的天然玻璃

雷击石是一种天然玻璃，由沙子和泥土在高热下（如闪电击中地面时）融合形成。一棵倒下的树将电线上的电流导入地下，持续数小时，加热地表物质并形成玻璃，创造了右图这块蓝色雷击石。

空气中的电

全世界平均每天发生300万次闪电，其中约70%在热带地区。它是风暴云突然释放静电荷造成的。静电荷累积形成几亿伏的电压时，周围的大气就不再绝缘，于是就会产生云与云之间的片状放电，或延伸到地面的枝状放电。闪电通常有两指宽，2～3千米长，在不到一秒内将空气加热至30 000℃，从而发出耀眼的光芒。这种热使空气迅速膨胀，产生声激波，即雷声。

火山闪电

左图是冰岛埃亚菲亚德拉火山喷发。在这种大型火山喷发期间，火山灰、水、气体会被喷到很高的大气中。这些颗粒在火山灰云中激烈运动，可导致静电积聚，产生闪电，就像在雨云中一样。

为什么会有闪电?

雨、雪、冰、霰颗粒在风暴云内被气流推着上下运动，发生碰撞。正离子脱离，转移到向上移动的较小颗粒上（如冰晶），而负离子则转移到较重的霰上，这些离子积聚在风暴云的底部。正反电荷的积累最终导致在云内、云间及直接对地放电。

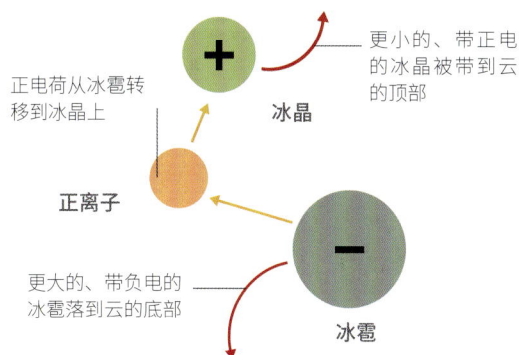

正电荷从冰雹转移到冰晶上
更小的、带正电的冰晶被带到云的顶部
冰晶
正离子
更大的、带负电的冰雹落到云的底部
冰雹

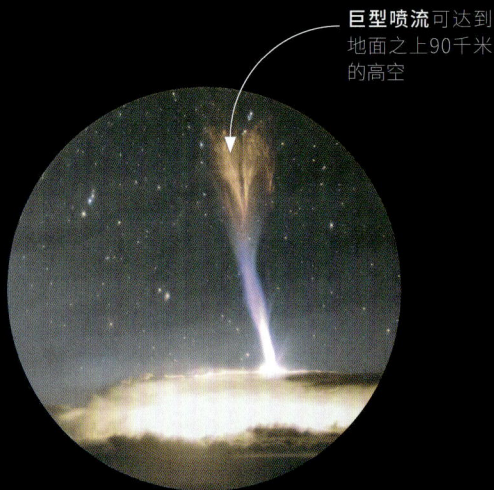

巨型喷流可达到地面之上90千米的高空

红闪

红闪比闪电更暗、更快、更大，是一种难以捕捉的短暂光学现象，出现在雷暴上方很远的地方。其红色来自电离的氮发出的光。往下，其卷须会变成蓝绿色。右图中的红闪拍摄于美国得克萨斯州的麦克唐纳天文台。

巨型喷流

左图拍摄于美国夏威夷的国际双子星天文台。巨大的喷流从高度带电的雷暴云中向上喷出，底部呈白色和蓝色，最后以红色的喷泉状结束于热层（见第200页）附近。

红闪、喷流和高层大气闪电

有些飞行员声称目睹了这些无法解释的光，但一开始气象学家对此不予理会，直到1989年这些光被录了下来。红闪、喷流和高层大气闪电都属于"瞬态发光事件（TLEs）"，是大型雷暴上方高空的大规模放电现象，它们像烟花一样照亮了大气。据估计，每年有几百万次的"瞬态发光事件"，但在地面很少能看到，因为它们发生在40～100千米的高空，且大多只持续1毫秒。红闪最常见，在光环下垂下细细的卷须。

瞬态发光事件

"瞬态发光事件"由普通闪电通过对流层（见第200页）向地面放电引起，但它本身主要发生在平流层和中间层，是电致的发光等离子体（带电粒子）。红闪从中间层上部往下，而高层大气闪电的扩散红光则出现在更高的地方。喷流（云到空气的放电，类似闪电）向上延伸数十千米。"巨怪、小精灵、鬼魂、地精"等其他瞬态发光事件目前还没有得到很好的解释。

高度/（千米/英里）

100/60 热层
中间层
50/30 平流层
0 对流层

巨型喷流
蓝色喷流
云到地闪电
向上的超雷电
高层大气闪电
红闪
卷须
云到云闪电

格陵兰冰芯

冰芯是用机械旋转钻头或融化冰的热钻头提取出的细长圆柱形冰，储存在巨大的冰柜中，然后进行研究和取样。右图是从格陵兰冰原提取的三个冰芯，不同深度的冰含有各种不同的信息。

被挤压的冰，来自约53米的深度，距今170年以上，显示了"最近"的降雪模式

最上层冰芯

这段16 300年前的冰芯有**深浅相间**的条纹，记录了季节性降雪

中层冰芯

最下层冰芯

棕色的冰含有111 000多年前的沉积物和火山灰

地球科学的历史
冰芯分析

冰芯含有来自遥远过去的大气气体小泡，这些气泡被困在冰中，埋藏在冰川和冰原之下，记录着长达80万年的气候状况。有些冰芯的年代甚至超过了200万年。最深的南极冰芯来自3 000米深处，包含温室气体水平与气候变化相关的明确证据。

研究格陵兰冰原

上图为德国冰川学家恩斯特·佐尔格（1899—1946年），这是他在1930—1931年赴格陵兰岛科考期间。在这次考察中，他挖掘了15米深的竖井，首次记录了埋藏冰的密度和温度。

长期以来，科学家一直好奇冰川和极地厚厚的冰层之下到底藏着什么秘密。瑞士裔美国人、冰期理论先驱路易·阿加西（1807—1873年）曾用铁棒钻探阿尔卑斯冰川。20世纪初，人们曾用开孔钻探、挖竖井、挖沟等方式研究南极冰川。恩斯特·佐尔格（见左上插图）在20世纪30年代研究格陵兰冰原时也使用了类似的方法。

20世纪50年代，第一批冰芯取自格陵兰岛和南极洲的冰层深处。自此，大量的

冰芯被钻取并储存起来以供研究。科学家可以通过检测这些冰芯中关键元素的含量来准确地确定年代。在冰川期和冰川期之间形成的冰层中，氧有不同的形式。这些证据有助于精确指出过去的气候，包括积雪、温度变化、冰川后撤，以及海洋和大气成分的变化。冰芯中的微粒物质还能为大型火山喷发和山火提供证据。

分析来自世界各地冰川的冰芯也有助于进一步加深我们对自然气候变化的理解。

来自过去的气泡

左图这块超薄的南极冰片有数百个被困在冰晶之间的微小气泡。它们含有氮、氧、氩、二氧化碳和甲烷，为研究被困时的大气成分提供了至关重要的数据。五彩的效果是偏振光照射造生的。

> ❝ 今日之前的酷寒时代……只是地球温度的暂时波动。❞

路易·阿加西，1837年

当前冰期

在冰室时期或冰期，寒冷的"冰川期"和温暖的"间冰期"循环交替，前者有广阔的极地冰盖，后者则冰层较少，海平面较高。今天，我们生活在当前冰期的间冰期。上一次冰川期在2.2万年前达到巅峰，之后冰川已经后退。尽管如此，南极冰原仍有2 100米厚，掩埋了山脉，只留下山峰依然可见，即所谓的"冰原岛峰"（见左图）。

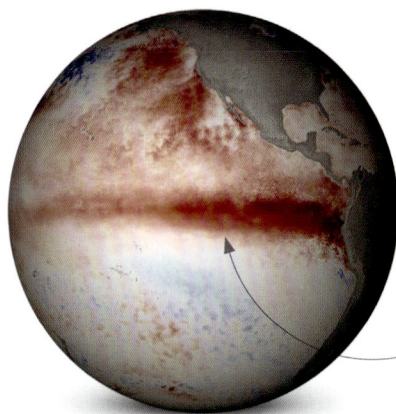

厄尔尼诺现象

每隔几年，海洋—大气系统的自然周期波动都会使太平洋的表层海水明显升温，这被称为"厄尔尼诺"现象，它对地球气候有深刻影响，可使地球升温0.7℃。

东太平洋的**表层海水**温度过高（红色），导致整个北美洲的天气更加炎热干燥

自然的气候变化

大约一亿年前，北极附近还生长着棕榈树和鳄鱼，现在该地区已被厚厚的冰层覆盖。地球气候在"温室"和"冰室"两种状态之间交替。冰室时期又称冰期，气温较低，有大陆冰原和极地冰盖；而温室时期全球气温升高，冰层后退。地球气候的这些自然变化由太阳辐射变化、海陆位置变化及温室气体变化驱动。

米兰科维奇循环

地球公转和自转的波动导致了气候的周期性变化。塞尔维亚数学家米卢廷·米兰科维奇最早描述了其影响，这种周期就以他的名字命名。这是当前冰期的冰川期和间冰期循环交替的原因。当前的冰期也被称为第四纪冰期，始于250多万年前。

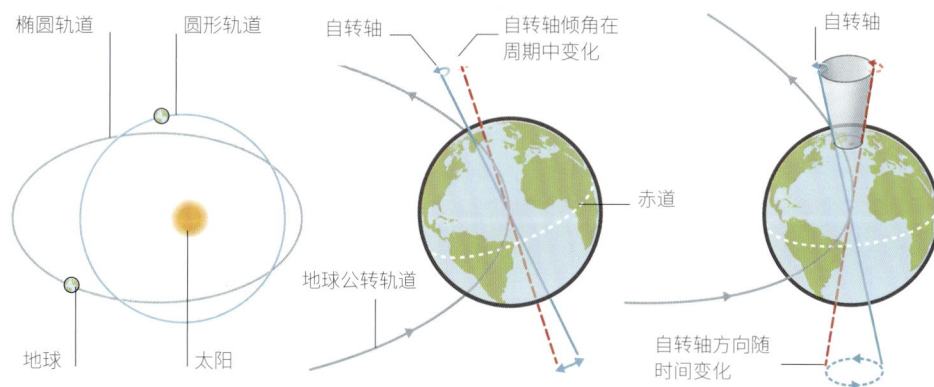

椭圆轨道　圆形轨道

自转轴　自转轴倾角在周期中变化

自转轴

赤道

地球公转轨道

地球　太阳

自转轴方向随时间变化

公转轨道偏心率

在大约10万年的时间里，地球的公转轨道在接近圆形和明显的椭圆形之间变化

自转轴倾角

在大约4.2万年的时间里，地轴的倾斜度（转轴倾角）在24.5°～22.1°变化。

进动

在近2.6万年中，地轴在地球自转时又有轻微摆动，这被称为"进动"。

地球上的生命

　　地球上有生命存在的部分——生物圈，在地球表面只有薄薄一层，厚度不到地球直径的0.2%。然而，在过去的40亿年中，这薄薄的一层对地球的发展产生了深远的影响。生物的活动改变了地球的大气，生物体留下了化石记录，让我们可以追溯演化之路，详细地重建地质历史。

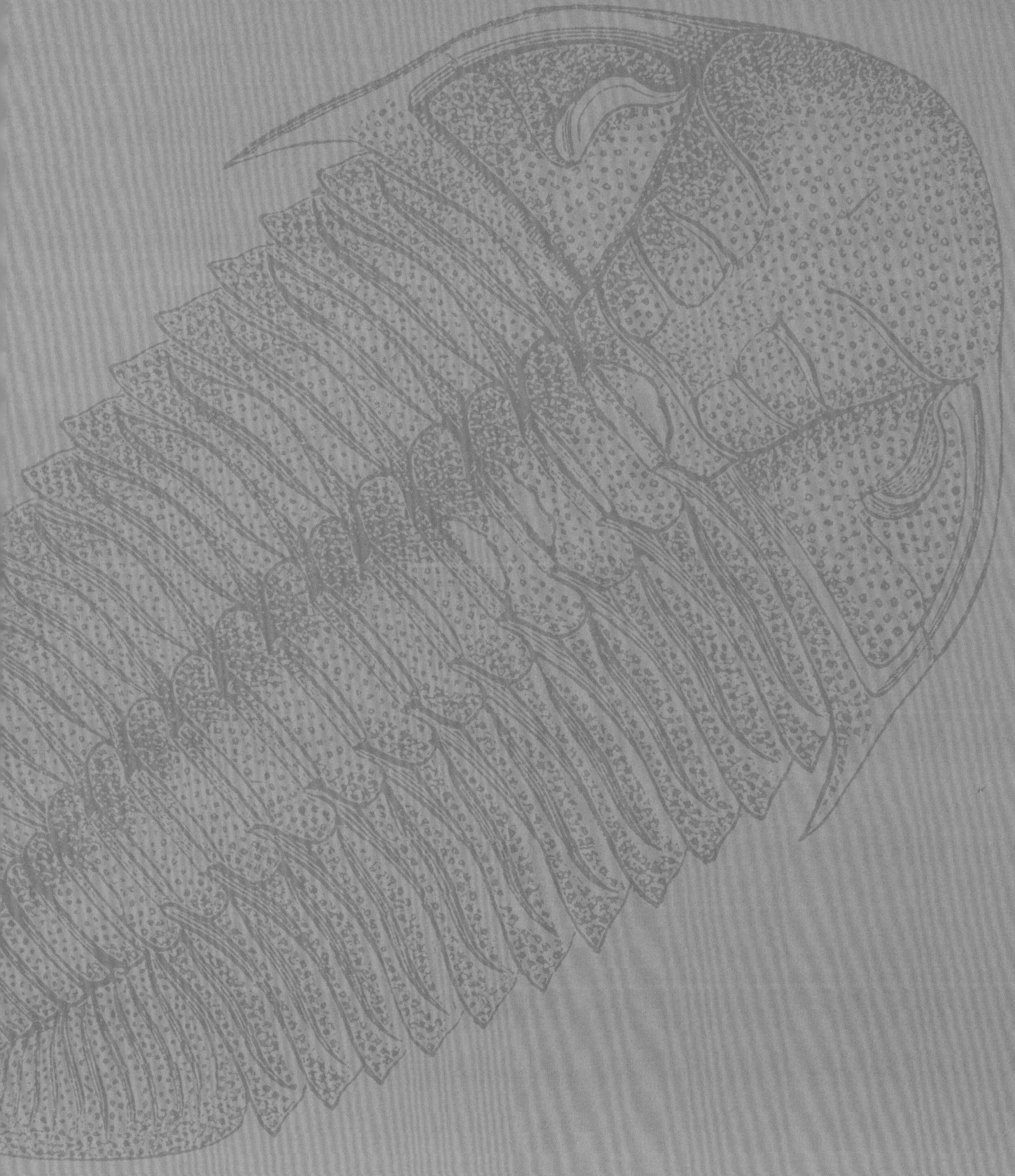

生物圈

　　地球上适合生命居住的部分仅限于地表：这是由岩石、水、空气组成的一层，称为生物圈。这层生物圈的厚度占地球直径的不到0.2%，堪称宇宙中迄今为止独一无二的奇迹生命层。它最深可到深入地壳的海沟，最高可到地表上最高的高山。在这些极端地带，生命稀少，但已适应恶劣的环境。在更靠近海平面的地方、在陆地和海洋中，生命繁盛于森林、沙漠、河流、湖泊及广阔的大海。所有这些生命几乎都由阳光供给能量，因为制造营养的植物和藻类滋养着复杂的食物链。

地球上的生命

太阳能包括光能和热能，是生物圈的主要能量来源

海洋生物圈集中于阳光照射的上层海水（0～200米深），食物链从单细胞藻类开始

深度
千米　英里
海平面
1
2　　1
3　　2
4
5　　3
6
7　　4
8　　5
9
10　　6
11

死亡有机物，包括废料和尸体，会在下降过程中被食腐者和细菌分解

分解完成时会放出硝酸盐等**无机矿物**，这些物质就离开了生物圈

海洋过程

贝壳物质或溶解，或融入海洋沉积物，成为白垩或石灰岩

藻类从水中获取**无机矿物**，并将其用于构建组织时，无机矿物就返回了生物圈

由矿物而非阳光驱动的生命
　　在深海海底的某些地方，生命不依靠太阳的能量来繁衍生息。在这里，火山热液喷口喷出富含矿物质的热流。细菌利用矿物的能量制造营养，而无脊椎动物则以这些细菌为食，它们自己又成为鱼类等捕食者的食物。

二氧化碳（含无机碳）被植物和藻类利用，通过光合作用转化为有机碳

生物体内的过程释放出**热量**

生命体利用对流层上部传播，如孢子、花粉、种子的传播，以及蜘蛛幼体和一些候鸟

生物体的活动**蒸发水分**，增加大气中的水蒸气

随着海拔的升高，空气越来越稀薄，温度越来越低，**生命也越来越稀少**

雪线以上的裸岩和冰层内几乎没有生命，但可能有昆虫和其他小动物依靠从低地吹来的残渣存活

二氧化碳作为生物呼吸的副产品被释放出去

高度

千米 英里

水凝结并形成降水，其中一些被生物体吸收

生物体产生落叶等死亡有机物（含碳），生命结束时也会变为尸体

植物吸收土壤中的无机矿物，将其融入自身组织，让它们回到生物圈

土壤过程

死亡有机物被蚯蚓等食碎屑者纳入土壤

直到海拔约2 000米的地方，**植物**都很繁盛，它是陆地上主要的光能及二氧化碳吸收者

硝酸盐和磷酸盐等**无机矿物**是生物分解的终产物

在地壳深处，利用矿物的细菌和以它们为食的微小线虫出现在地表以下深至3 000米的地方

真菌和细菌等**分解者**消化死亡有机物

深海海底平均有3 800千米深，有机物雨从阳光照射的海面洒下，为其缓慢地提供能量

海沟将海洋生物圈向下延伸至近11 000米深处，那里的生命已特异化，依靠很少的食物就能生存，同时能承受巨大的压力

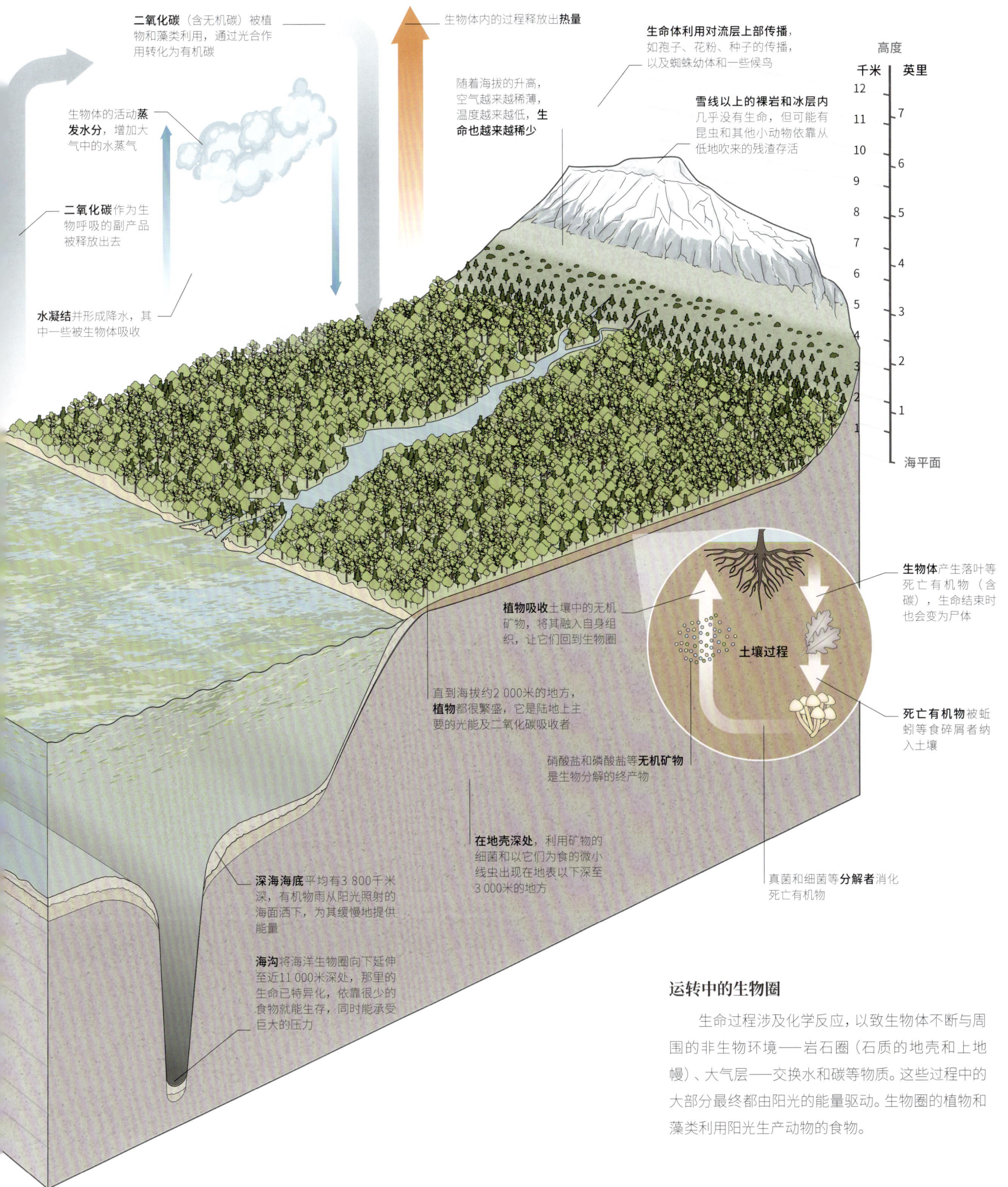

运转中的生物圈

生命过程涉及化学反应，以致生物体不断与周围的非生物环境——岩石圈（石质的地壳和上地幔）、大气层——交换水和碳等物质。这些过程中的大部分最终都由阳光的能量驱动。生物圈的植物和藻类利用阳光生产动物的食物。

多样的物种

　　地球是已知唯一存在生命的行星，其地表生物圈（见第236、237页）中存在各种各样的颜色、形状、运动，令人叹为观止。每个物种都演化出了自己的生存和繁殖方式，所有物种也都由同一个祖先——约40亿年前的一个细胞进化而来。如今，在古老的森林和阳光普照的珊瑚礁中，微生物和动植物的多样性最为丰富。只要是能摄取食物和氧气的地方，生命就能存在，并且已经找到生存之道，从最高的山峰到最深的海沟。

传粉伙伴

　　昆虫和开花植物是地球生物中多样性最丰富的物种。左图中这些大理石纹的黑白蝴蝶——加勒白眼蝶喝蓝盆丘矢车菊的花蜜并为其传粉，这延续了昆虫和开花植物的合作关系，这种关系在数百万年前就进化出来了，造就了地球上昆虫和开花植物令人惊叹的多样性。

史前多样性

　　右边这块有4.2亿年历史的岩板是早期生物多样性的缩影。它有珊瑚礁群落的化石，群落中的动物是现代海洋动物的共同祖先。

皱纹珊瑚是现代石珊瑚的近亲（见第249页）

窗格苔藓虫扇形群落的**残片**，窗格苔藓虫是一种微小的滤食性动物，属于外肛动物门

地理隔离下的物种进化

　　经过数百万年，地球上的生命发生了变化，这一过程就叫作进化。在这一过程中，种群会分离，其特征也会产生很大的差异，以致成为不同的物种。任一时期的物种多样性都来自新产生物种和灭绝物种之间的平衡。

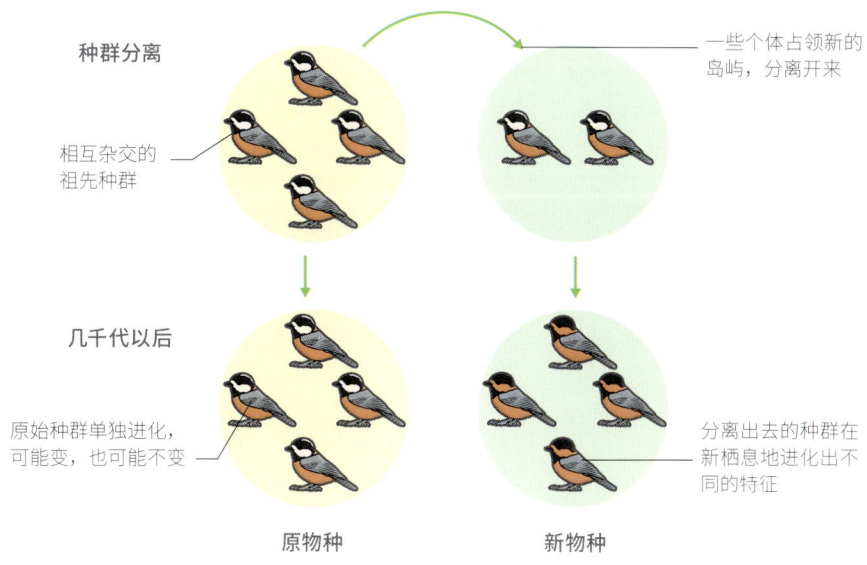

种群分离

相互杂交的祖先种群

一些个体占领新的岛屿，分离开来

几千代以后

原始种群单独进化，可能变，也可能不变

分离出去的种群在新栖息地进化出不同的特征

原物种　　　　　　新物种

早期生命

　　地球在其存在的最初十亿年里没有生命。但是，在漫长的时间中，地球富含矿物的表面有可能甚至不可避免地会发生罕见的化学反应。这些反应产生了第一批复杂有机物。最终，包裹在油膜中的自我复制分子成为第一批活细胞。虽然没有人确切知道生命首先出现于何处，但有一种强有力的理论认为，生命最早出现于海床上的火山口。但最晚至34亿年前，生命就已经征服浅海，留下奇特的化石石堆——叠层石。

细小、深色的竖直印记是朝向阳光生长的藻丛留下的

单细胞藻类在黏液层向上移动就会产生"**侧枝**"

活着的叠层石

　　叠层石，如西澳大利亚鲨鱼湾的这些（见左图），今天仍在生长。以产生叠层石的微生物为食的动物无法生长的地方，如海水太咸的地方，叠层石才能生长。

表层存留有活性**微生物**

下部由以前的微生物表面群落残余形成

穹顶状层形成于藻丛残骸之上

下面的层由死去的藻类形成，新藻类长在上方，遮住了光线，导致下面的藻类死亡

从生物膜到叠层石

　　即使在今天，包括细菌和藻类在内的许多微生物依然会产生黏液，来使细胞聚集成薄薄的菌落，这就是"生物膜"。名为蓝细菌的光合微生物需要光照，因此会不断向上迁移，在下面留下死的生物膜。黏液将沉积物聚在一起，经过数千年，层层叠加积累，形成叠层石。

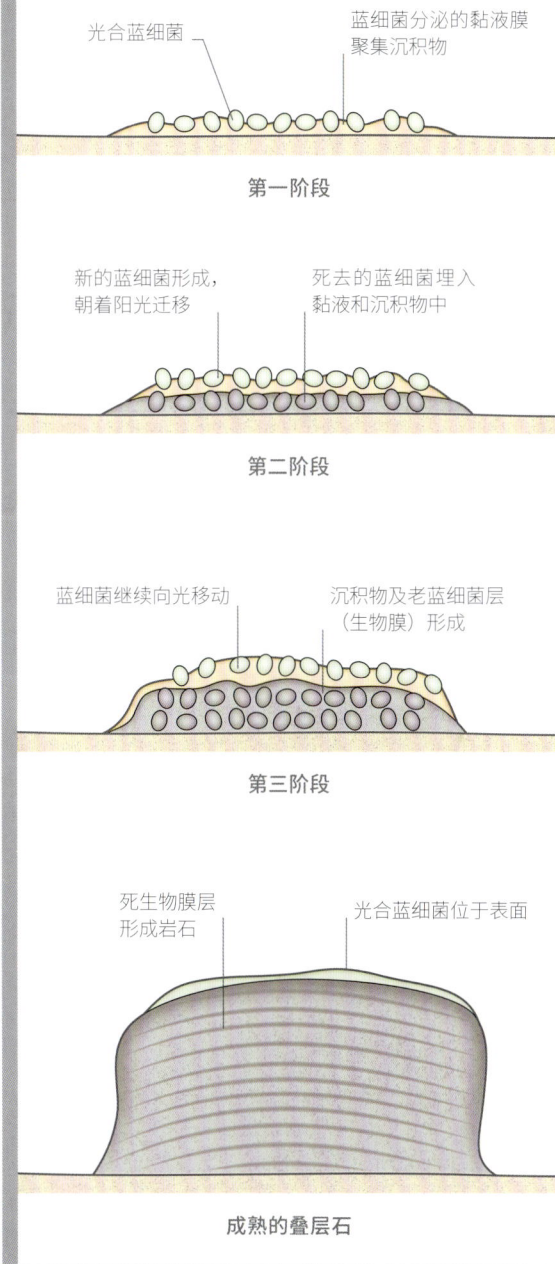

光合蓝细菌

蓝细菌分泌的黏液膜聚集沉积物

第一阶段

新的蓝细菌形成，朝着阳光迁移

死去的蓝细菌埋入黏液和沉积物中

第二阶段

蓝细菌继续向光移动

沉积物及老蓝细菌层（生物膜）形成

第三阶段

死生物膜层形成岩石

光合蓝细菌位于表面

成熟的叠层石

从微生物到大理石

　　左边这块来自恐龙时代的科瑟姆石板表明，在地球有生命的整个期间，简单的微生物一直在雕刻岩石。恐龙时代已是第一批叠层石形成数十亿年之后。这些深蓝黑色的灌木状条纹曾经是黏稠的藻丛，它们将泥丘紧紧黏附、捆绑在一起。数千年过去，它们凝固成石灰岩，然后又结晶成大理石。

条带状铁矿石

铁矿石是由铁氧化物形成的，铁氧化物是可溶性铁盐与氧气反应的产物。随着时间的推移，释放氧气的微生物时多时少，海底沉积岩中就形成了条带，与微生物活动的季节性相对应。地壳运动将这些岩石带到地表。右图中的岩石来自西澳大利亚铁矿区。

史前生命如何让世界充满氧气？

最早进行光合作用的生物是微生物，它们在阳光照射的浅海中制造了叠层石（见第240、241页）。从深海涌出的铁盐与氧气发生反应，沉积出条带状的铁氧化物（也就是铁锈）层。随着水中铁盐的减少，光合作用产生的氧气满溢到大气中，最终达到了今天21%的浓度。

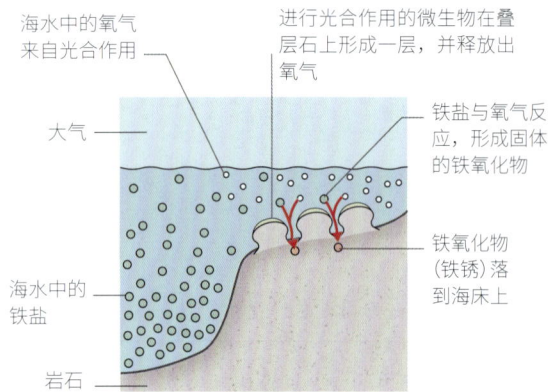

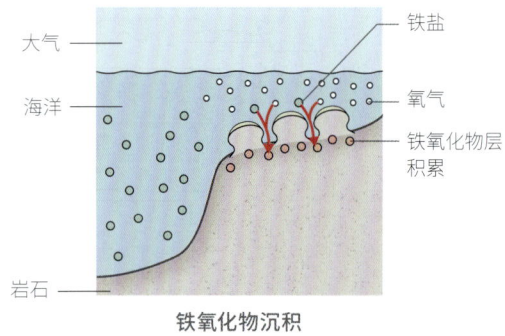

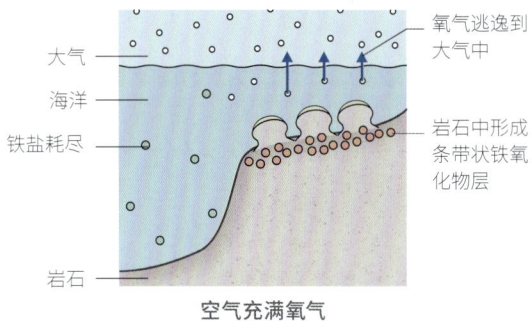

海水中的氧气来自光合作用

进行光合作用的微生物在叠层石上形成一层，并释放出氧气

大气

铁盐与氧气反应，形成固体的铁氧化物

海水中的铁盐

铁氧化物（铁锈）落到海床上

岩石

微生物释放氧气

大气

铁盐

海洋

氧气

铁氧化物层积累

岩石

铁氧化物沉积

大气

氧气逃逸到大气中

海洋

铁盐耗尽

岩石中形成条带状铁氧化物层

岩石

空气充满氧气

浅色条带主要由松散的玉髓颗粒组成，这是一种硅质矿物，含有铁氧化物

念珠藻小细胞形成
链条，由树枝状的
结构相连

颜色最深的条带含铁
量最高，由磁铁矿和
赤铁矿组成

氧气泡泡
水下的黏稠念珠藻菌落会产生氧气气泡。如
今，这些光合作用者与更复杂的藻类和植物一
起，使空气和水中充满氧气。

金色条带又名"铁虎眼"，
含铁量中等

生命改变地球

　　20多亿年前，第一批绿色的光合微生物释放出氧气，形成了地球
上最惊人的一些岩石纹样，并永远地影响了进化进程。这发生在生命
诞生之初，地球上某些最富集的铁矿就是这一事件的结果。氧气与溶
解在海水中的铁盐发生反应，在史前海洋之下沉积，形成了红色固体
矿石。当溶解在海洋中的铁盐消耗殆尽时，来自微生物的氧气就逸散
到空气中，帮助形成了今天生命赖以呼吸的大气。

复杂生命的出现

　　随着最初的单细胞生物进化为更大的多细胞生物，生命开始对周围的世界产生更大的实质性影响。动物有神经和肌肉，因此它们的反应和动作更快，当它们在水体中或从海床的死亡物质中寻找营养时，足以搅动沉积物和海水。在大约6亿年前，在所谓的"埃迪卡拉纪"（得名于南澳大利亚的埃迪卡拉山，那里的此类化石特别丰富），第一批简单的动物在海底繁盛起来。

扁阔的头部有感觉器官，集中在运动方向上

向前运动

　　斯普里格蠕虫（见上图）是一种复杂动物，仅长3～5厘米，但头尾差异明显，它肯定笔直向前，朝着单一方向运动。

生物如何改变海床？

第一批有肌肉的动物通过运动改变了平坦海床以外的环境，使海洋的其他部分更适合生命居住。一些在表面推进，另一些则向下钻。它们一起搅动了海洋沉积物，这有助于让氧气进入下面的淤泥中，让养分释放到上方的水域。

海床剖面图

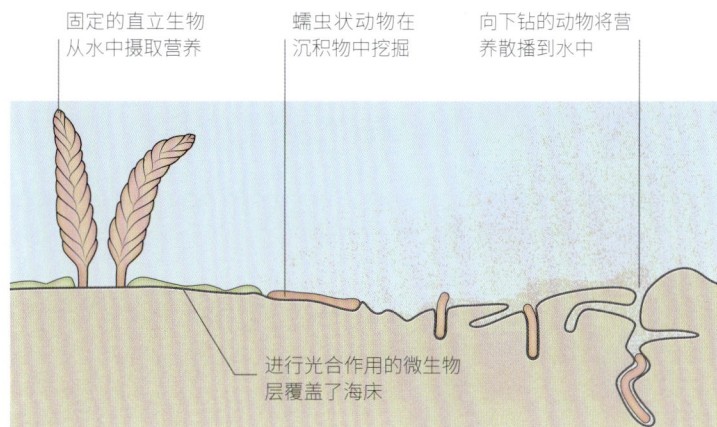

固定的直立生物从水中摄取营养

蠕虫状动物在沉积物中挖掘

向下钻的动物将营养散播到水中

进行光合作用的微生物层覆盖了海床

海床上的生命

这些狄更逊蠕虫化石上的叶状条纹表明，它们是生活在海床上的生物。明显的肋状纹路表明，它们的身体由一种坚硬的角状材料支撑。岩石上的痕迹化石可能是足迹，证明它们可以从一个地方移动到另一个地方（见上图）。

羽状"手臂"
困住食物颗粒

海百合
栉羽枝目

两瓣的贝壳，类似
蚌等双壳类软体动
物的壳

腕足动物门

起源于寒武纪

　　"寒武纪大爆发"是剧烈进化的时期，许多动物结构都起源于此时。今天的海百合（海星的近亲）与它们的寒武纪同类非常相似。某些动物，如腕足动物，在5亿年的时间里变化甚微，因此被称为"活化石"。

寒武纪大爆发

　　当第一批蠕动的动物搅动泥浆，并利用海里的矿物制造出最早的贝壳时，生命就开始影响生物圈之外的沉积物和岩石循环。造壳和造礁的动物在体内积聚钙和硅，其中许多动物利用肌肉的力量向上游入水体。在距今5.39亿至5.2亿年前的寒武纪早期，这些硬壳动物的发展出现了爆发式增长，史前海洋中满是现今海洋生物的远祖，例如虾形的节肢动物、海螺、海胆。

有壳动物

　　外骨骼和贝壳比软体更容易保存下来。寒武纪以有壳动物为主，这也是其化石记录如此丰富多样的一个原因。右图中是锥形原始管虫（中部），其锥形管可能包裹着一个柔软的、有触手的海葵。上方是一种腿有关节的节肢动物——三叶虫（见第268、269页）。

寒武纪的海洋生物多样性

　　寒武纪的海洋动物化石有口器和四肢等部分，这不仅是关于其进食习惯的重要线索，也表现了它们如何移动。它们如此多样，说明应有一个游泳者、爬行者、食腐者、捕食者组成的群落，被最早的复杂食物链联系在一起。最早的动物起源于海床，它们从海床向上扩散，征服了开放水域。一些随波逐流，成为最早的浮游生物，另一些则逆流而动。就这样，动物将生物圈扩展到海洋上下、前后、左右。

开放水域

小型浮游生物成
为中层水域动物
的营养来源

奇虾

奥代雷虫

瓦普塔虾

小型中层水域动
物和底栖动物以
浮游生物和死亡
物质为食

幽鹤虫

马尔拉虫　　拟油栉虫

欧巴宾海蝎

中层水域及底栖
的顶级捕食者

死亡物质是食腐
者的营养来源

海床

寒武纪海洋食物链

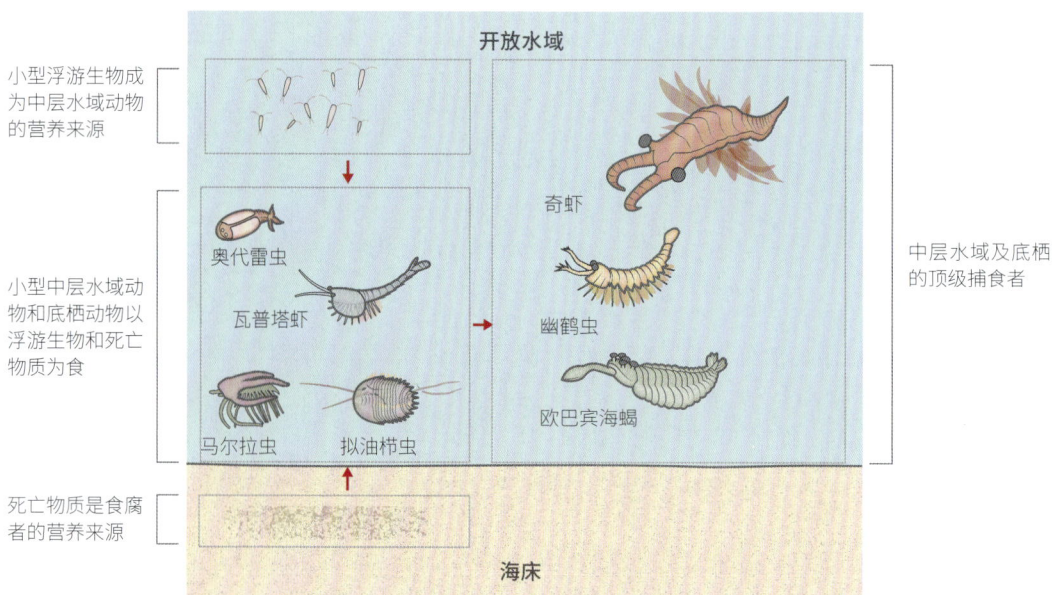

造礁

　　海礁是最大的生物建造结构，从太空中都能看到。它们是生物数千年来制造沉积岩形成的。今天的珊瑚礁由珊瑚虫利用从海水中摄取的矿物建造而成。珊瑚虫是群居生物，是海葵和水母的近亲，其祖先可以追溯到5亿年前。但史前珊瑚礁的历史要丰富得多，叠层石（见第240、241页）被采食一空之后，微生物、海绵及后来的皱纹珊瑚等多种生物接替它成为主要的造礁者。

大堡礁

　　大堡礁沿澳大利亚东海岸延伸过半，是地球上最大的现代珊瑚礁系统（见上图）。水下洋脊和岛屿组成的复杂地形造就了多种多样的水下栖息地。与史前珊瑚礁一样，大堡礁也是海洋生物多样性的"热点"：大量物种在这里栖居和进化。

化石礁

　　地球上最早的一些礁石是在寒武纪由"古杯动物"建造的，这种礁石由一系列空心锥体构成（见下图）。

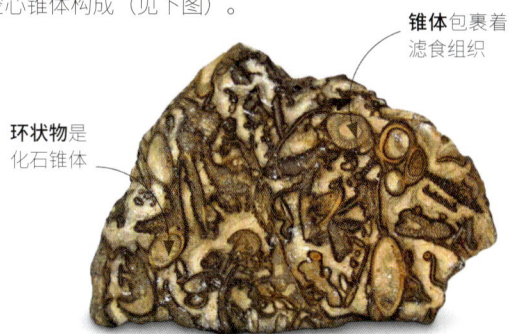

锥体包裹着滤食组织

环状物是化石锥体

过去和现在的造礁者

　　现代造礁珊瑚从恐龙时代起就已存在，更早的礁主要由其他生物建造。最早的由微生物膜或古杯动物建造，后来这些大部分被角状的皱纹珊瑚代替，再后来又被现代石珊瑚代替。

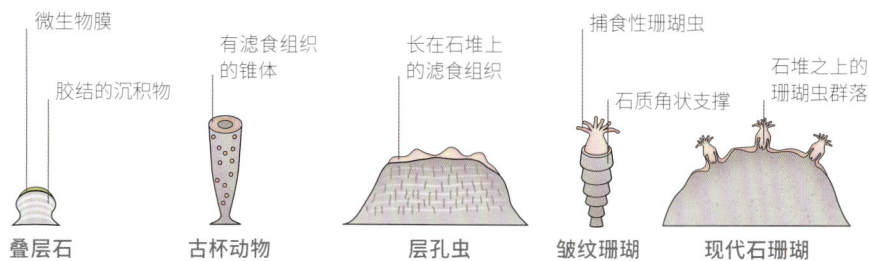

微生物膜

胶结的沉积物

有滤食组织的锥体

长在石堆上的滤食组织

捕食性珊瑚虫

石质角状支撑

石堆之上的珊瑚虫群落

叠层石　　古杯动物　　层孔虫　　皱纹珊瑚　　现代石珊瑚

鱼类的演变

脊椎动物的骨骼由软骨和骨头组成，它们那些在5亿多年前像鱼一样的无脊椎祖先没有骨骼，但其身体由一根软的"棒子"——脊索穿过背部，帮助增强侧向游动。随着时间的推移，脊索被软骨和骨骼保护起来，这些软骨和骨骼也包裹并保护大脑和脊髓。它们也支撑鳃："鳃弓"使鳃保持张开，以便吸收氧气。后来，前鳃弓进化成铰接的颌，有助于操纵和咬噬食物。

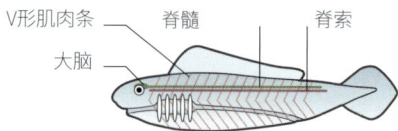

1. 无颌无骨无软骨的原始鱼

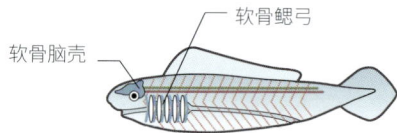

2. 无颌有简单软骨的鱼

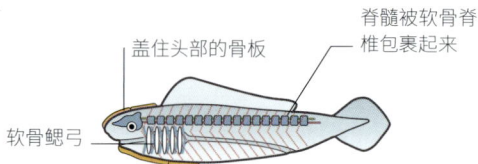

3. 无颌有复杂软骨的鱼

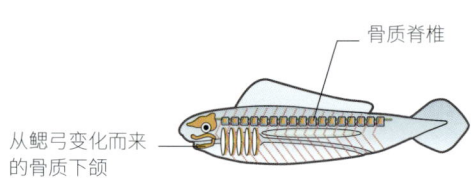

4. 有颌有骨质骨骼的鱼

扁阔的头部组成盔甲般骨质外骨骼的一部分

头部护壳上的**圆形开口**，专为眼睛预留

无颌鱼

甲胄鱼类等原始鱼类没有颌，很可能是在海床附近翻找食物。左图中是来自泥盆纪早期的顶甲鱼（属于甲胄鱼类），它生活在浅海和河口。

巨型捕食者

右图中的邓氏鱼化石是来自泥盆纪晚期的巨大盾皮鱼。此化石表明，在大约4亿年前，脊椎动物就已经进化成当时最大的咬噬物种，这使它们在日益复杂的食物链中成为顶级捕食者。邓氏鱼属于盾皮鱼，这类鱼是最早的有颌脊椎动物。

鱼类的时代

随着地球上的水域充满生物，动物进化得体形更大、速度更快、力量更强，尤其是第一批脊椎动物——海鱼。它们的骨骼支撑着越来越大的身体，某些鱼类的骨骼甚至还变成了保护性的盔甲。鱼类从用鳃滤食的小型软体无脊椎动物演化而来，演化后的鱼类可以用肌肉发达的喉咙将较大的食物吸入口中。这使得它们的鳃可以专注于从水中提取氧气。到了4亿年前的泥盆纪，海洋中有了许多种鱼类。一些鱼类的鳃弓进化成了另一个关键创新——能咬噬的颌。

厚厚的肉鳍让鱼在水中游动

桨状胸鳍

肉鳍有颌鱼

三列鳍鱼是泥盆纪晚期的一种鱼类。比起盾皮鱼，它与现今有颌脊椎动物的亲缘关系更近。它的一些后代近亲进化出了行走的四肢，成为陆地脊椎动物。

下颌的锯齿边提供了切割面，与之后的有颌鱼类（如鲨鱼）进化出的牙齿相似

铰接的颈关节使头部可以向上转动，有助于在咬合前扩大口腔

上下颌之间的关节有强健的肌肉，能产生强大的咬合力

先锋植物

右图是 *Thursophyton* 化石。它是早期的先锋陆生植物之一，茎条有人手那么长。这样的贴地植物为最早的陆生动物提供了住所和食物，为陆地上最早的复杂食物链的形成奠定了基础。

一分为二式分枝
（每一个分枝点分出两个枝条）

主茎干 直径为12毫米

入侵陆地

陆地和空气不适合早期生命的生存，早期生命是在水中进化出来的。由于生物体至少含有70%的水分，因此任何冒险登陆的生物都必须防止水分蒸发。最早登陆的生物——细菌可能在30多亿年前附着在岩石上。动植物等较大的生命形式入侵陆地时，需要能支撑的组织，以便能够直立起来。从水生藻类进化而来的第一批陆生植物出现在4亿多年前，有蜡质的防水芽和叶、坚硬的内部管道，以及起固定作用的根。

植物的管道

左图中是早期苔藓状植物莱尼蕨的化石横截面，显示有一个输送管（称为"木质部导管"）贯穿髓茎的中心。和现代陆生植物一样，这个导管从根部输送水分，并维持茎的直立。

多层次的群落

陆生植物进化成分枝、直立的样子，这意味着库克逊蕨等植物可以吸收更多的光能用于光合作用，并利用风散播繁殖孢子。不过，库克逊蕨只是新的多层次陆生群落的最底下一层。其上还有更高的先锋植物——织丝植物门，包括 *Germanophyton*、*Mosellophyton* 和原杉菌。它们只有化石记录，可能与不进行光合作用的真菌而非植物有亲缘关系。

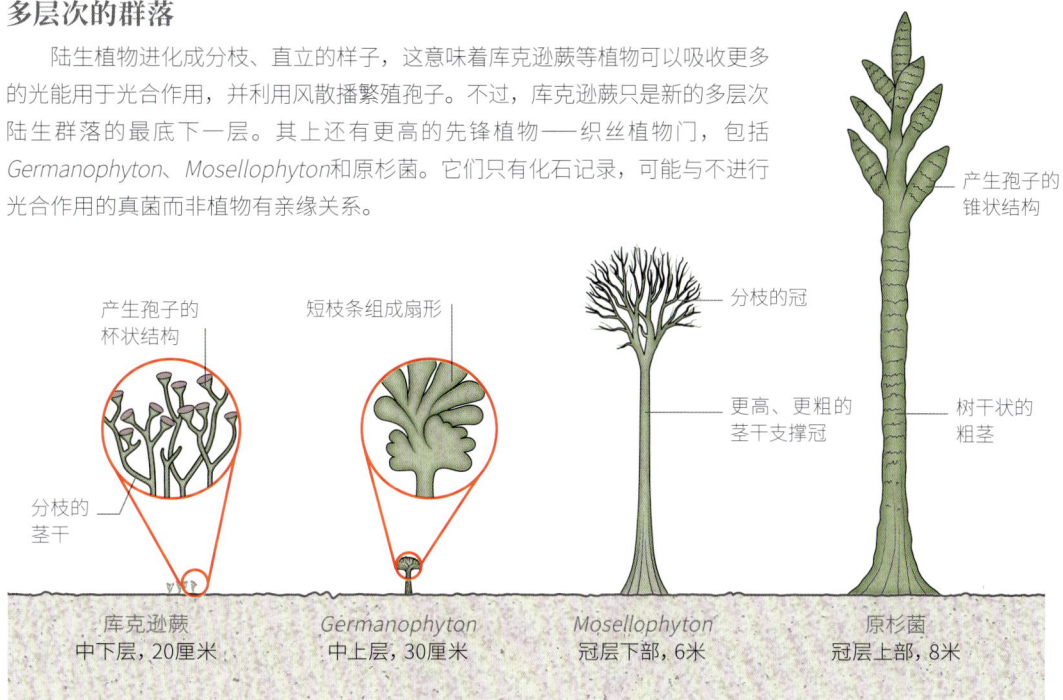

产生孢子的杯状结构

短枝条组成扇形

分枝的冠

产生孢子的锥状结构

分枝的茎干

更高、更粗的茎干支撑冠

树干状的粗茎

库克逊蕨
中下层，20厘米

Germanophyton
中上层，30厘米

Mosellophyton
冠层下部，6米

原杉菌
冠层上部，8米

进行中的原生演替

　　喀拉喀托火山岛位于印度尼西亚爪哇岛和苏门答腊岛附近，最早出现于1927年。火山反复喷发限制了植被的生长，但从左边这张卫星图中可以看到，植物正在逐渐立足。

演替

　　占据新栖息地的生物有一定的顺序，且这种顺序可以预测，这就是所谓的"演替"。如果演替发生在以前没有过生命的地方，如熔岩流路径或冰川后撤路径上，则为"原生演替"；而在植被被破坏而土壤未被破坏的地方（如山火过后），演替则被称为"次生演替"。在两种演替中，早期定居者（先锋物种）往往是生长快、繁殖快的物种，利用了丰富的新养分和资源。后来的物种生长较慢，但更强壮，以保证存活。早期物种可能会因改变了环境而利于之后物种的到来，也可能会抑制入侵者，直到它们被淘汰。

原生演替的几个阶段

　　出现全新的栖息地，如冷却的熔岩流，就会发生原生演替。光秃秃的岩石被微生物、地衣、藻类分解，形成土壤，支持快速生长的植物。随着一代又一代的腐烂植物让土壤肥沃，更复杂的生态系统形成，让其他植物得以生长。最终可能会形成一个相对稳定而复杂的生态系统，即"顶级群落"。

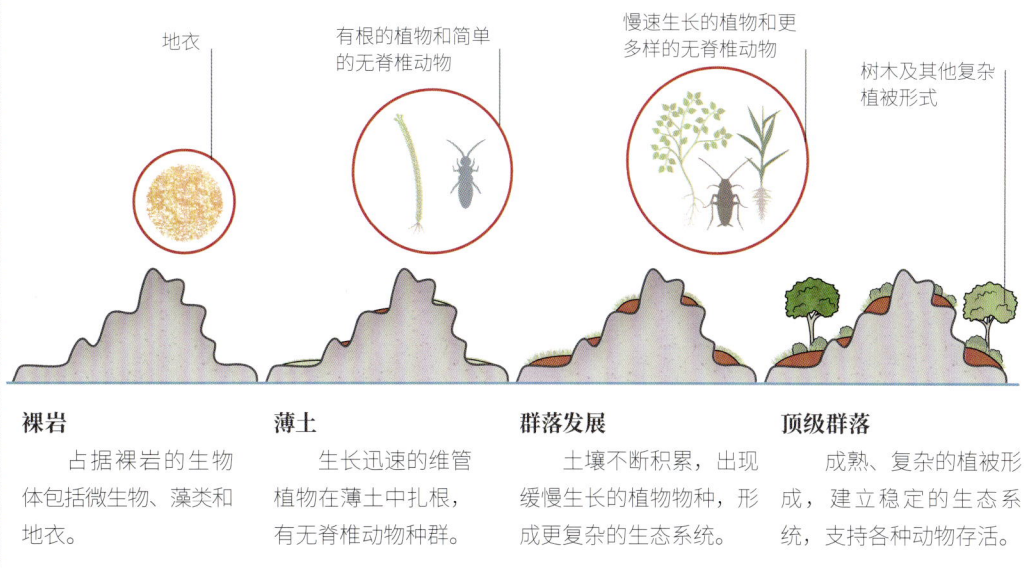

地衣

有根的植物和简单的无脊椎动物

慢速生长的植物和更多样的无脊椎动物

树木及其他复杂植被形式

裸岩
　　占据裸岩的生物体包括微生物、藻类和地衣。

薄土
　　生长迅速的维管植物在薄土中扎根，有无脊椎动物种群。

群落发展
　　土壤不断积累，出现缓慢生长的植物物种，形成更复杂的生态系统。

顶级群落
　　成熟、复杂的植被形成，建立稳定的生态系统，支持各种动物存活。

带状叶形成树冠

树干长至8米高以上

枝蕨森林复原图

木质部导管之间的组织让树干变厚

输水导管束，即木质部

中空减少了长高所需的组织量

枝蕨树干化石横截面

泥盆纪森林

　　化石表明，最早的森林生长于近4亿年前的泥盆纪，由蕨类植物的远亲——枝蕨形成。枝蕨是早期长出粗壮茎干的植物之一，茎干由硬质输水导管支撑。

森林的形成

　　更多叶片暴露在太阳光下的植物会通过光合作用产生更多的养分，以供生长。最早的陆生植物匍匐在地面，但为了争夺光照，一些植物进化出了更高的茎，这样能摆脱相邻植物投下的阴影。在向上生长争夺阳光的竞赛中，它们用木质强化了茎干，进化成了最早的树。如今，树是地球上最大的单体（非群落）生物。许多树长在一起，构成了最复杂的陆地栖息地——森林，其叶冠可以高过15层楼。

今天的雨林

　　在温暖湿润的热带地区，树冠在充沛的雨量之下保持潮湿，这意味着较小的植物（附生植物）可以在树枝上生根发芽。在雨林中，阴暗地面之上有许多物种茂盛生长，包括凤梨科植物、兰花、蕨类等，为昆虫、蜘蛛、青蛙、鸟类等树栖雨林动物提供了丰富的栖息地（见右图）。

森林的层次

　　树木会投下阴影，在靠近地面的地方形成阴暗、潮湿的小气候。乔木、灌木以及它们所带的藤本植物和附生植物形成了分层，尤其是在雨林中，大量物种各自适应了不同的环境。灌木丛和林下树木最耐阴，许多甚至整个生命周期都在阴影中，而冠层树和露出树则需要充分暴露在阳光下才能结籽。

雨林的分层

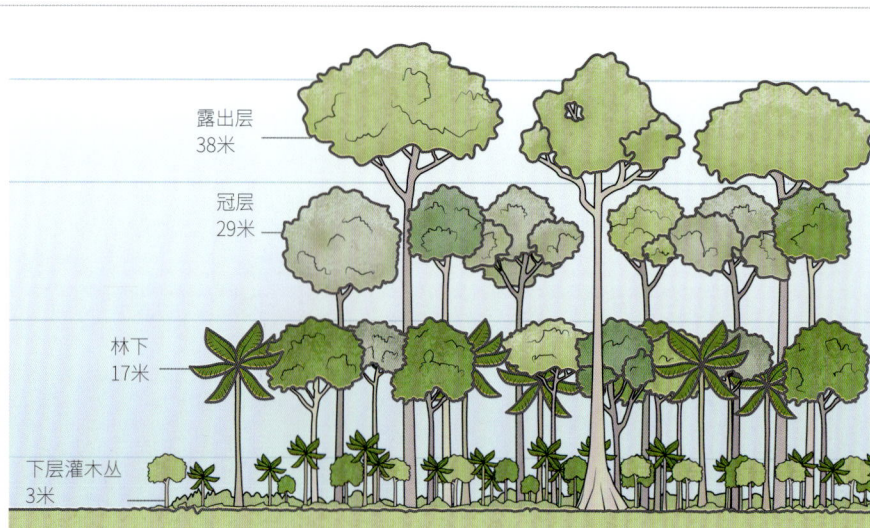

露出层 38米

冠层 29米

林下 17米

下层灌木丛 3米

化石的形成

变成化石意味着曾经的生物体变成了能长期保存的遗骸，通常涉及原本的组织被更耐久的矿物取代。这一过程可能会以各种方式发生，这取决于动植物被埋的环境，并且可能要花费几百万年才能将骨骼中的矿物代替。由此产生的遗骸可以抵御掩埋和侵蚀，保持其原始形状和组织特征，甚至小到细胞结构，为今天的科学家提供了丰富的信息。

化石形成

化石有两大类：一类是实体化石（生命体的一部分形成），另一类是遗迹化石（生命体行为所产生）。在大多数实体化石（如骨骼或牙齿）中，组织都被矿物取代，这一过程叫作"矿化"。遗迹化石保存了生物的活动痕迹，比如脚印或挖洞。

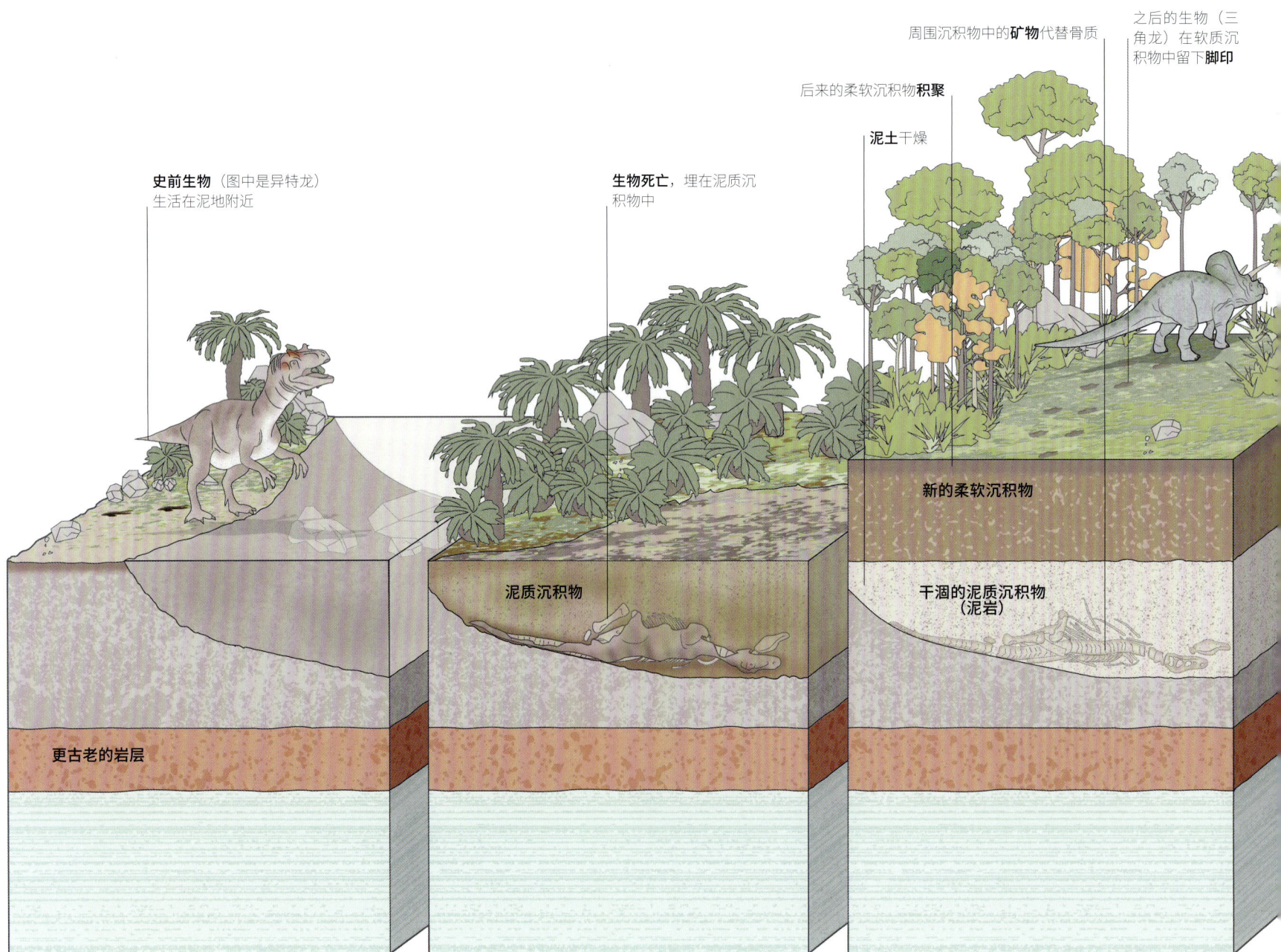

周围沉积物中的**矿物**代替骨骨质

之后的生物（三角龙）在软质沉积物中留下**脚印**

后来的柔软沉积物**积聚**

泥土干燥

史前生物（图中是异特龙）生活在泥地附近

生物死亡，埋在泥质沉积物中

新的柔软沉积物

泥质沉积物

干涸的泥质沉积物（泥岩）

更古老的岩层

远古生命

最有可能形成化石的生物生活在沉积物积聚的地方，死后被埋在沉积物中。

死亡和埋葬

如果生物死后的遗骸没有被食腐者吃掉，也没有进一步腐坏，而是被上面的沉积物长久地保护起来，那么就有可能形成化石。

沉积物堆积

随着时间的推移，土壤和沉积物逐渐堆积，开始变成岩石。在此过程中，沉积物中的有机残留会被矿物取代。

随着时间的推移，**沉积物一层层堆积**，保存着不同时期的化石

脚印留存在被埋藏、压实的软质沉积物中

古代蚂蚁的**微小细节**被保留下来

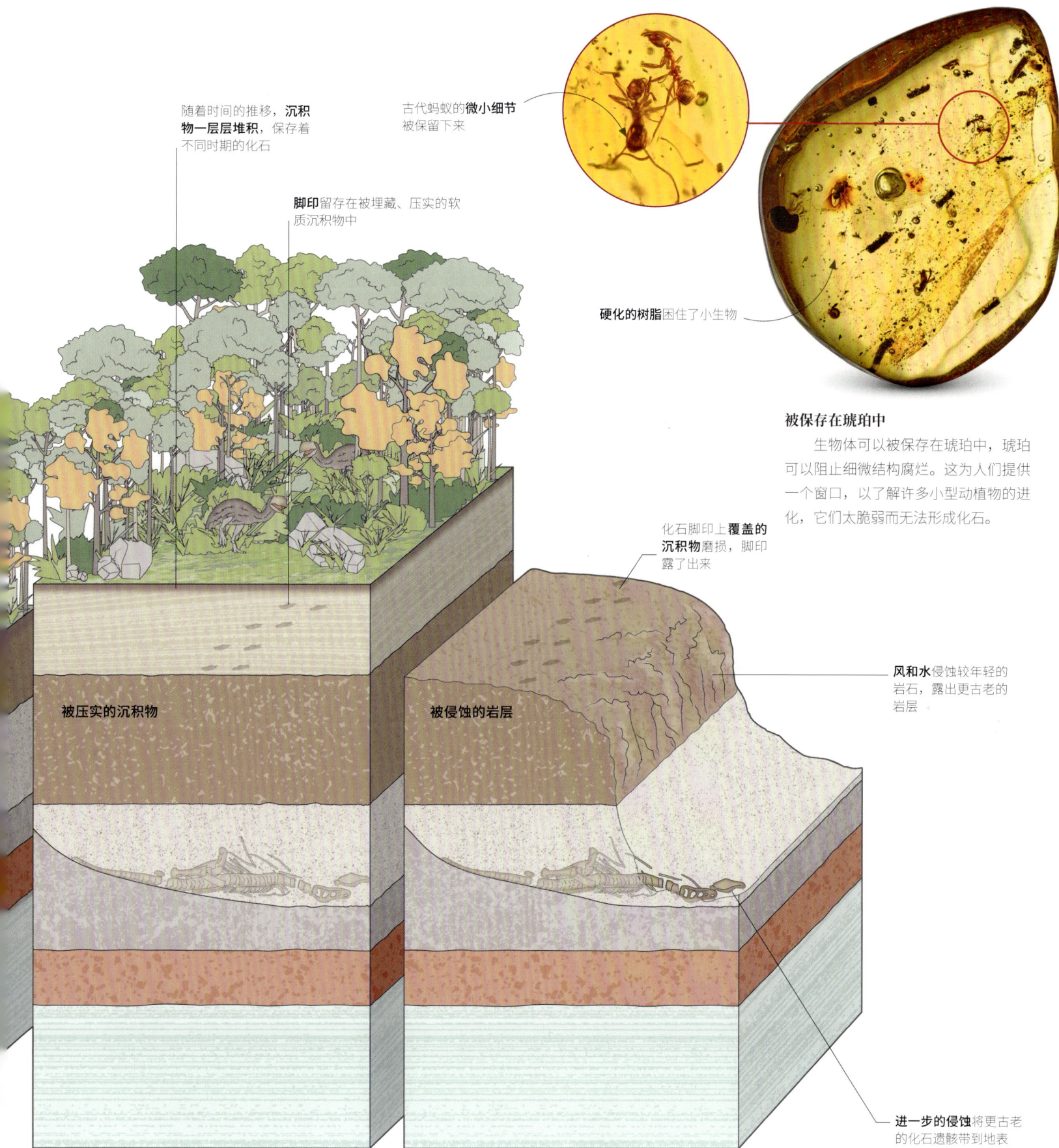

硬化的树脂困住了小生物

被保存在琥珀中

生物体可以被保存在琥珀中，琥珀可以阻止细微结构腐烂。这为人们提供一个窗口，以了解许多小型动植物的进化，它们太脆弱而无法形成化石。

化石脚印上**覆盖的沉积物**磨损，脚印露了出来

被压实的沉积物

被侵蚀的岩层

风和水侵蚀较年轻的岩石，露出更古老的岩层

进一步的侵蚀将更古老的化石遗骸带到地表

后来的化石

较新的岩层可能会有后来生命形式的化石或化石脚印。脚印的形式可能是"印"也可能是"模"，取决于岩石的类型。

暴露和发现

化石通常是在地表暴露的情况下被发现的，通常是在侵蚀作用已经移除了上面沉积物和岩石层的位置。

煤炭的形成

　　黑色的煤层正是生物圈与其下岩石之间关系密切的证明。所有生物都是物质循环的一部分，这一循环在它们死亡、腐烂之后依然会长久延续。大多数生物最终会完全腐烂，分解成矿物，滋养其他生物的生长。但在特殊情况下，分解会慢到几乎停止。在3.6亿年前，植物进化出了一种叫作木质素的物质，帮助它们长成高大的森林。而真菌等分解者还没有进化出分解木质素的能力。结果木质树干在地下被压实，经过数千年的时间，变成了富含碳的煤。

树皮化石

树干上的**痕迹**是落叶留下的伤疤

形成煤炭的沼泽森林主要由产生孢子的树木组成，例如这个鳞木，它是今天蕨类植物的近亲。

煤层

煤炭是一种沉积岩，几乎完全由黑炭组成，大部分沉积于恐龙时代之前至少1亿年，这个时期也就被称为石炭纪。煤层是石炭纪沼泽森林的有机残留物。上图是澳大利亚新南威尔士州某海滩沿线的地上煤层。

长期碳循环

煤炭是由死亡植被压实形成的。死亡植被在细菌的作用下腐烂成泥炭，泥炭又被掩埋，在不断堆积的沉积物之下被加热，去除残骸中的水分和气体，先产生褐煤，然后产生煤炭。这一过程集中了碳，而这些碳只有在燃烧时才能以二氧化碳（CO_2）的形式释放出来。人为的燃烧更迅速，会提高二氧化碳水平。

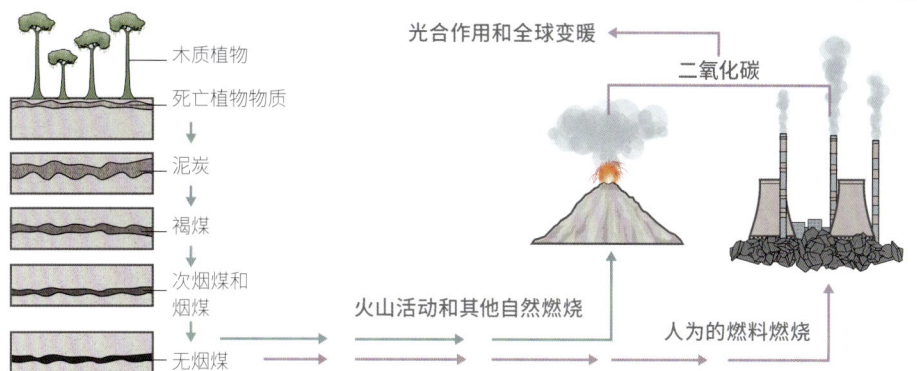

木质植物
死亡植物物质
泥炭
褐煤
次烟煤和烟煤
无烟煤

光合作用和全球变暖
二氧化碳
火山活动和其他自然燃烧
人为的燃料燃烧

氧气驱动的巨型生物

在20多亿年前，微生物让空气中充满了氧气（见第242页），之后大气中的氧气含量就相当稳定，但在石炭纪，氧气含量几乎翻了一番。这发生在煤层形成的时期绝非巧合。由于碳被封存在地下，与氧结合的就少了，因此空气中的氧气增多了。含氧量如此高的大气意味着更多的山火和巨大的节肢动物的进化，例如汽车那么长的千足虫。

火 消耗氧气，制造灰烬，但也释放水蒸气和二氧化碳

森林自燃火灾
史前岩石表明，森林火灾在石炭纪很常见。今天，炎热干燥气候下的一些植物具有抗火能力，而另一些植物则需要火才能发芽。

大气中的氧气

光合作用产生氧气，但其他过程会消耗氧气，例如火灾和生物的呼吸作用。二者之间的平衡在史前大部分时间里帮助稳定了氧气水平。但在石炭纪发生了一次氧气含量上升，木本树木进化出来，最初能抵御分解者的攻击。分解者呼吸减少意味着消耗的氧气减少，于是氧气含量升高了。

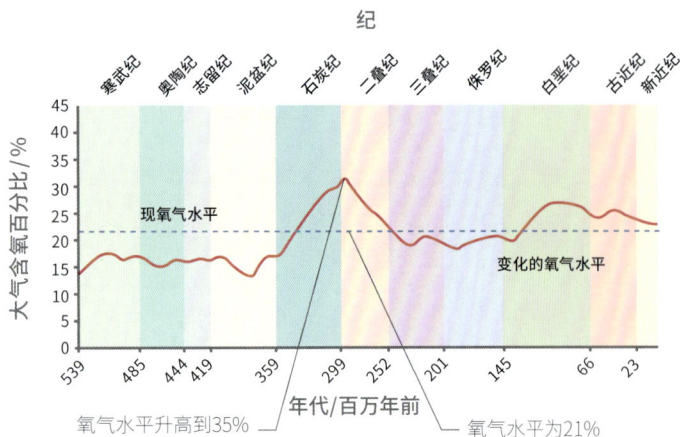

纪

寒武纪 奥陶纪 志留纪 泥盆纪 石炭纪 二叠纪 三叠纪 侏罗纪 白垩纪 古近纪 新近纪

大气含氧百分比/%

现氧气水平

变化的氧气水平

氧气水平升高到35%

年代/百万年前

氧气水平为21%

最大的飞行昆虫

　　氧气通过昆虫体壁的孔直接渗入其组织。石炭纪的高氧气水平让氧气可以在组织中渗入更深，因此可以满足更大身体的需求，结果就出现了上图中这种蜻蜓一样的巨型昆虫——巨脉蜻蜓，其翼展达到了70厘米。

在陆地上行走

　　藻类和植物从生命起源的海洋移居陆地，动物也紧随其后，因为植被提供了住所和食物。第一批从水里出来的动物可能只是暂时出水一会儿，也许在夜间，就像现在的一些海螺。史前的脚印表明，像虾一样的动物在5亿多年前从水中来到陆地，它们盔甲般的外骨骼无疑有助防止被太阳晒干，但要经过数百万年的进化，才能让这些勇于尝试的先锋变成一直呼吸空气的昆虫和蜘蛛。到了制造煤的沼泽森林时期（见第260、261页），脊椎动物已经向陆地转移，一种肉鳍鱼进化成了能行走的原始四足动物。

行走的脊椎动物

　　右图中的西蒙螈生活在距今2.95亿年至2.72亿年前，体长约60厘米，类似于现代的巨型蝾螈。它的四肢足够强壮，可以将身体抬离地面。和所有陆生脊椎动物一样，它也由一类鱼进化而来，这种鱼的厚鳍有骨质支撑物，后来演变为脚趾。

胸鳍用作前肢，用以在陆地上爬行

再次入侵陆地

　　今天，许多鱼类仍在不断进化出登陆方式。金点弹涂鱼是海洋虾虎鱼的后代，具有向前的胸鳍，强壮到可以让它们爬过泥滩。

多次入侵陆地

　　在进化过程中，动物曾多次以各自独立的群体登陆。通过比较现今动物的DNA来确定其祖先的年代，以及研究化石记录，科学家估计出各种陆生动物何时从其水生祖先发展而来。最古老的陆生动物——有关节的节肢动物（包括昆虫、甲壳类、蜘蛛）和线虫——在第一批四足脊椎动物行走于陆地时就已布满史前森林。所有这些先锋——开始都是部分水生的，但最终都进化出了远离水体的生存手段。海螺、蛞蝓、蚯蚓则更晚才登陆，大约要到恐龙时代。

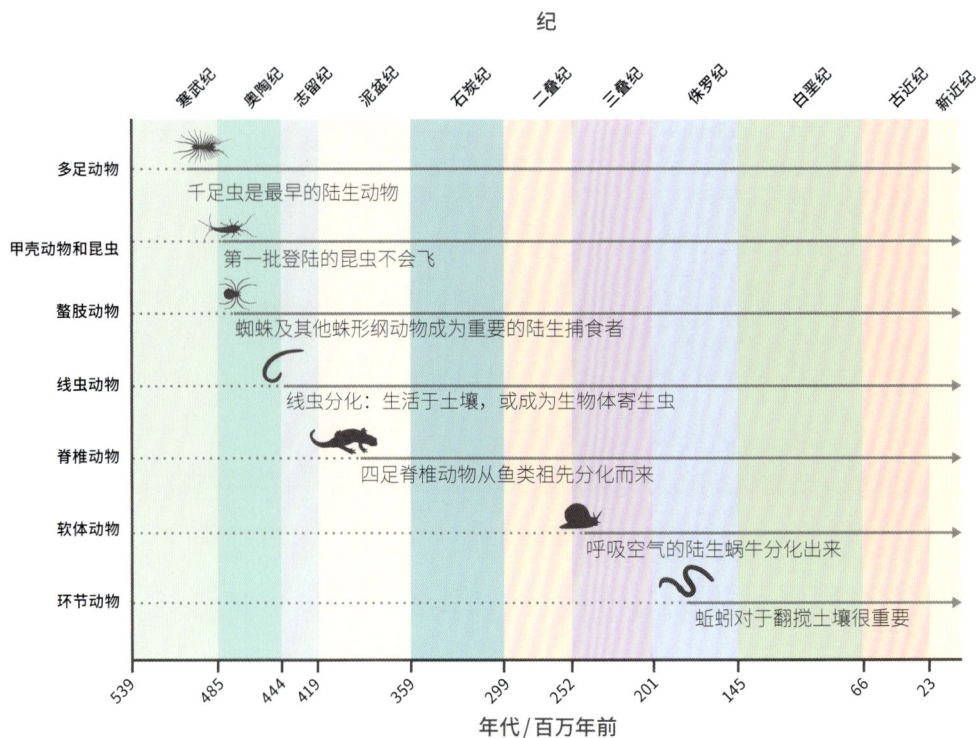

纪

寒武纪　奥陶纪　志留纪　泥盆纪　石炭纪　二叠纪　三叠纪　侏罗纪　白垩纪　古近纪　新近纪

多足动物　千足虫是最早的陆生动物

甲壳动物和昆虫　第一批登陆的昆虫不会飞

螯肢动物　蜘蛛及其他蛛形纲动物成为重要的陆生捕食者

线虫动物　线虫分化：生活于土壤，或成为生物体寄生虫

脊椎动物　四足脊椎动物从鱼类祖先分化而来

软体动物　呼吸空气的陆生蜗牛分化出来

环节动物　蚯蚓对于翻搅土壤很重要

539　485　444　419　359　299　252　201　145　66　23

年代/百万年前

无齿但有獠牙，说明可能是草食性动物

灭绝的证据

裂缝喷发的熔岩漫过大地，地壳大面积断裂，形成了西伯利亚普托拉纳山的这些黑色地层。熔岩一层层凝固，形成了广阔的高原，右图中的只是其中一小部分。这次猛烈的火山活动差点灭绝了复杂的生命，在地球历史上一贯如此。

二叠纪的伟大幸存者

左图的水龙兽是哺乳动物的远古爬行类祖先，占此事件后沉积的脊椎动物化石的95%，挖洞的习性可能保护了它免于灭绝。

大灭绝

地球一直被称为"金发姑娘星球"：在其存在的大部分时间里，环境都恰好适合生物的繁衍和进化。但有几次事件造成了物种的大量消亡，即"大灭绝"。其中一次由地球以外的原因造成——小行星撞击导致恐龙灭绝（见第285页），但大部分还是由地球自身的剧烈地质活动造成的。最大的灭绝事件发生在2.5亿年前的二叠纪末期，在恐龙出现之前。巨量火山喷发导致的气候变化消灭了3/4以上的物种。但有输家就有赢家，从幸存者中进化出了新的物种，接管了生物圈。

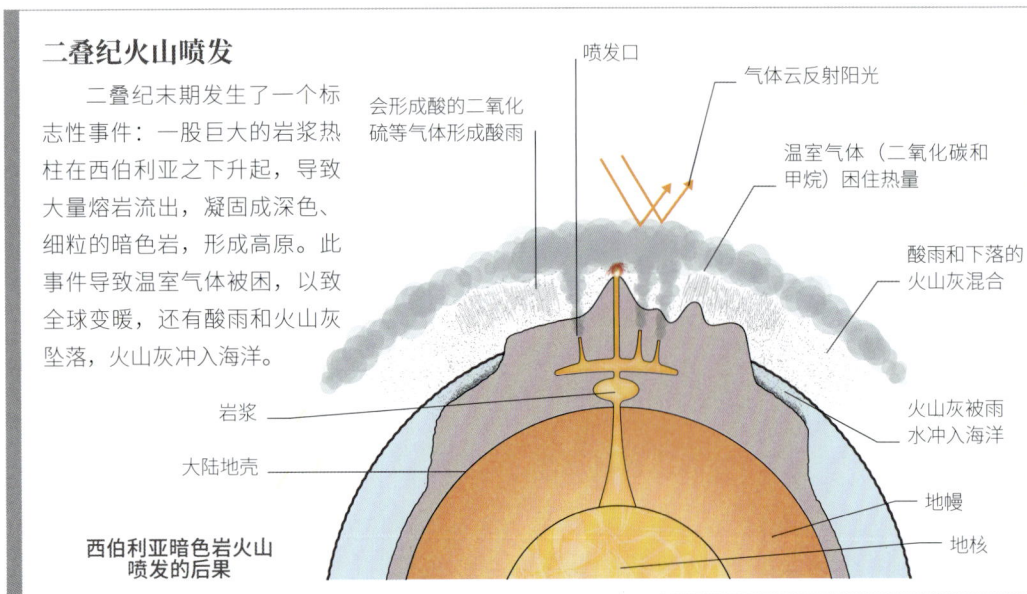

二叠纪火山喷发

二叠纪末期发生了一个标志性事件：一股巨大的岩浆热柱在西伯利亚之下升起，导致大量熔岩流出，凝固成深色、细粒的暗色岩，形成高原。此事件导致温室气体被困，以致全球变暖，还有酸雨和火山灰坠落，火山灰冲入海洋。

喷发口

会形成酸的二氧化硫等气体形成酸雨

气体云反射阳光

温室气体（二氧化碳和甲烷）困住热量

酸雨和下落的火山灰混合

岩浆

大陆地壳

火山灰被雨水冲入海洋

地幔

地核

西伯利亚暗色岩火山喷发的后果

盲三叶虫有
无眼头甲

钝锥虫

肋叶之间有**中轴**

爱尔纳虫

长条的新月
形眼睛

小油栉虫

从头到尾**体长**可
达50厘米

奇异虫

三叶虫的崛起

三叶虫起源于古生代早期，是5.39亿年至5.2亿年前寒武纪大爆发（见第246、247页）的一部分。耐久的外骨骼是其化石记录的主要组成部分。三叶虫非常成功，在寒武纪末期（4.85亿年前）和奥陶纪初期达到了多样性巅峰。

面中颊刺

摩洛哥虫

带刺尾甲装饰

里可法虫

大而微凸的眼

亨顿虫

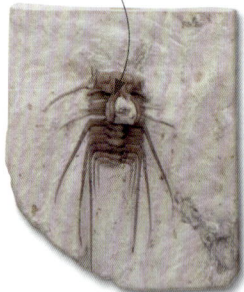

成对反曲角

双角虫

三叶虫的衰亡

在奥陶纪晚期大灭绝之后的整个志留纪和泥盆纪，三叶虫的科数量一直在减少，尽管许多种类仍然有华丽的装饰。只有一个目——砑头虫目活过了泥盆纪，最终在二叠纪大灭绝（见第266、267页）中消亡。

多种多样的三叶虫

三叶虫是海洋节肢动物（具有外骨骼、分节的身体、成对且有关节的附肢），与今天的甲壳类、蛛形纲、昆虫类同属一类群。三叶虫的身体分为三节：头、胸、尾。口开在头部下方。不过，"三叶虫"这个名字来自胸部分为三叶：中央的轴叶和两侧的肋叶。每个肋叶都有带鳃的腿。凭借这种身体结构，三叶虫在海洋中分化繁衍了2.7亿年，留下了超过2万种物种的丰富化石记录。

三棱的三叉戟状角
从头部前端伸出

头甲边缘有小孔，用以滤食

岩石中可见腿的印记

长长的肋刺从宽阔的胸部伸出

带有装饰的头部中央，称为"头鞍"

欧尼尔虫

三分节虫

新月盾虫

彗星虫

类群迭代

在奥陶纪，具有不一样身体结构的三叶虫新类群继续发展，但科数量稳步减少。在距今约4.45亿年前的奥陶纪晚期大灭绝中，许多起源于寒武纪的类群灭绝了，取而代之的是在奥陶纪进化出来的类群。

海神虫

尽管三叶虫在泥盆纪已经衰落，但有些（如下图中的这只"海神虫"）依然非常壮观。其独特头角的功能尚不明确，研究人员认为可能是用于求偶展示、打斗或是代表身体健康，这些都和今天鹿角的功能类似。

可移动胸节，方便活动

用于**防御**的肋刺

眼睛上方**高耸的反曲**眉角

复杂的多晶眼

在干旱中生存

　　所有生物都需要水，但许多生物进化出了在最干旱的环境中生存的方法。随着大陆位置的改变，陆地也因为各种原因变成沙漠，有些地方在如此深的内陆，几乎接收不到降雨。大约在2.5亿年前，也就是在恐龙崛起之前，地球上的大部分陆地聚集在一起，形成"泛大陆"，内部是广阔的沙漠，全球气温也达到顶峰。那些在水中产无壳卵的两栖动物衰落，但爬行动物的硬壳卵是在陆地上发育的，它们在最干旱的地区也能繁衍生息。

蒙古的干旱内陆

　　戈壁沙漠位于亚洲大陆的中心，在青藏高原制造的"雨影区"中，暖湿气流无法抵达。这里的温度极端，冬季严寒，夏季酷暑且干燥，因此植被稀少，只有专门在沙漠中生活的动物才能生存（见下图）。

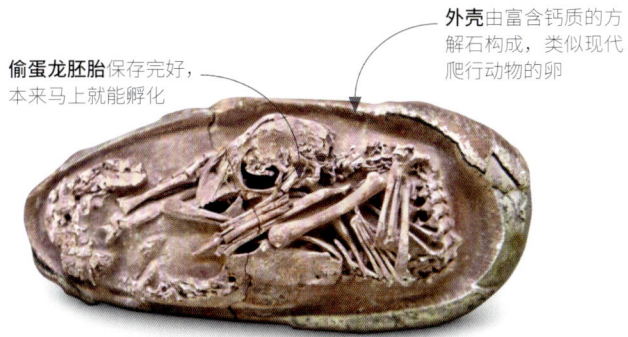

偷蛋龙胚胎保存完好，
本来马上就能孵化

外壳由富含钙质的方
解石构成，类似现代
爬行动物的卵

硬壳卵

上图这枚硬壳卵化石距今6600万年。进
化出硬壳卵对于爬行动物脱离水体进行繁殖
至关重要。

适应干旱

栖息地的干旱程度由降雨量和
蒸发量的相对多少决定。半湿润沙
漠的失水量不超过年降雨量的两
倍，但最干旱沙漠的蒸发量可以是
它所获得水量的200倍，因此生物需
要极端的适应手段，才能从周围环
境中获取水分。

图例

→ 水的蒸发
◇ 降雨

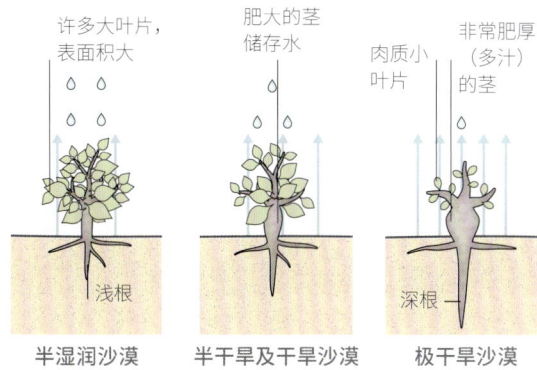

许多大叶片，
表面积大

肥大的茎
储存水

肉质小
叶片

非常肥厚
（多汁）
的茎

浅根

深根

半湿润沙漠　　半干旱及干旱沙漠　　极干旱沙漠

犬齿兽——三尖叉齿兽，可能是洞的主人

上下翻转的布氏顶螈头颅

保存极好的布氏顶螈鳞片

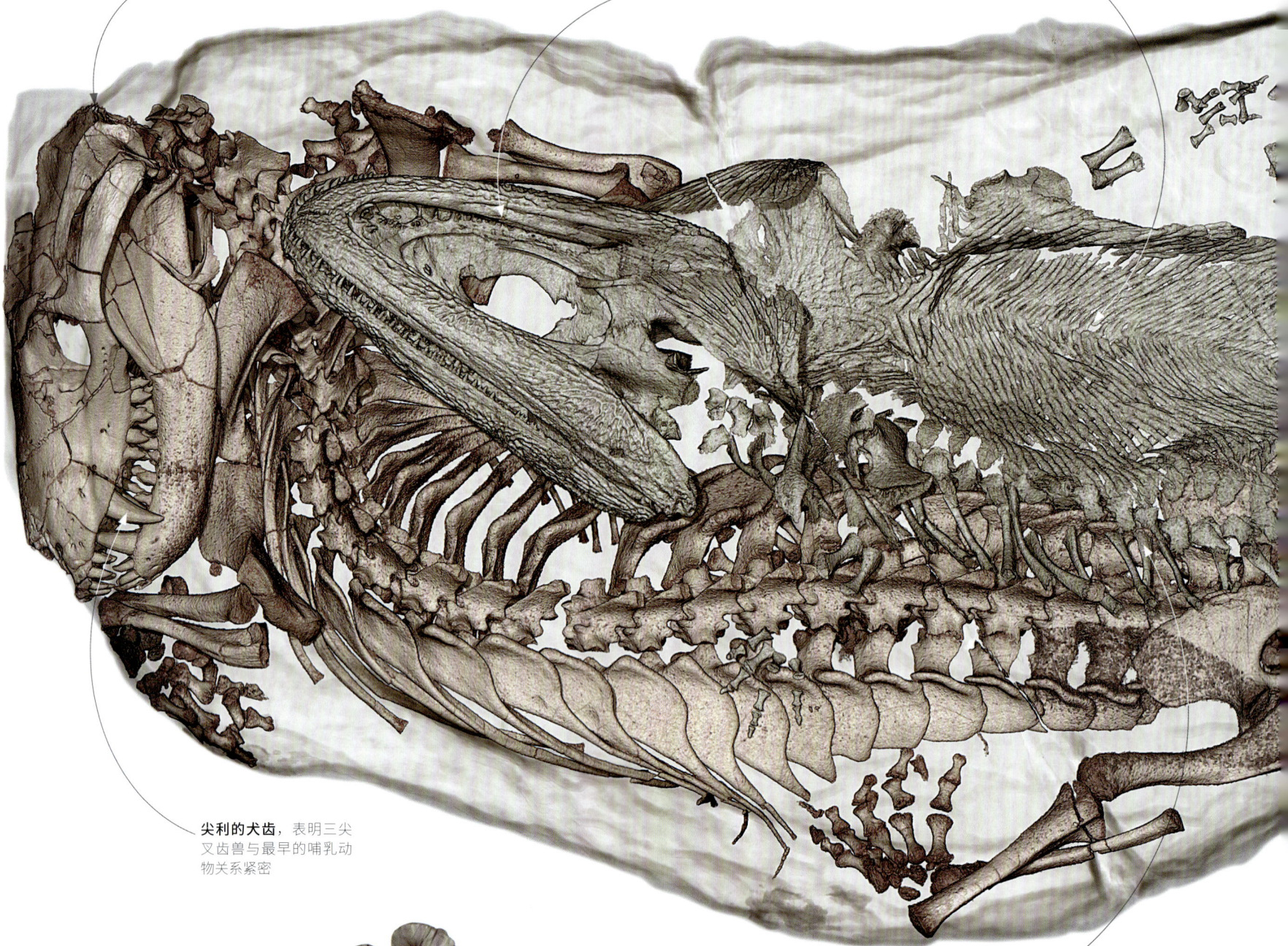

尖利的犬齿，表明三尖叉齿兽与最早的哺乳动物关系紧密

部分愈合的肋骨说明布氏顶螈在被埋之前受过伤，可能爬进了三尖叉齿兽的洞里，以保障安全

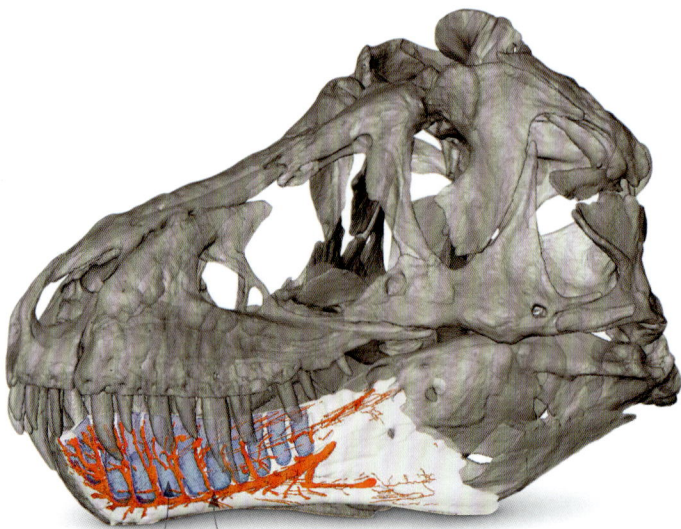

下颌的牙齿位置

密集的神经和血管网络

揭示神经路径

　　左边这幅霸王龙头骨和下颌的CT图显示了密集的神经和血管网络，为高敏感口鼻部提供了证据。

透视恐龙

利用CT扫描仪观察法国兽脚亚目恐龙——阿克猎龙的化石头骨，可以详细地看到其内部结构。

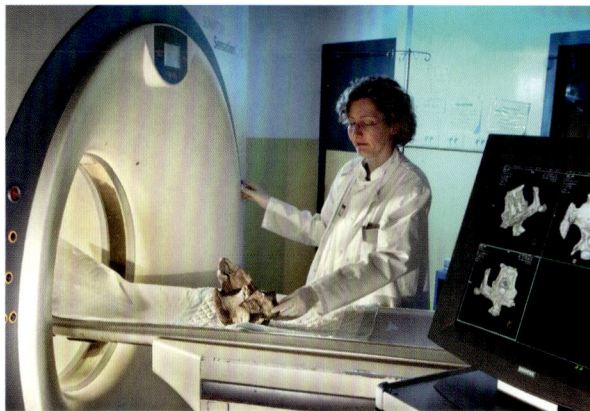

地球科学的历史
扫描化石

骨骼和牙齿的外部特征只能揭示一些早已灭绝动物的生物学特征。为了研究其他特征，科学家必须观察骨骼内部曾经存在过软组织的地方。过去要做到这一点，只能破坏化石的一部分。现代的扫描方法避免了破坏化石，并且使我们能够研究那些无法从母岩中取出的化石。

母岩包裹化石遗骸，令裸眼无法看到骨骼

奇怪的床伴

三尖叉齿兽（灰粉色）和布氏顶螈（深灰色）被埋在同一个三叠纪洞穴中。三尖叉齿兽属于已经灭绝的类似哺乳动物的犬齿兽，而布氏顶螈是一种两栖动物。三尖叉齿兽可能在洞中夏眠，以躲过夏季的干旱。科学家使用高功率同步加速器扫描了疑有犬齿兽化石洞的岩石，才发现了这神奇的双化石（见上图）。

自从20世纪70年代以来，科学家一直用X射线技术观察化石内部。高能X射线穿透含有化石的岩石，显示内部结构的不同密度。20世纪80年代和90年代，随着计算机算力增强和普及，古生物学家也更多地使用CT扫描技术（计算机断层扫描）。计算机将数百张不同角度的X光片排列起来，构成三维的化石内部图。

CT扫描技术不断进步，让科学家能够以前所未有的精细度数字化地重建古生物的内部解剖结构。现在，研究人员已经可以直观地看到恐龙、海洋爬行动物、早期哺乳动物等早已灭绝动物的大脑。通过比较大脑不同部位的大小，可用数字模型了解视力、嗅觉等感官对生物的重要性。

CT扫描还能显示其他结构，如内耳的精细腔室、神经网络，甚至牙齿的每日生长层。如今，更强大的新型成像工具，如同步辐射粒子加速器，可以显示越来越多的细节，甚至达到显微级别。

> **❝** 几乎所有从岩石中取得化石数据的传统难题，都能通过现代三维影像解决。**❞**

约翰·坎宁安等，《古生物学的虚拟世界》，2014年

宽大的肩胛骨上有强壮的
肌肉，也许可帮助攀爬

每个前足（以及后足）都有五
个可抓握的趾，与现代的爬树
哺乳动物（如睡鼠）相似

弯曲的爪子
每趾都有弯曲的
爪，也许可在攀
爬时帮助抓握

热量的来源

　　所有动物都会通过新陈代
谢产生一些热量。冷血的爬行
动物依靠太阳获取热量，而温
血动物，包括哺乳动物，即使
在周围环境寒冷的情况下，也
可以产生足够多的热量来维持
较高的体温。它们通过燃烧专
门的棕色脂肪来实现这一点。
此外，它们还可以通过大脑中
的腺体——"下丘脑"来控制
昼夜体温。

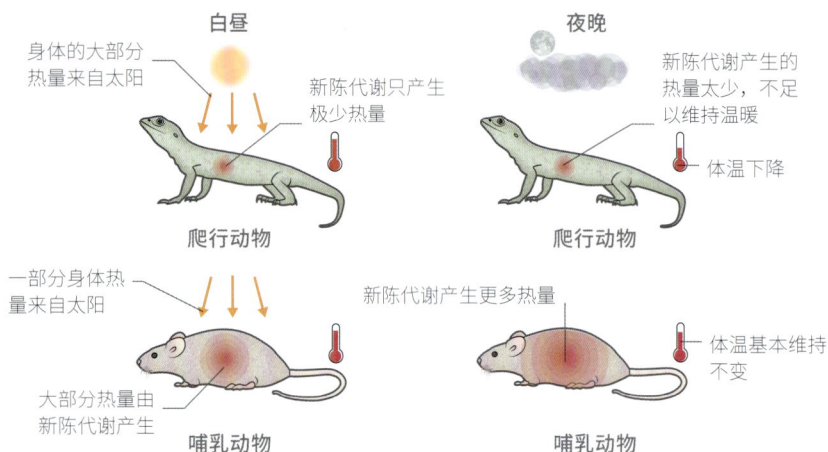

白昼

身体的大部分
热量来自太阳

新陈代谢只产生
极少热量

爬行动物

夜晚

新陈代谢产生的
热量太少，不足
以维持温暖

体温下降

爬行动物

一部分身体热
量来自太阳

大部分热量由
新陈代谢产生

哺乳动物

新陈代谢产生更多热量

体温基本维持
不变

哺乳动物

带毛的化石

左图是鼩鼱大小的始祖兽的骨骼化石，周围的岩石中可以看到皮毛的痕迹，明确显示这是哺乳动物。始祖兽生活在距今1.25亿年前的中国，在恐龙盛行的白垩纪巅峰，是现今有袋类和胎盘类哺乳动物（见第288、289页）的古老"姐妹"，但因其出现时间太早，而不能被归入这两个类群。

深色圈是这只动物全身皮毛的碳印记

尾椎骨延长，完整标本中整个尾部的长度是脊柱其余部分的两倍

始祖兽复原图

长而带爪的趾、可能有助于平衡的长尾巴，这些都表明始祖兽是一种敏捷的小型动物，可能会爬树。

厚厚的皮毛帮助留住体热

刺猬栖息在草地、灌木丛、林地中，寻找昆虫、甲虫、蠕虫为食

捕食性哺乳动物

现今的大部分哺乳动物，如上图这只西欧刺猬，都是夜行性的，说明类群进化早期就采取了夜间觅食的方式。更晚的类群，如松鼠和猴子，才有了白天活动的习性。

从冷血到温血

冷血的爬行动物在陆地上行走，依靠阳光来温暖自己，但它们的部分后代则进化出了不同的生存方式。哺乳动物，也就是温血动物，过得更加疯狂：尖牙化石表明它们曾追逐疾走的昆虫猎物，其骨骼表明它们成熟很快。有些化石甚至有一种新发明的印记：有毛的皮肤。它们的食物富含脂肪和蛋白质，为身体提供了能量，即使在寒冷的夜晚也能保持温暖。这有助于它们避免与主要在白天活动的爬行动物竞争。有了皮毛来保暖防寒，它们的后代可以在北极苔原等长期寒冷的栖息地生存，这些地方对它们的冷血近亲而言是不适宜生存的。

雷德迪尔河谷就像一道伤口，深深地刻在加拿大阿尔伯塔省的大草原上。这里有世界上最丰富的恐龙化石群。条纹山丘记录了白垩纪晚期（距今7 800万—6 600万年前）古老洲际海沿岸的生命。河谷是末次冰期（11 700年前）之后冰川湖排水形成的，暴露出白垩纪的松软沉积物。

雷德迪尔河谷

许多原住民居住在谷中，他们是这里最早的化石采集者。名为"恶地"的地区出产"伊尼斯基姆"——黑脚族的神圣水牛石，由菊石化石形成。

19世纪80年代，地质勘探者发现谷中有极其丰富的地质资源，包括厚厚的煤层和大量的恐龙化石。在谷中的一些地区，如省立恐龙公园、马贼峡谷，化石资源异常丰富，以致古生物学家要踏过一些化石骨架，才能去到最具科学价值化石的所在地。一些最为人熟知的恐龙生态系统就是这里发现的化石揭示的，化石的时间跨度达1 200万年，包括人们熟悉的暴龙、鸭嘴龙、角龙、驰龙等恐龙类群。与这些恐龙一起生活在繁茂亚热带气候中的还有各种各样的鱼类、蜥蜴、海龟、鳄鱼和早期哺乳动物。

化石蜷曲成"死亡姿势"，这在谷中的恐龙骨骼中很常见

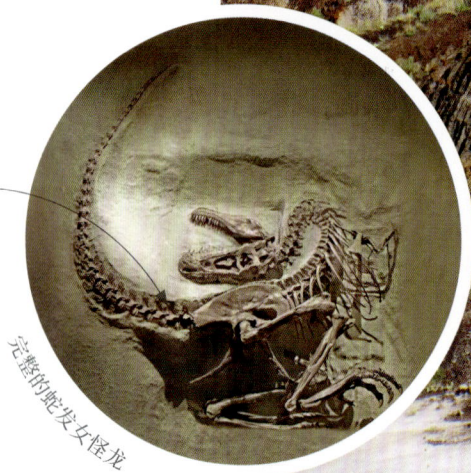

完整的恐龙女怪龙

多彩的峡谷

马贼峡谷中山丘的颜色由不同的岩石类型构成，反映了不同的环境。泥岩（棕色）、砂岩（白色）、铁石（橙色）和煤层（黑色）蕴藏着数百万化石，为古生物学家提供了白垩纪晚期生态系统的清晰图景。

自主飞行的起源

最早飞上天空的动物是昆虫，它们的翅膀由外骨骼的瓣状延伸进化而来。会飞的脊椎动物将前肢改造成了翅膀。鸟类还用一排坚硬的飞翔羽作为翼，其他脊椎动物则用皮肤，例如蝙蝠的指之间，翼龙的指和踝之间。

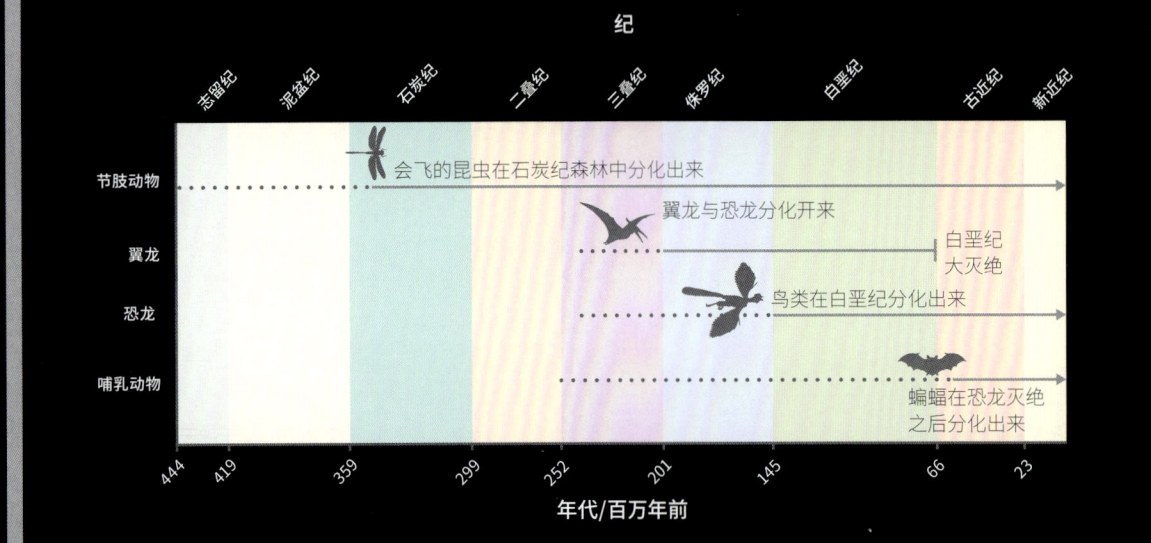

纪

节肢动物	会飞的昆虫在石炭纪森林中分化出来
翼龙	翼龙与恐龙分化开来 白垩纪大灭绝
恐龙	鸟类在白垩纪分化出来
哺乳动物	蝙蝠在恐龙灭绝之后分化出来

444 419 359 299 252 201 145 66 23

年代/百万年前

飞向天空

许多生物挣脱地心引力，飞入大气。天空成为快速跨越距离的捷径，摩擦力的阻碍很小，同时天空也是食物的潜在来源。植物和真菌散播种子、花粉、孢子，而飞行动物则进化出翅膀：宽到足以产生升力，但又足够轻薄。许多动物，例如"会飞的"鼯鼠，只是利用静止翼来滑翔（见第289页），但还有些动物拍打翅膀来产生向前的推力，使它们能够更充分地利用空气。今天的某些鸟类可以一次在空中停留数月之久。

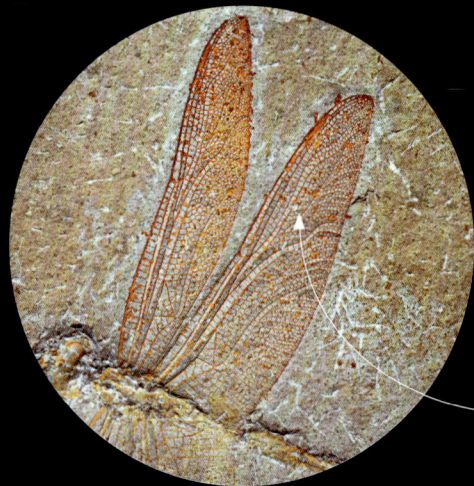

侏罗纪的蜻蜓

最早的飞鸟出现时，像左边化石中这只蜻蜓一样的昆虫已经在空中飞行了2亿年。

手指带有爬行动物的爪

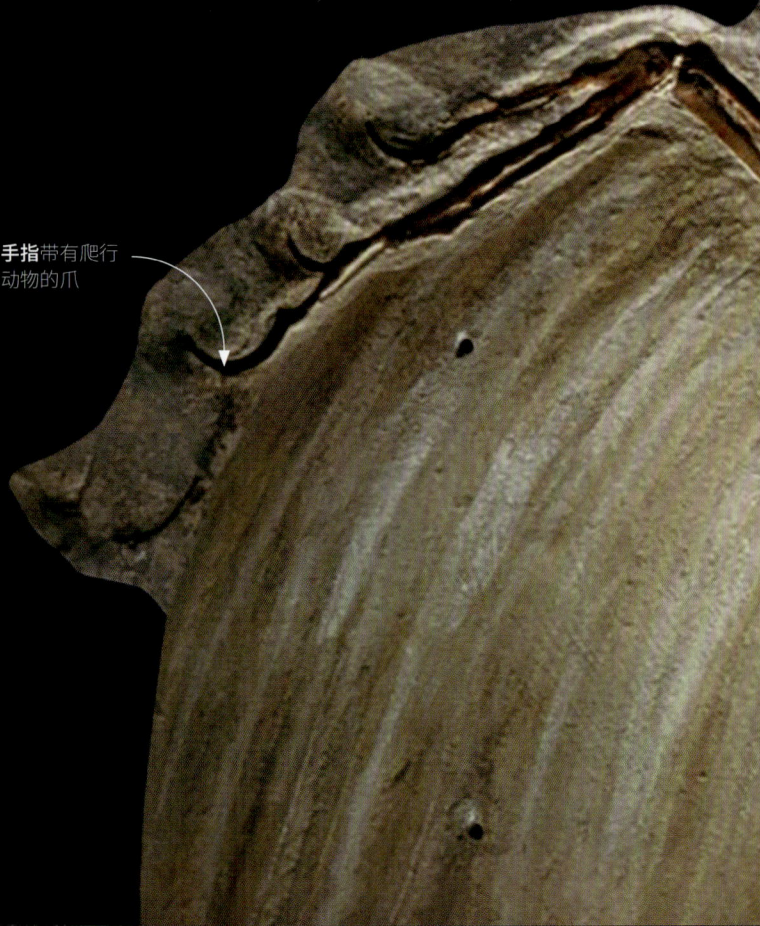

翅膀由外骨骼形成，与肢分离

最早的类鸟动物

所有飞行动物都是从陆地上的祖先进化而来的。鸟类是两脚食肉恐龙的后代。始祖鸟是古老的飞行恐龙之一，距今1.5亿年，已显示出过渡性特征。它有爬行动物的牙齿和尾巴，却又有类似鸟的喙和羽毛。科学家还不确定它是拍打翅膀还是仅仅滑翔。

可见长而硬的飞翔羽的**印记**，翼在飞行中产生升力

牙齿尖而小，说明可能以昆虫等小动物为食

类似鸟的尖喙

尾羽由长长的爬行动物骨质尾支撑，现代鸟类的尾羽长在骨断端之上

陆地巨兽

　　恐龙生活在距今2.52亿年至0.66亿年前的中生代，它们是陆地上有史以来体型最大的动物。动物要变高、变大，就要将吃下的食物转化为血肉，所以巨型动物的胃口都很大，恐龙可能将"吃"和高效的生理机能结合了起来，才得以变得巨大。它们的呼吸依靠辅助气囊系统，帮助肺部从空气中获取更多氧气。今天的鸟类是恐龙的后代（见第278页），它们的气囊则可以减轻身体重量，有助于飞行。恐龙的气囊还减轻了肌肉的负担，有助于行走。高氧的快速新陈代谢也意味着快速的生长：据估计，这些庞然大物的体重每年可增加2吨。

小的下颌有像钉子一样的小齿，可以切割树叶，但不能咀嚼树叶

霸王龙从鼻端到尾尖长约12米

长长的尾巴用以平衡身体其他部分

巨大的后肢骨骼支撑身体重量，但对腿部肌肉有更高的要求

小巧的二指前肢可能很少用于攻击猎物，尽管某些专家认为它是有效的击杀工具

巨大的捕食者

　　捕食者进化得更大了，能够捕猎大型的猎物，极其锋利的武器也有助于更快地杀死猎物，并减少被其挣扎所伤的风险。霸王龙是兽脚亚目食肉恐龙的一种，这类恐龙以两条腿行走（见右图）。霸王龙及其他兽脚亚目巨型恐龙有很大的头和下颌。猎物化石上的齿痕表明，这种动物的咬合力比现今任何捕食者都大。

具有爪的大后足可能用于击杀猎物或撕裂尸体

颈长6米，至少有15节椎骨

每节颈椎都有空腔，表明可能含有减重的气囊

长长的尾巴由80节椎骨组成

锥形尖牙类似于现代鳄鱼的牙齿，可刺穿猎物的血肉和骨头

巨大的下颌可产生高达6吨的力量

五趾短足只有很少的骨骼，帮助支撑巨大的身体

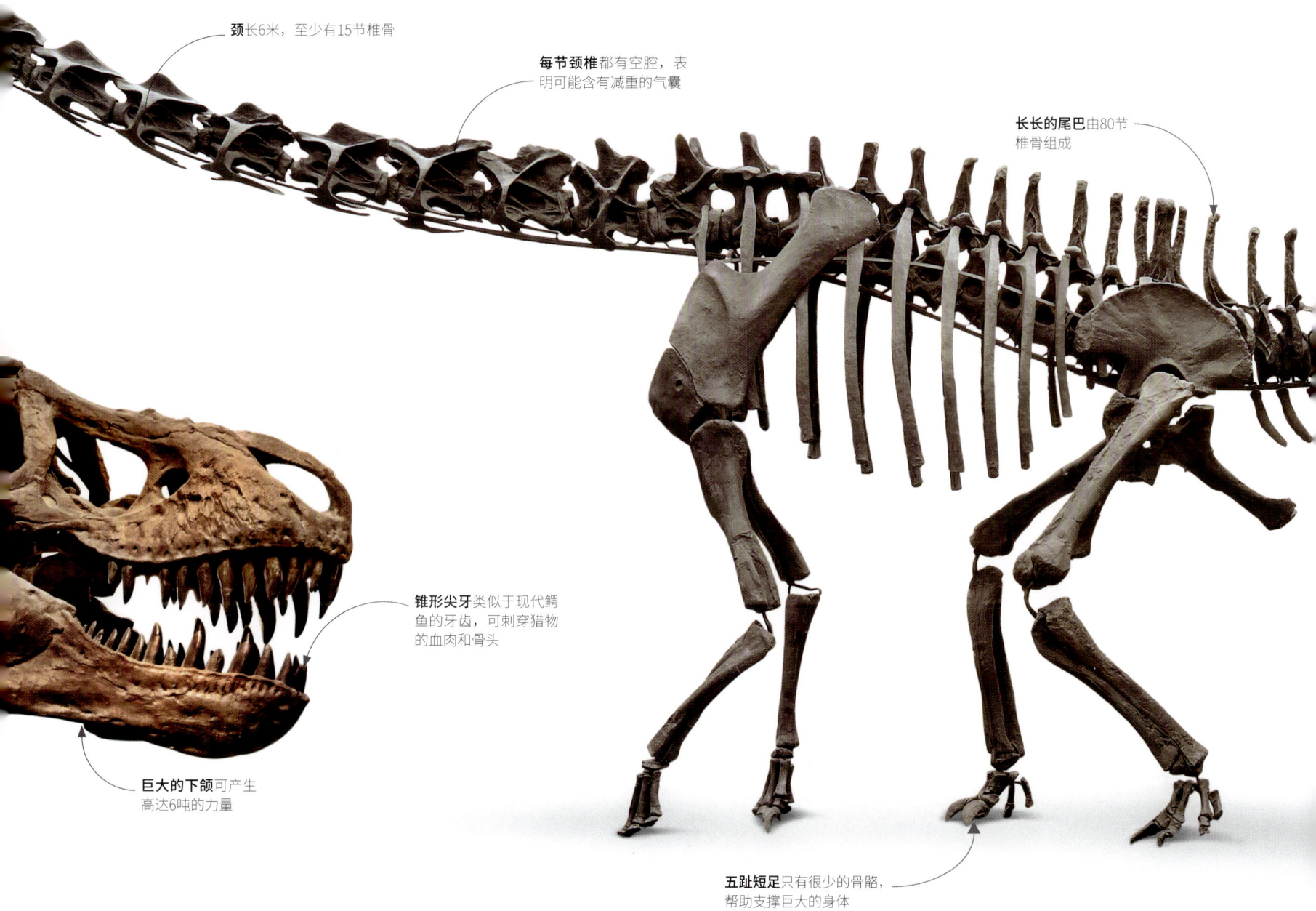

从脚印推测生活

　　足迹化石可用于估算恐龙的行走速度。通过测量两次前足和后足印记之间的距离，科学家可以估算步长，再结合从出土骨骼得知的肩到髋的长度，还可以计算出恐龙可能的速度。蜥脚下目泰坦巨龙的足迹表明，其步态迟缓，时速不到5千米，这很符合花很长时间消化食物的大型食草恐龙的步态。

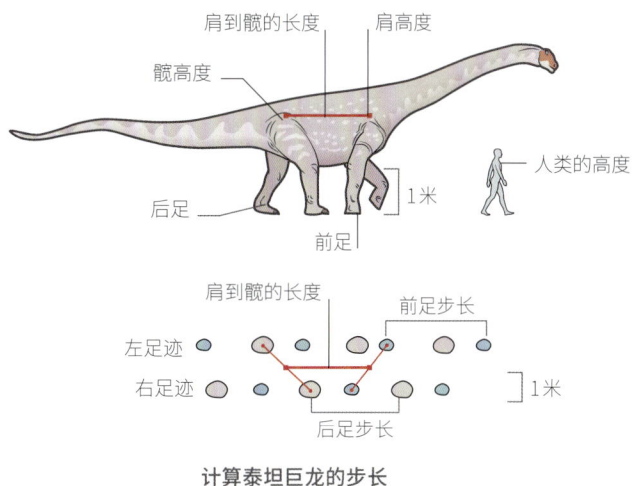

肩到髋的长度　　肩高度

髋高度

后足

前足

1米

人类的高度

肩到髋的长度

左足迹　　　　　　　　　　前足步长

右足迹

后足步长

1米

计算泰坦巨龙的步长

巨大的食草动物

　　最大的恐龙是食草而长颈的蜥脚下目恐龙，例如梁龙（见上图），其平均身长为27米。它们的牙齿表明，它们将一整口树叶吞下，然后依靠巨大的肠道花很长的时间消化食物。长颈可以让头部扫过宽阔的弧，使它们能够待在一个地方观望广阔的区域。

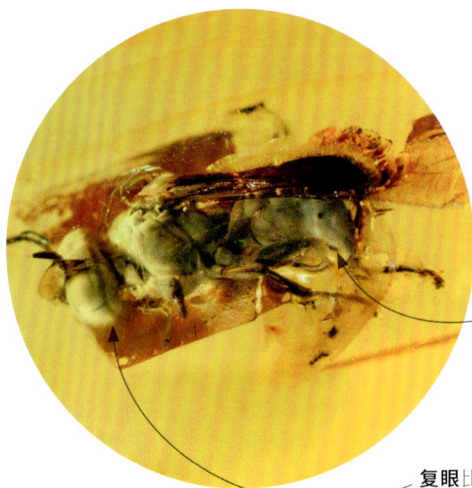

蜜蜂化石

蜜蜂等昆虫类群崛起于恐龙灭绝之后，与开花植物一起分化出来。左边这只5000万年前的蜜蜂被包裹在波罗的海的琥珀中。琥珀是固化的树脂，里面会有许多小型史前动物，包括会飞的昆虫等。

后腿上的带毛**空腔**可携带花粉

复眼比甲虫更大，可能有更多的色彩受体

触角有11节，可能带有传感器，用于探测刺鼻的苏铁锥状体，就像今天的澳洲蕈虫

早期传粉者

白垩纪（距今1.45亿—0.66亿年前）为人所知是因为它是恐龙称霸的末期，不过它也是植被和昆虫发生重大变化的时期：随着开花植物的分化，锥体种子植物（如苏铁）逐渐衰落，传粉者也随之改变。锥体植物依靠甲虫和苍蝇授粉，最早的花可能也由它们传粉，但后来的艳丽甜香花朵吸引了蜜蜂等膜翅目昆虫，其舔食口器也适应采食花蜜。

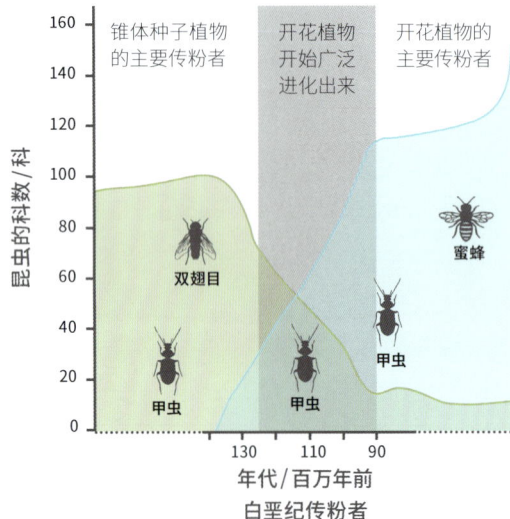

锥体种子植物的主要传粉者

开花植物开始广泛进化出来

开花植物的主要传粉者

双翅目

甲虫

甲虫

甲虫

蜜蜂

昆虫的科数/科

160
140
120
100
80
60
40
20
0

130 110 90

年代/百万年前

白垩纪传粉者

最早的花朵

将一系列现存植物科的花朵与化石相比较之后，生物学家重建了白垩纪早期花朵最可能的样子。粗壮、花瓣厚实的花朵类似木兰。和木兰以及之前盛极一时的苏铁一样，它很可能由色觉差、具有咀嚼口器的甲虫传粉。花粉、花蜜和花的一部分也可能曾是昆虫的食物来源。

中间一轮雄蕊产生花粉，蹭到甲虫身上

中心一圈雌蕊含有卵，由其他植株的花粉受精

外圈一轮厚厚的花瓣抵御传粉甲虫的咀嚼口器

远古花朵复原图

苏铁的传粉者

右边这只大约1亿年前的名为"喜苏铁白垩似扁甲"的甲虫在化石琥珀中保存得如此完好，以致可以笃定地将其归为澳洲蕈虫科，这一科的甲虫至今仍在为苏铁传粉。而且，值得注意的是，在这块琥珀中还发现了苏铁的花粉颗粒。苏铁会产生大量的花粉，一部分被牺牲用来喂甲虫，另一部分由甲虫携带去使邻近植株受粉。

传粉昆虫

植物有着与周围动物不同的命运。食草动物驱使许多植物制造出难以入口的化学物质，而动物的回应则是进化出解毒的方法。但在恐龙时代，昆虫与种子植物进化出了一种互惠互利的关系：昆虫携带花粉，帮助植物的有性繁殖，而植物则以美餐回报。这种关系始于长锥体的苏铁，它是风媒传粉针叶树（见第299页）的远亲。这种安排如此成功，以致改变了生物地球的面貌。一种新的种子植物进化出来，以花朵代替锥体，地球也因此繁花盛开。

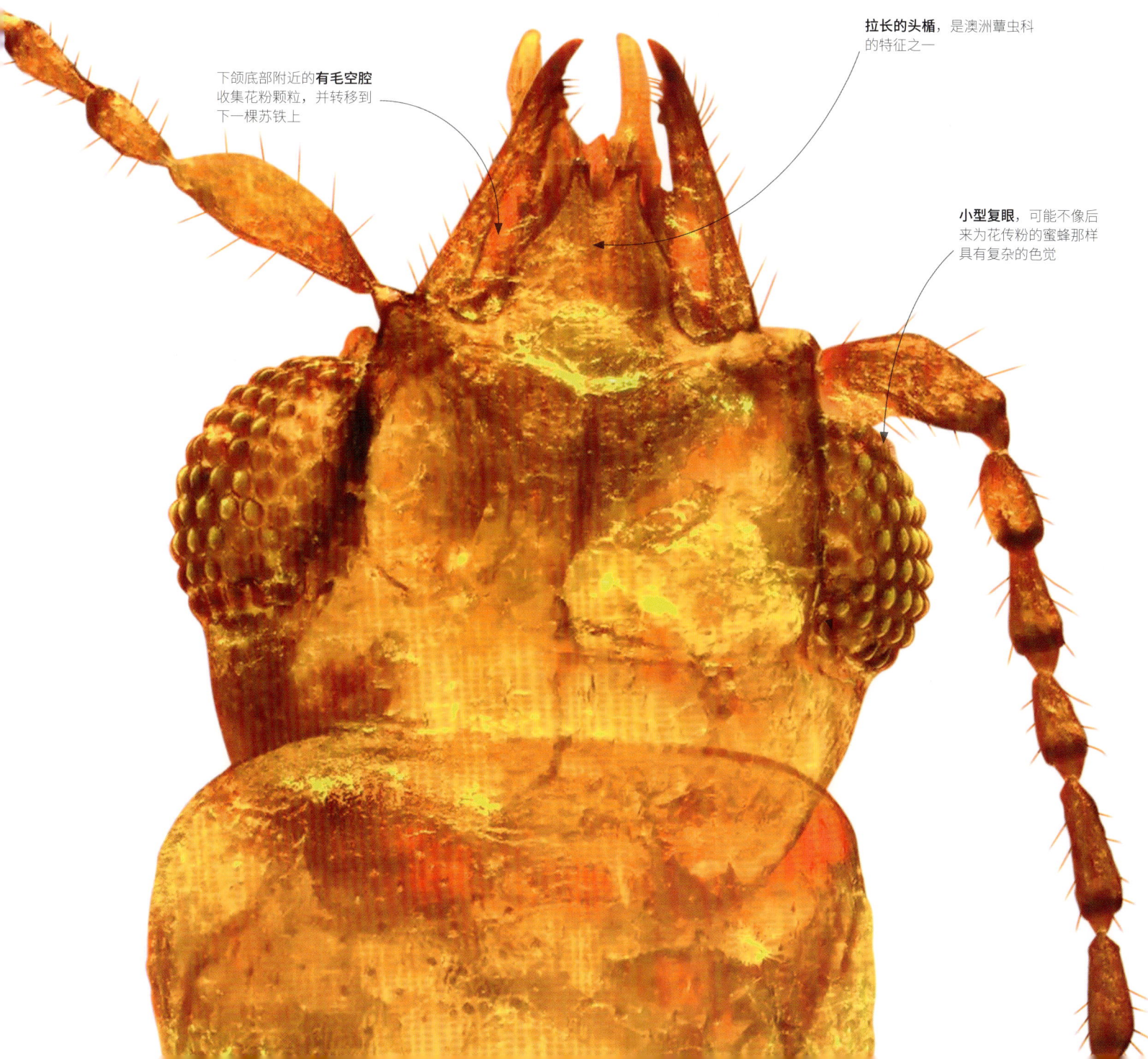

下颌底部附近的有毛空腔收集花粉颗粒，并转移到下一棵苏铁上

拉长的头楯，是澳洲蕈虫科的特征之一

小型复眼，可能不像后来为花传粉的蜜蜂那样具有复杂的色觉

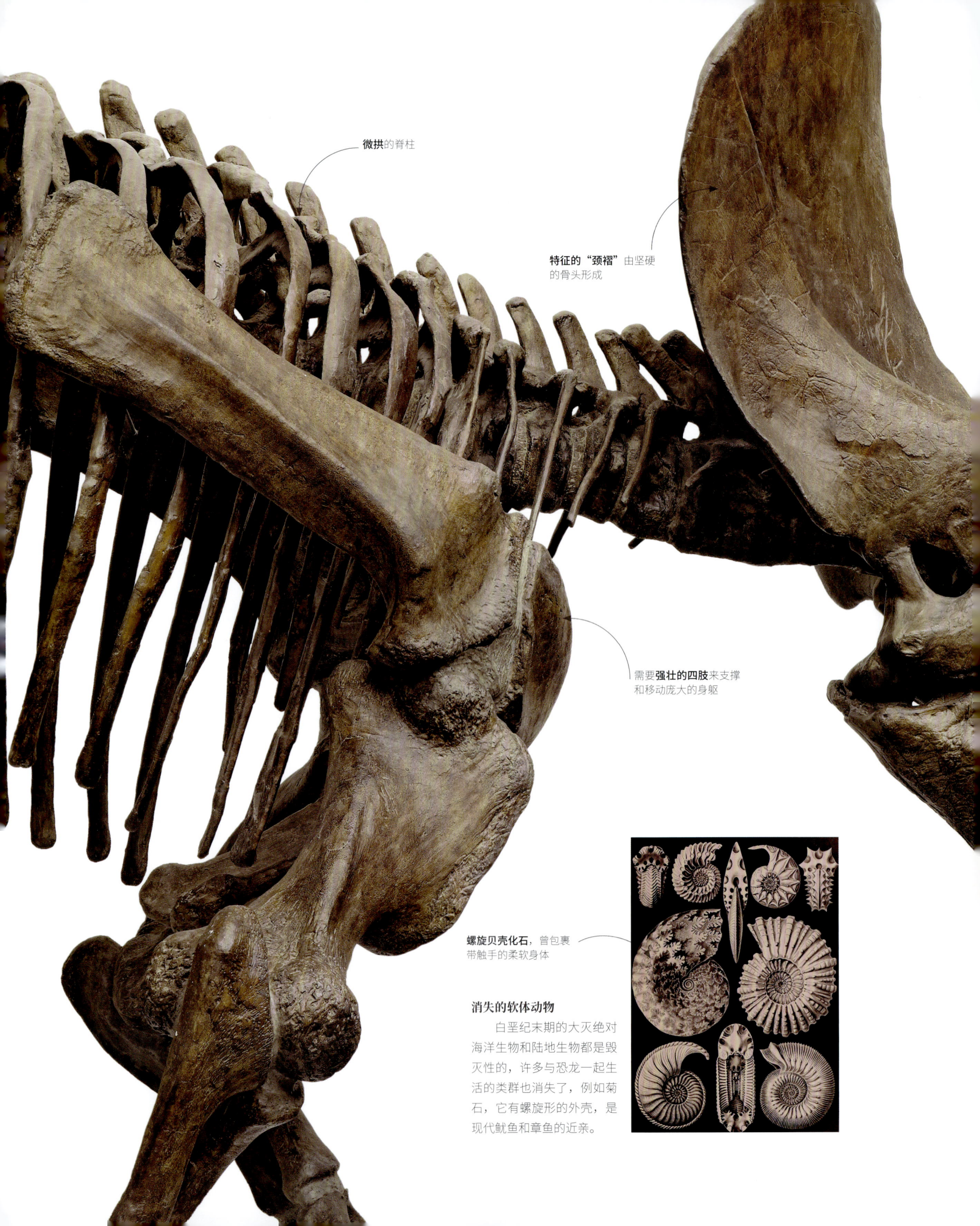

微拱的脊柱

特征的"颈褶"由坚硬
的骨头形成

需要**强壮的四肢**来支撑
和移动庞大的身躯

螺旋贝壳化石，曾包裹
带触手的柔软身体

消失的软体动物

白垩纪末期的大灭绝对
海洋生物和陆地生物都是毁
灭性的，许多与恐龙一起生
活的类群也消失了，例如菊
石，它有螺旋形的外壳，是
现代鱿鱼和章鱼的近亲。

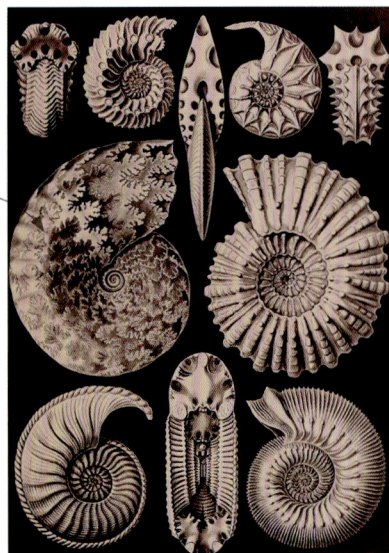

最后的恐龙

到白垩纪末期，地球有大量的恐龙，例如下图的三角龙，但它们长期成功的统治已受到亚洲大规模火山喷发（所谓"德干暗色岩"）的威胁，火山喷发释放了有毒气体。小行星撞地球是致命一击：化石记录突然中断，说明这在1 000年之内杀死了所有的恐龙。三角龙进化出一系列有效的防御和进食特性，但这些并没有让它准备好迎接灾难。

小行星撞击的证据

1978年，地球物理学家在岩石中发现了异常，表明墨西哥湾曾遭一颗巨大的小行星撞击。这次撞击留下了200千米宽的陨石坑，其中心位于现在尤卡坦半岛北端的希克苏鲁伯附近。世界各地的白垩纪末期岩石中还发现了薄薄的铱带，而铱是小行星中的常见元素，这表明小行星撞击后的残骸散落到了很远很远的地方，影响真正波及全球。

被撞击硬化的不透水岩石布满小行星撞击附近的区域

可能是陨石坑边缘，现已被掩埋

墨西哥湾

N

0　50千米
0　50英里

尤卡坦半岛

希克苏鲁伯陨石坑

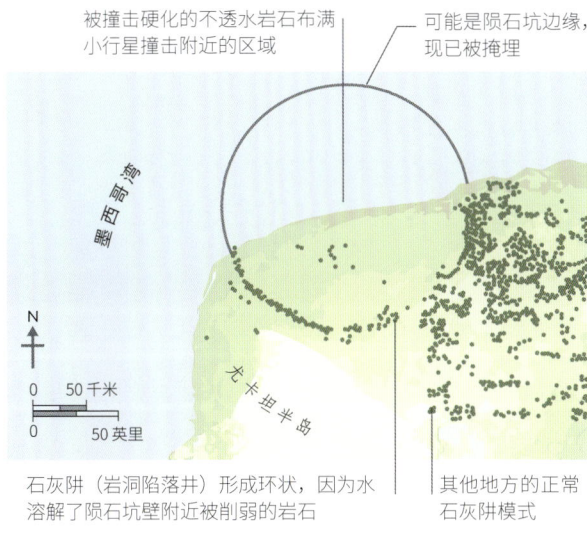

石灰阱（岩洞陷落井）形成环状，因为水溶解了陨石坑壁附近被削弱的岩石

其他地方的正常石灰阱模式

头骨为陆地动物巨大头骨之一，占6吨体重的1/3

角可能用于防御或求偶

较小的第三只角，由此得名三角龙

恐龙之死

地球诞生之后曾遭小行星撞击，单细胞生命也起源于此时，但它诞生于海床之上，这可能帮助了它免受伤害。从那时起，撞击地球的小行星大多数都太小，无法对生物圈产生持久的影响，因此生命得以进化得异常复杂。但在大约6 600万年前，一颗小行星撞击地球，并改变了进化的进程。它将烟尘散播到大气中，使地球陷入了持续数千年的黑暗寒冬，3/4的动植物物种因此灭绝，包括巨大的恐龙。

成排的毛边齿可以撕碎叶片硬质的植物，例如当时繁盛的苏铁

喙状无齿颌骨端可能用于抓取植物

地球上的生命

昆虫

梅塞尔坑中发现了超过2万件昆虫化石，代表了现今所有的主要类群。翅膀、触角、眼睛等精细特征都被保留。在某些标本中，外骨骼的纳米反光结构仍清晰可见，不仅使化石有虹彩，而且让科学家能够重建这些古老昆虫的鲜艳色彩。

虹彩清晰可见

精细的后翅结构
被保留下来

步行虫

吉丁虫

冷血脊椎动物

始新世温暖的温室气候孕育了丰富多样的鱼类、两栖动物和爬行动物。梅塞尔湖及周围的亚热带森林中有30多种爬行动物，如乌龟、蜥蜴、蛇、鳄鱼。有些骸骨定格于最后的时刻：正在交配的成对乌龟、胃里还装着最后一餐的蛇。

多刺背鳍**骨骼**与现今的鲈鱼相似

踝骨不融合，与今天的青蛙不同

鱼

蛙

温血脊椎动物

梅塞尔坑中发现了种类繁多的哺乳动物和鸟类。它们是现今主要动物类群的早期代表，表明始新世的生态系统已开始接近现代的生物群落。有蹄的原马与早期的貘、原始啮齿动物、树栖灵长类动物共同栖居。蝙蝠与真正的鸟类一起在天空飞行。该地区已知有70多种鸟类。

涉水鸟类的典型**长腿**

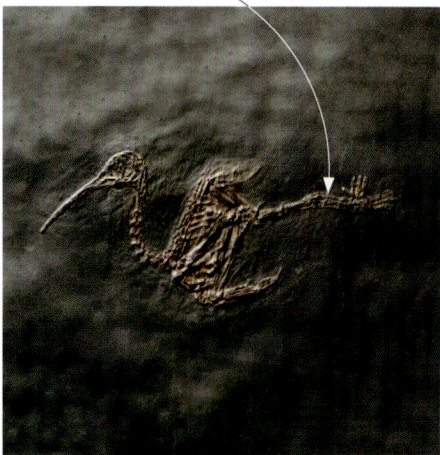

上肢骨之间有**翼膜**

鹬

蝙蝠

化石库

世界上化石保存极好的沉积矿床被称为"化石库（Lagerstätten）"，这个词在德语中意为"储藏地"。梅塞尔坑便是其中之一，它是德国的古火山湖遗迹，为了解4700万年前始新世的生态系统提供了无与伦比的窗口。此地目前已发现53 000多件动植物化石。湖底缺氧且没有水流，确保了化石保存完好。不过科学家仍在争论为什么会有如此多物种形成化石。一种解释是湖中定期释放有毒气体，杀死了周围亚热带森林中的动物；另一种解释可能是藻类大量繁殖，毒死了饮用湖水的动物。

产卵器大而突出

寄生蜂

隆起的背甲，被沉积物压实

龟

带中央突起的鳞片有助于穿过植被

巨蜥

从**残骸可见强大的躯干**肌肉，可勒紧猎物

蛇

下颌肌肉结构类似豚鼠或豪猪

啮齿动物

脚趾对生，适合攀爬

灵长目动物

类似犀牛的牙齿，与貘和犀牛都可能有先祖关系

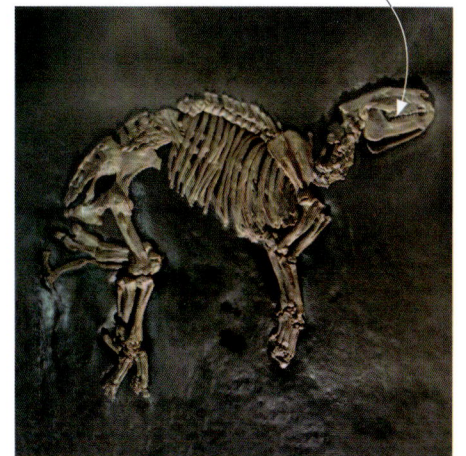

类似貘的有蹄动物

哺乳动物的时代

　　生物在进化过程中会逐渐扮演起生物圈的不同角色，或者说占据各自的地位。一亿多年前，恐龙还称霸陆地时，哺乳动物扮演着小型夜间猎手的角色。恐龙灭绝后（见第284、285页），胎生哺乳动物崛起，占据了原来恐龙的地位，因缺乏竞争而分化出新种类的食草动物和食肉动物。它们分出了两大类：在育儿袋中养育幼崽的有袋动物和在子宫中哺育幼崽更长时间的胎盘动物。不过有些进化轨迹趋同了，例如澳大利亚的食肉有袋类就变得类似世界其他地区的胎盘类大型猫科动物。

脊椎延伸成长尾
（该标本缺失）

肘关节允许带爪的前肢大幅度旋转，也许是为了在颌骨咬住猎物后辅助抓住

袋狮骨骼

　　袋狮生活在200万年前，是澳大利亚的顶级捕食者之一。它拥有大型猫科动物的尖牙利爪，但作为有袋类，它与现代袋鼠和袋熊的关系更密切。它占据的生态位类似真正的猫科动物。袋狮可能会爬树，也许是为了隐藏自己的猎获，与今天的非洲豹、亚洲豹相似。

从比例上说，**后肢**短于真正的狮子，这限制了它的奔跑速度

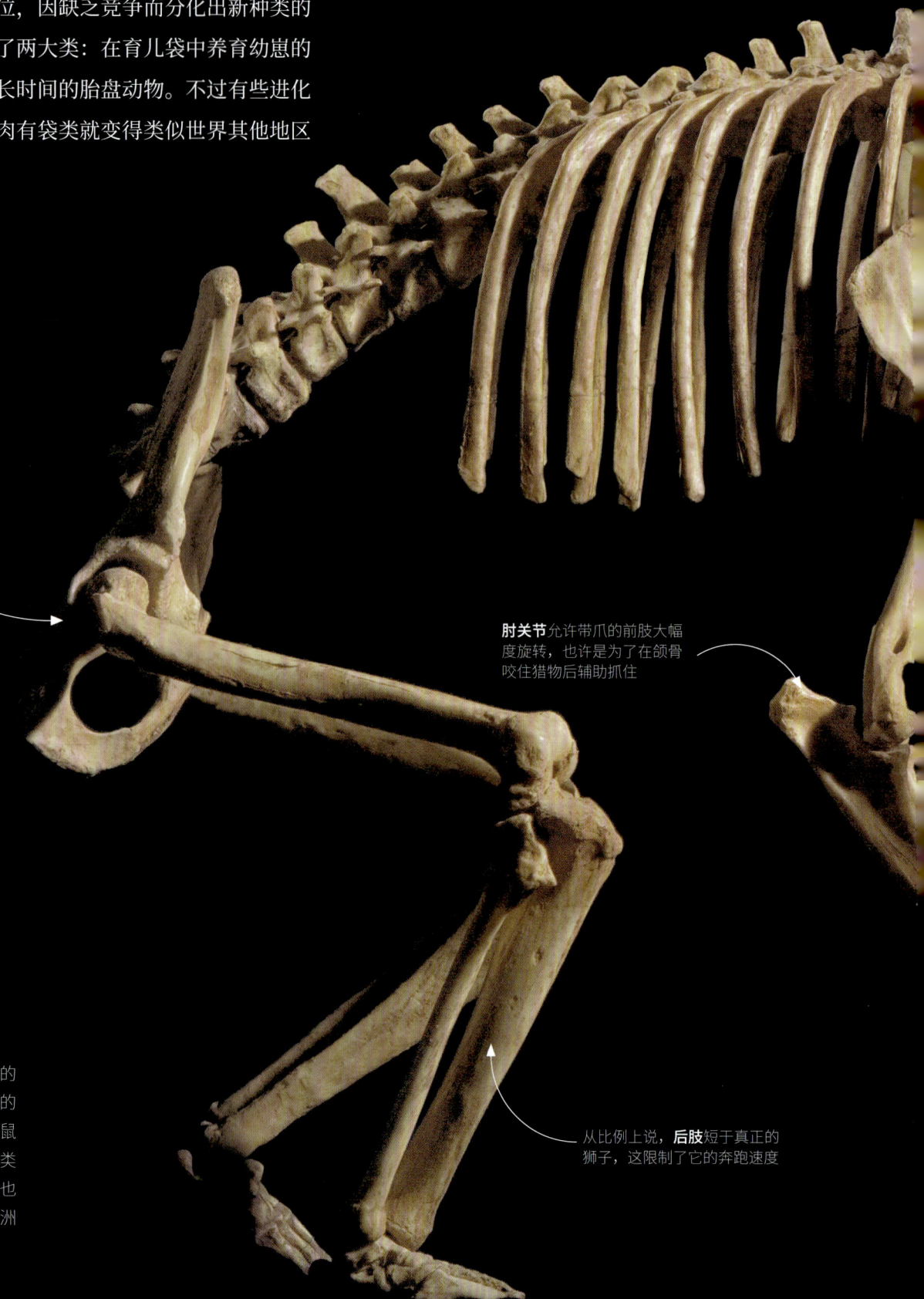

类似**猫科动物**的短小头骨和扩大的下颌，说明这种动物可能拥有已知哺乳动物中最强的咬合力

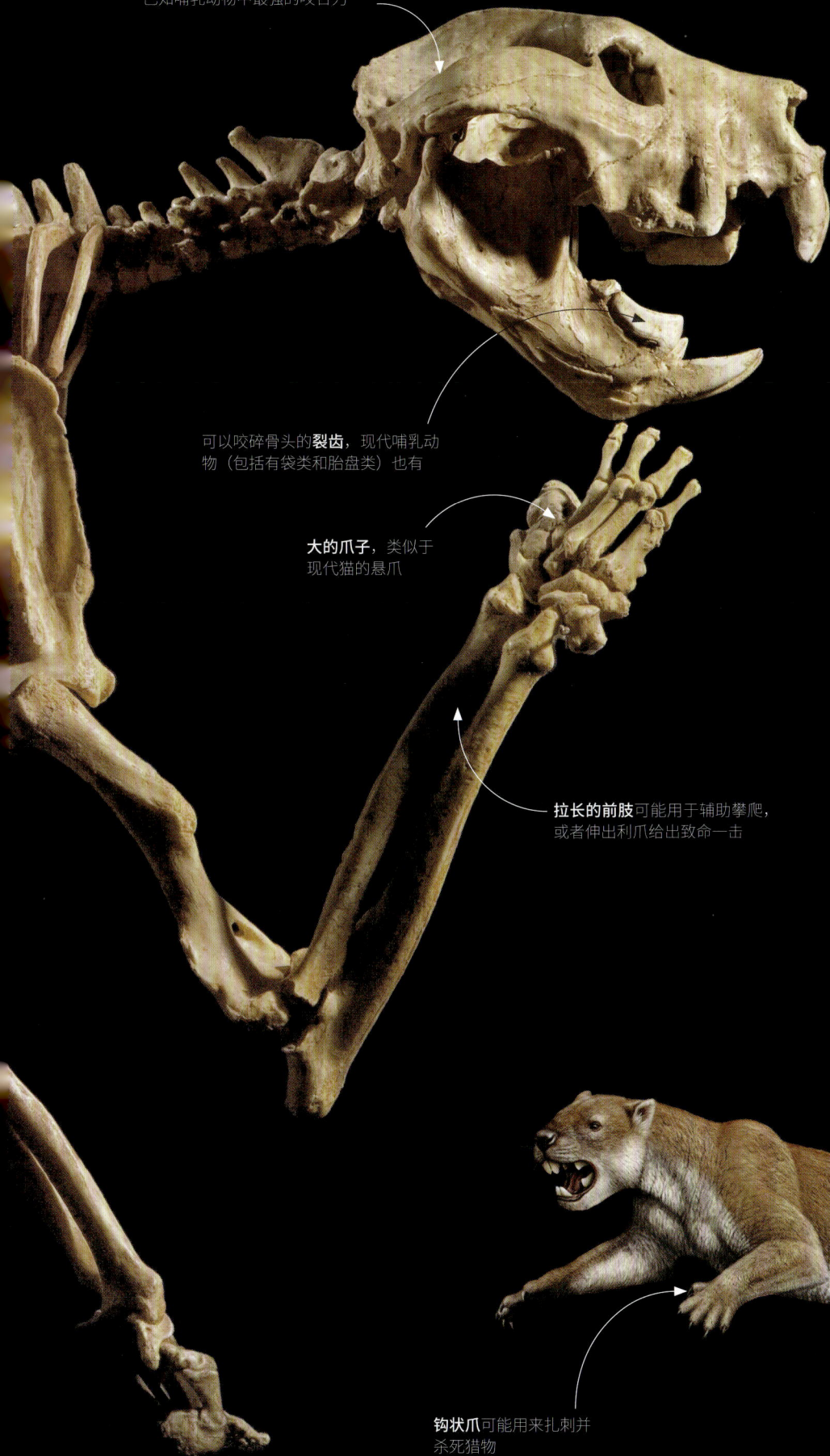

可以咬碎骨头的**裂齿**，现代哺乳动物（包括有袋类和胎盘类）也有

大的爪子，类似于现代猫的悬爪

拉长的前肢可能用于辅助攀爬，或者伸出利爪给出致命一击

钩状爪可能用来扎刺并杀死猎物

趋同进化

  尽管哺乳动物分化为胎盘类和有袋类，但经过6 000万年的独立进化后，也出现了许多趋同。无亲缘关系的物种在世界不同地区占据相似的生态位时，就会有相似的适应性改变，于是出现趋同。有些树栖动物都进化出了降落伞般的皮膜，可以在树枝间滑翔，而在地面生活的食昆虫动物则都发展出长长的舌头，以舔食蚂蚁和白蚁。有袋鼹鼠和胎盘鼹鼠表现出惊人的趋同：特别喜欢穴居的猎物、铲子般的脚、适应地下生活而减弱的视力。

在澳大利亚的森林中滑翔

生活在北美的森林中

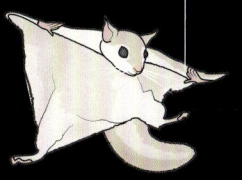

蜜袋鼯

鼯鼠

在澳大利亚的林地中吃白蚁

在南美的草原上吃蚂蚁和白蚁

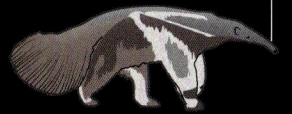

袋食蚁兽

食蚁兽

在澳大利亚的沙丘上挖洞

在欧洲的林地中挖洞

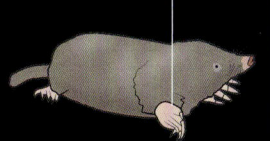

袋鼹

欧洲鼹鼠

有袋类哺乳动物

胎盘类哺乳动物

长尾可能有助于平衡，类似现代袋鼠

伏击的捕食者

  前肢长而有力，配有巨大的钩状爪，而后肢较短，这表明袋狮可能更多依靠伏击而不是速度来捕杀猎物。

迁徙中的食草动物

斑纹角马依赖非洲稀树草原来获取食物，因为草占其食物的90%。右图是肯尼亚的马赛马拉，这里每年都有成千上万的斑纹角马跟随季节性降雨迁徙，因为降雨会产生最好的牧草。

马用嘴唇裹住草，**送进嘴里**

温带食草动物

在中亚大草原上，普氏野马（见左图）在夏季寻找最好的牧草，囤积脂肪，以帮助度过草不生长的冬季。

从食叶到食草

吃地上草的哺乳动物是始祖马、渐新马等食叶动物（吃更高木本植物的叶子、嫩芽、果实）的后裔。更专门的食草动物，如草原古马和现代的马、驴、斑马，有冠更高、根更深的颊齿，其上还有脊，可以自行磨得锐利。它们先用门齿切断植被，然后下颌左右移动，以颊齿磨碎草叶。

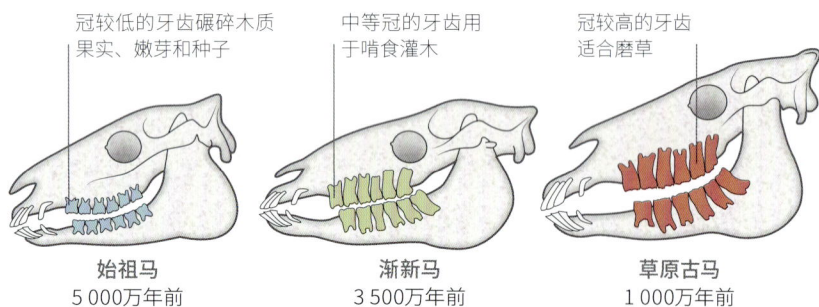

冠较低的牙齿碾碎木质果实、嫩芽和种子

中等冠的牙齿用于啃食灌木

冠较高的牙齿适合磨草

始祖马
5 000万年前

渐新马
3 500万年前

草原古马
1 000万年前

草地

没有哪一类植物能像草类一样对现代生物圈栖息地的性质产生了如此大的影响。草以二氧化硅碎渣保护自己，这使它们很难咀嚼。其叶子从基部长出，被任何食草动物"攻击"后都能迅速再生。这些特性也帮助它们取得了成功，尤其是在小行星撞击地球导致恐龙和诸多生物灭绝之后（见第284、285页）。小行星撞击后的"新"生物圈中，森林衰退，草类繁盛，以致创造了一种完全不同的栖息地：开阔、稀树的草原，由大型哺乳动物（见第302、303页）主宰的新世界。

泰坦鸟

泰坦鸟身高约1.5米，是不会飞的捕食性鸟类，在南美洲进化出来，但南北美洲相连时往北迁徙了。在北美洲，它成为可怕的捕食者之一，成功捕食当地也许不曾惧怕过鸟类的哺乳动物。

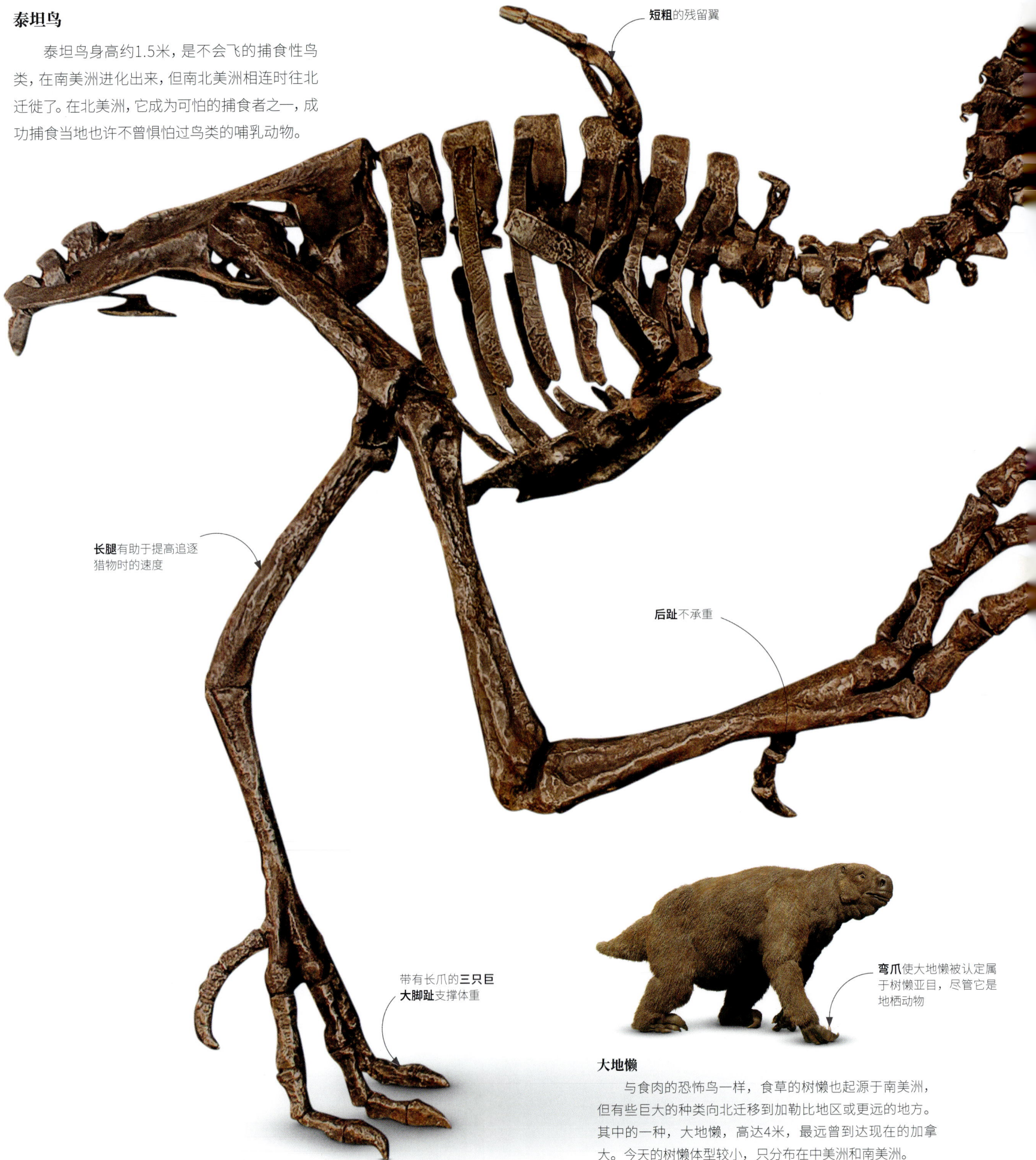

短粗的残留翼

长腿有助于提高追逐猎物时的速度

后趾不承重

带有长爪的**三只巨大脚趾**支撑体重

弯爪使大地懒被认定属于树懒亚目，尽管它是地栖动物

大地懒

与食肉的恐怖鸟一样，食草的树懒也起源于南美洲，但有些巨大的种类向北迁移到加勒比地区或更远的地方。其中的一种，大地懒，高达4米，最远曾到达现在的加拿大。今天的树懒体型较小，只分布在中美洲和南美洲。

颅骨被加固，以支撑
大喙的重量

深刃喙用于抓住和切割猎物

迁徙的生命

　　地球不断变化的地理环境在其生物圈的演变过程中起着举足轻重的作用。数百万年来，随着大陆的漂移和岛屿的隆起，动态的地球有助于塑造动物的分布，例如袋鼠生活在澳大利亚，南美洲有树懒，不会飞的鸟类位于海洋岛上。当大陆分裂、碰撞时，其上动物也随之变化。几百万年前，当北美洲和南美洲汇合时，不同的世界戏剧性地相遇，在不同大陆上生活的动物突然与自己的同类相遇，而它们自恐龙时代以来就一直分离。

南北美洲生物大迁徙

　　哺乳动物类群各自在分离的南北美洲独立进化。例如，骆驼在北美洲进化出来，而树懒则起源于南美洲，但它们都是大迁徙的一部分，先通过加勒比群岛，后又通过连接两块大陆的地峡。树懒向北迁徙，而今天的原驼（早期骆驼的后代）则是迁居到南美洲的。

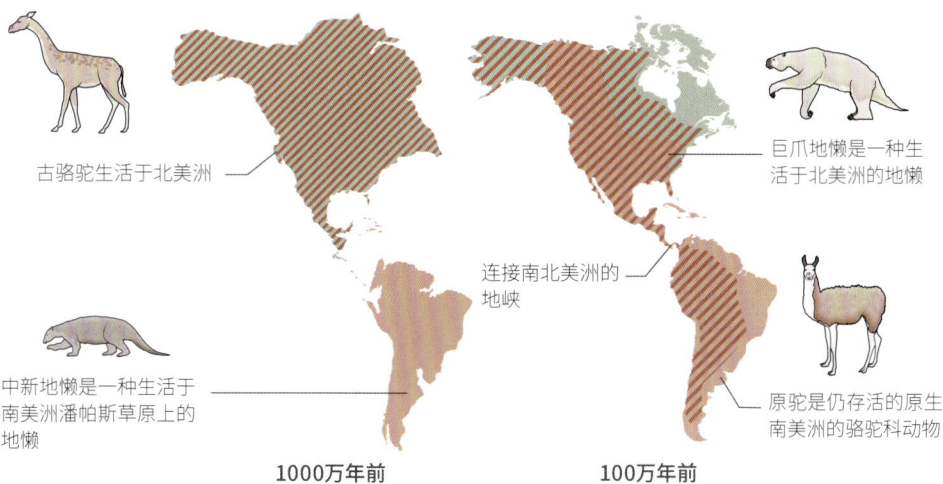

古骆驼生活于北美洲

中新地懒是一种生活于南美洲潘帕斯草原上的地懒

巨爪地懒是一种生活于北美洲的地懒

连接南北美洲的地峡

原驼是仍存活的原生南美洲的骆驼科动物

1000万年前　　　　100万年前

图例

⫽ 骆驼科动物　　■ 异关节总目动物（树懒、食蚁兽、犰狳）

与世隔绝的岛屿

　　海床上火山喷发形成新的陆地，或漂移的大陆分离出碎块，便形成了岛屿。这两种情况都可以有新的生命孤立地进化出来。要占据火山岛必须跨海，但由于没有捕食者或强大的竞争者，先锋种的进化可以完全不同。毛里求斯的渡渡鸟体型庞大又不会飞，其祖先是从亚洲飞来的鸽子。但和许多岛屿的物种一样，进化使它们无法抵御外来者，渡渡鸟就未能逃过人类猎手的屠杀，于1662年左右灭绝。

厚喙用来碾碎种子

短翅

不会飞的渡渡鸟
Raphus cucullatus

猛犸草原

这片广袤的草原从欧洲横跨亚洲北部一直延伸到加拿大，曾是历史上面积最大的单一生物群落区，为冰期的食草动物提供了吃草之地。如此大量的水被锁在冰雪中，以致这片大陆栖息地比今天的苔原更干燥。如今，大部分草原已被北方针叶林（见第298、299页）取代，但中亚仍有零星的草场。

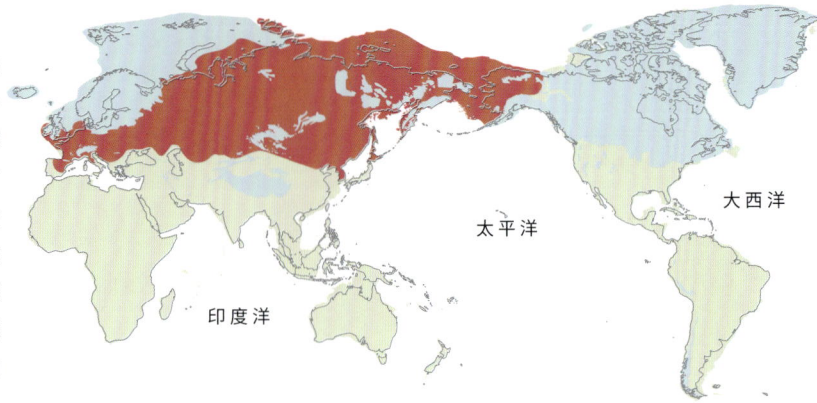

更新世冰期的猛犸草原

太平洋

大西洋

印度洋

图例

■ 猛犸草原
■ 冰原
■ 陆地
— 今天的海岸线

度过冰期

　　寒冷是生命之敌：它会减缓新陈代谢，冰冻又会杀死组织。如今，最寒冷的地方在两极，那里的太阳光太弱，无法提供太多的温暖，因此生命必须适应。在史前历史中，地球轨道倾斜或大陆漂移曾导致世界部分地区完全被冰雪覆盖。最近的冰期开始于250多万年前的更新世，在其最寒冷的冰川期（见第233页），北美洲和欧亚大陆的广大地区都被北极冰原覆盖，其外是天寒地冻的大草原，耐寒的大型哺乳动物在这里吃草，极少有其他物种能做到。

雄性和雌性都有**弯曲的獠牙**，比今天的大象更长、更弯

冰期的犀牛

　　披毛犀进化出了庞大的体型和蓬松的长毛，以保持体温，就像猛犸象一样。这也是趋同进化（见第289页）的一个例子。

肩部驼峰里有脂肪、肌肉和发达的颈部韧带，以支撑头和角。

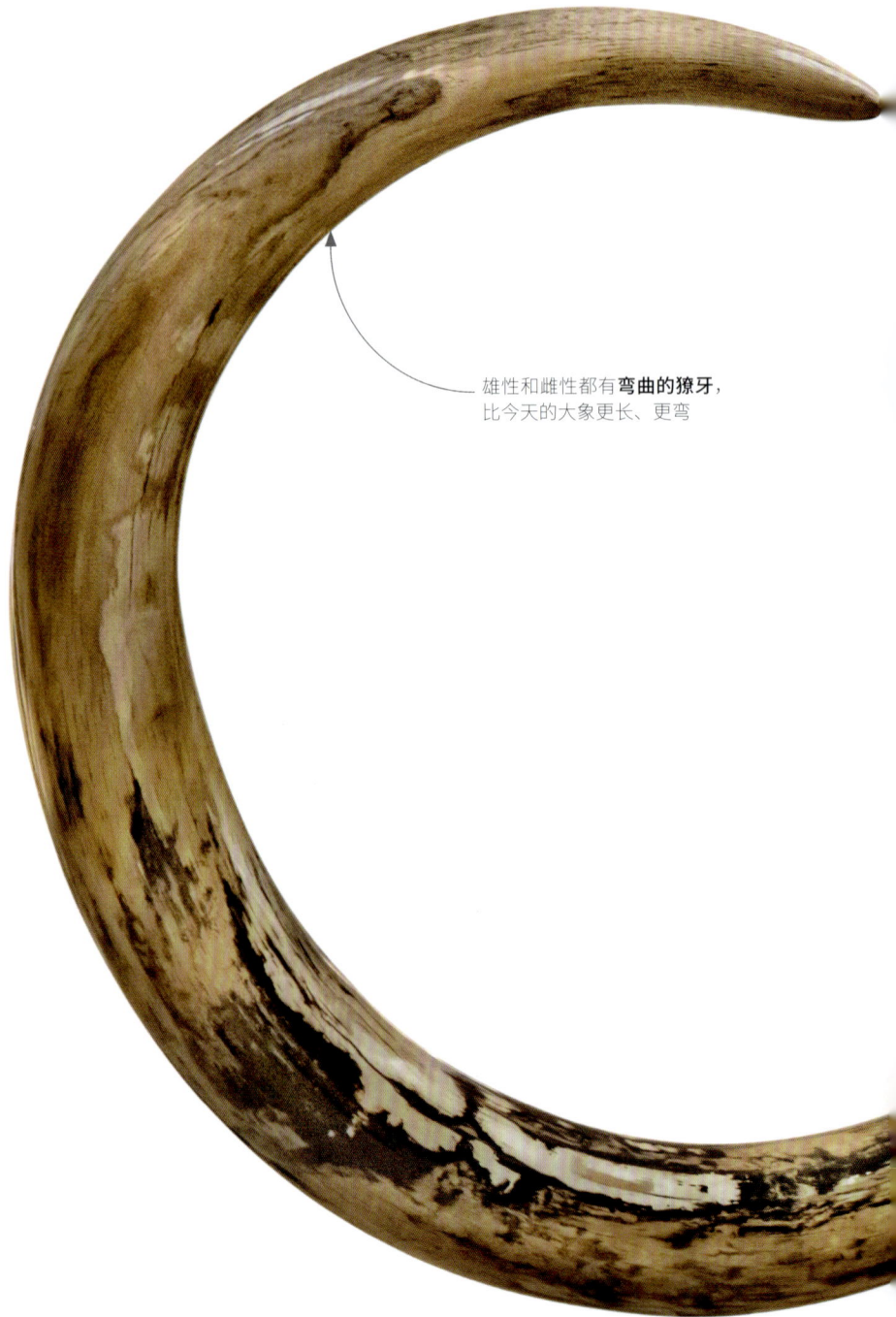

冰期的猛犸象

真猛犸象是热带大象的后裔，是著名的在更新世冰期繁盛的动物之一。保存于零度以下环境的猛犸象遗骸表明，它们生前具有适应寒冷的新陈代谢，并以皮下脂肪层和厚厚的皮毛来保温。它们也比任何尚存的大象更依赖草食。

保存下来的样本显示獠牙向下、向外螺旋生长

长而隆起的头骨，类似今天的亚洲象——现存动物中它最近的近亲

下颌有臼齿（颊齿），上有复杂的齿脊，用以碾磨草原的硬草和莎草

骨骼化石显示，真猛犸象的体型与现代非洲草原象相当

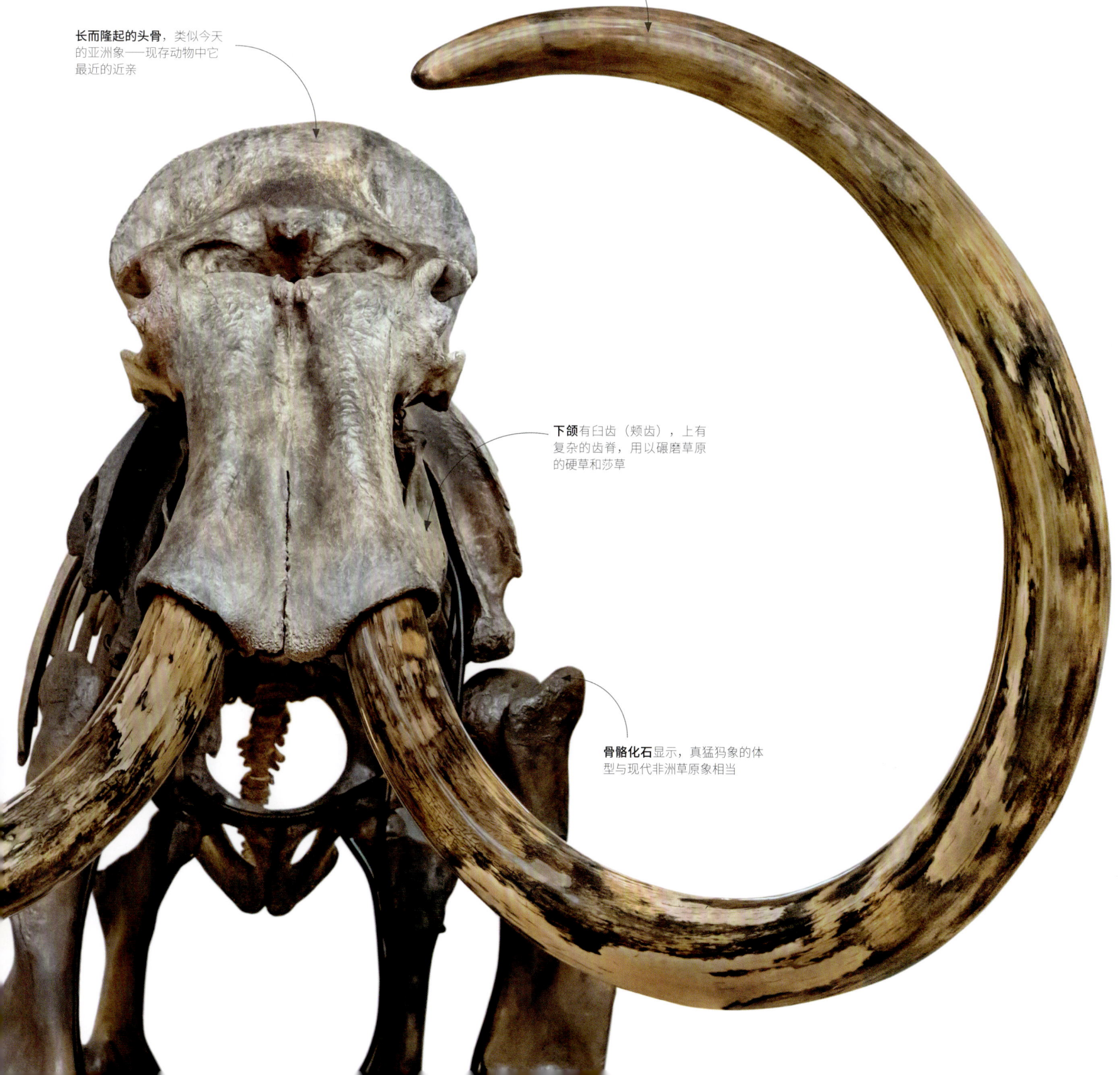

冻深

　　连续冻结至少两年的土壤或岩石，即被归为永冻土。北极圈内的大部分地下都有连续的永冻土，其上是活性土壤，夏季会解冻，浅根植物可生长于此。再往南，永冻土层会变得断断续续，称为"不连续永冻土"，树木可以生长于其上，苔原也让位于针叶林（见第298、299页）。

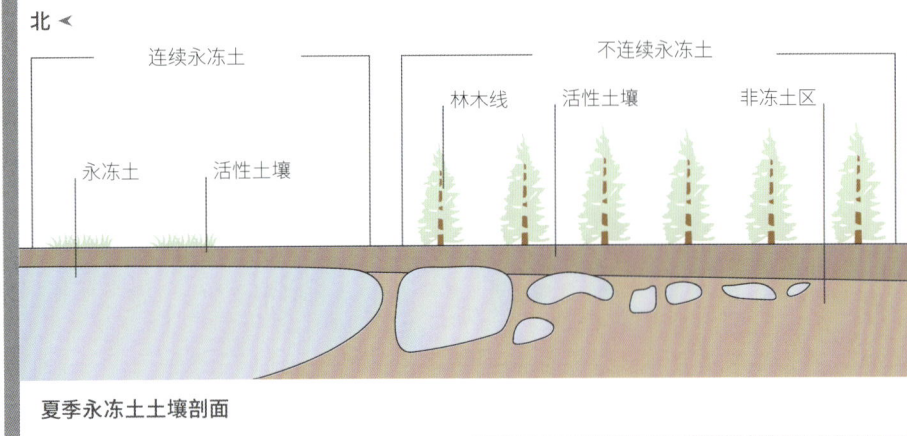

北 ◄

连续永冻土　　　　　　　　不连续永冻土

林木线　　活性土壤　　非冻土区

永冻土　　活性土壤

夏季永冻土土壤剖面

永冻土

　　有时，地球的气候如此温暖，以致两极都不冻（见第232、233页），但如今的北极和南极都被极地冰原覆盖，冰盖随季节而扩大和缩小。在北极圈周围，即使在夏季，地面一定深度以下依然冻结。冰层阻挡了植物根系向下生长，也就限制了植被向上生长。这就是北极苔原：以矮生植物（如莎草和苔藓）为主的世界，很少有木本的乔木和灌木能生存。

花形成多毛柔荑花序，
以防止被冻

"毛茸茸"的小叶子
失水较少

植株很少长到15厘米以上

冰楔多边形

　　虽然冻原降雨极少，但低温减缓了水的蒸发，因此土地会保持湿润，永冻土也阻挡了排水。地上充满水的裂缝，冻结出冰楔，然后在夏季解冻，融水汇集成巨大的多边形水塘，例如右图中阿拉斯加北部的景象。

北方灌木

　　北极柳是生活得最靠北的木本植物。它是温带柳树的近亲，却长得很矮小，而且紧贴地面。其花蕾依靠绒毛抵挡凛冽的寒风。

北方针叶林

北方针叶林又名"泰加林"，是生物圈中最新也最广阔的自然栖息地。大约在1.2万年前，随着最后一次冰期（见第294、295页）的消退，极地冰盖缩小，北美和欧亚大陆露出了更多的土地。长期埋于土壤中的永冻土（见第296、297页）融化，干燥的大草原让位于更潮湿的森林。北方针叶林环绕地球，以北是冻原，以南是阔叶林和草原。但这里靠近北极圈，太阳高度角很低，气候依然非常寒冷，生长在这里的针叶树必须能在这样的条件下生存。

北方的森林

适应寒冷的森林，如上图中芬兰的这片森林，主要由针叶且长松果的树木组成。这些针叶树包括常绿的云杉、松树，以及落叶松。这些树种足够耐寒，能生存于全年大部分时间都在零度以下的环境中。

极圈动物

横跨北美和欧亚大陆的北方针叶林提供了相似的栖息地，因此许多动物物种，如右图的驼鹿，分布于整个地区。

只有雄性才有**角**，角宽达1.2～1.5米

世界现存最大的鹿类，在潮湿的空地上以柳树和桦树为食

针叶树的适应性改变

针叶树的叶子与阔叶开花植物的叶子截然不同，形如针或缩小为鳞片状，减少了表面积，限制了水分的蒸腾，于是在地下水大量结冰的情况下针叶树也能存活。这些适应性改变也有助于针叶树生长于热带干旱地区。针叶树的树液还含有树脂，可起到防冻剂的作用，较宽大的叶子会有一层防水的蜡质涂层。

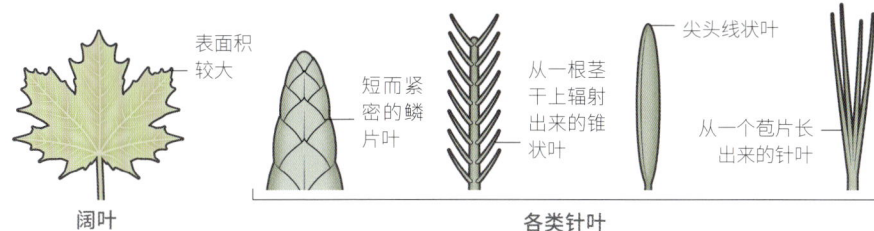

表面积较大

阔叶

短而紧密的鳞片叶

从一根茎干上辐射出来的锥状叶

尖头线状叶

从一个苞片长出来的针叶

各类针叶

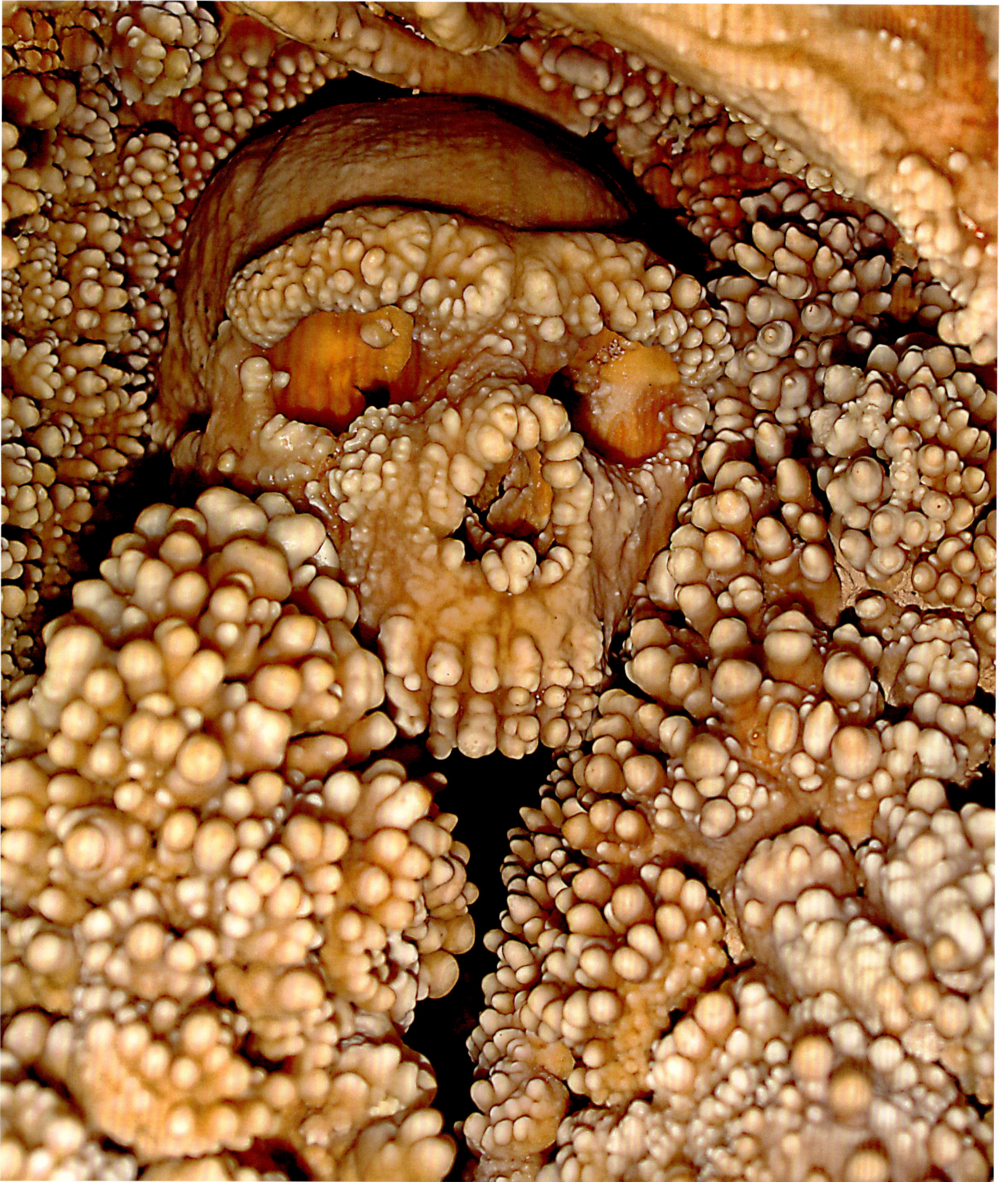

阿尔塔穆拉人

1993年发现于意大利的阿尔塔穆拉人遗骸化石（见左图）提供了丰富的尼安德特人DNA信息的来源。对尼安德特人遗骸DNA的分析表明，他们曾与现代人杂交，这一发现彻底改变了古人类学。

> **分子古生物学家面临的挑战是发现远古生命的化学痕迹。**
>
> 德里克·E.G.布里格斯，罗杰·E.萨门斯，2014年

地球科学的历史
来自化石的分子证据

羽毛残骸化石

中华龙鸟化石

保存得极好的化石，包括那些通常不会矿化的"柔软"部分的化石，长期以来一直对已灭绝生物的形态和特征提供了形状和特征方面的信息。现代分析手段则显示，这些神奇的史前生物化石可能保存了比表面所见更多的东西，如细胞细节、分子信号，甚至可能是DNA片段。

化石可能保存有蛋白质、碳水化合物、遗传物质等生物分子，这在20世纪50年代首次被认识到。20世纪70年代和80年代，生物分子分析取得进展。随着脱氧核糖核酸（DNA）测序技术的进步，人们从19世纪的斑驴遗骸中提取出了DNA，这是首个被提取的灭绝动物DNA。通过改进方法，科学家利用被保存下来但未变成化石的遗骸，确定了许多已灭绝动物的基因组成，例如人类的近亲、冰期的马，甚至百万年前的真猛犸象。21世纪初期，霸王龙软组织被找到，引发了关于化石中是否可能保存有DNA的争论。现在，各种恐龙化石中都发现了软组织残留，不过科学家仍在争论这些保存下来的组织是什么性质，以及是否可能区分原始组织和被微生物或其他遗传物质污染的组织。

进一步的研究表明，许多不同种类的生物大分子，特别是蛋白质，在形成化石的过程中可以转化为稳定的形式，从而提供生物活着时的信息。转化后的生物分子现已被用于研究一些最早生命形式之间的关系、恐龙的颜色，甚至用来鉴别始新世蚊子（5 600万—3 400万年前）腹中的血液化石。这些技术的不断进步一直在推动对古代生物分子和生命形式的研究和理解。

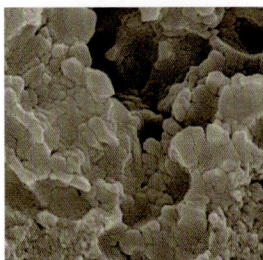

偏红黑色素体

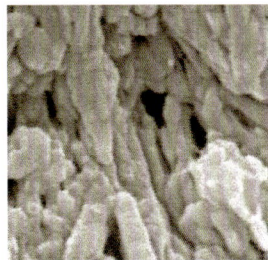

黑灰黑色素体

古代黑色素体

在电子显微镜下可以看到羽毛化石的黑色素体（见左图），即细胞内的色素微囊。红色黑色素体往往呈球形，而黑色黑色素体则呈条形。中华龙鸟的化石残骸（见左上图）表明，这种生物的羽毛有深浅条纹。

巨型动物

在过去的6 000万年中，哺乳动物成为地球上新的大型动物，从美洲的大地懒（见第293页）到澳大利亚的巨型有袋类。和之前的巨型爬行动物（见第280、281页）一样，它们越来越大的趋势可能是出于想要在体型上超越竞争对手和捕食者。在恐龙鼎盛时期之后世界一直在变冷，而大型温血哺乳动物善于保持体温。今天，巨型哺乳动物大大减少，大部分在过去的5万年里灭绝，正好与人类的迁徙相吻合，表示人类这个厉害的猎手至少要承担一部分责任。

头骨上的角柄每年产生新的角；与现代鹿一样，雄性大角鹿在每个繁殖季节结束时脱落鹿角

增厚的骨骼有助于加固头骨

强壮的颈椎支撑头骨和角

个体可长达3米，重约2吨

"皮内成骨"的**骨板**在皮肤下形成盔甲

雕齿兽

雕齿兽是已灭绝的南美洲巨型动物，是一种巨型犰狳，可长到一辆小汽车那么大，靠啃食植被生存。今天的犰狳比狗还小，主要吃昆虫。

雄性大角鹿

　　大角鹿生活于50万年前至大约1.2万年前，图中的这只大角鹿体型相当于驼鹿——现存最大的鹿类（见第299页）。雄性大角鹿以巨大的角吸引雌性，它们的角是鹿类中最大的，不管是现存的还是已灭绝的种类。宽大而扁平的鹿角很像今天的黇鹿，它们是大角鹿现存最近的近亲，但大角鹿更喜欢在开阔地上觅食，而黇鹿则栖息于林地中。

最大的角 横宽3.6米

一对角 可重达40千克

巨型动物的大小

　　最重的巨型动物都重达数吨，包括现已灭绝的猛犸象，以及尚存的长颈鹿和野牛等。它们都是食草动物，处理坚硬的植物性食物需要巨大的肠胃。不过捕食它们的食肉动物也变得巨大。巨型动物的物种数量在距今约250万年的更新世达到巅峰，这时正值末次冰期（见第294、295页）。

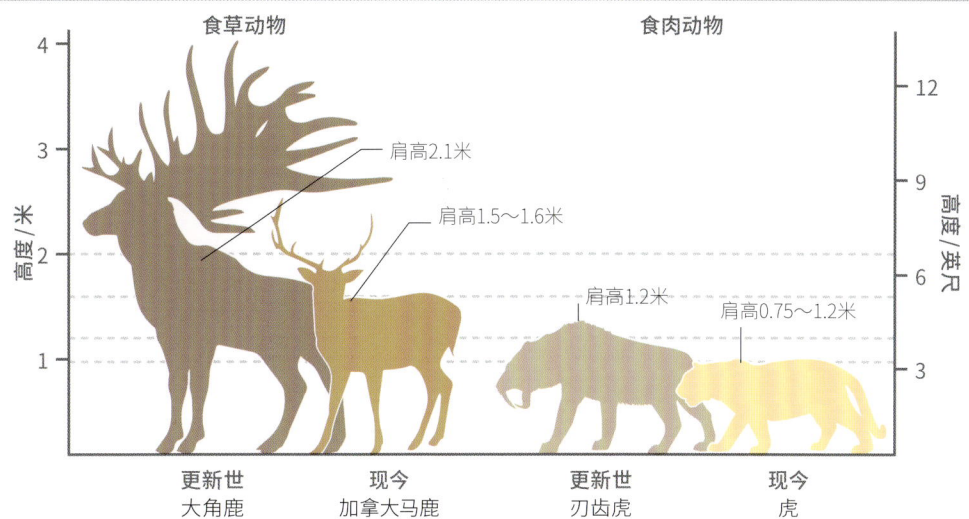

食草动物　　　　食肉动物

肩高2.1米

肩高1.5～1.6米

肩高1.2米

肩高0.75～1.2米

高度/米　　高度/英尺

更新世 大角鹿　　现今 加拿大马鹿　　更新世 刃齿虎　　现今 虎

诡异地立在威尔士西海岸卡迪根湾沿岸的海滩上，博斯的森林标志着一个逝去的时代。它绵延7千米，位于博斯镇和伊尼斯拉斯镇之间，桉树、橡树、桦树、松树的树干被埋在约有6 000年历史的泥炭层中，因而在上升的海水淹没它们时得到了保护。如今，这些树干不时会因风暴而暴露出来，风暴刮走上层的沙子，让盘旋交错的树根在退潮时裸露出来。这片史前森林越来越容易被看到，暴露得也越来越多，因为变暖的海洋产生了更频繁、更猛烈的风暴。

关注点 博斯的森林

当地人将这些树与"坎特尔·格瓦埃洛德"（低地百国）的传说联系起来，那是一个沉没的古国。传说中，一位王子因健忘或好色或醉酒而忘记关上水闸，结果海水冲进低地，淹没了这个国度。学者则另有见解，树木只是短暂暴露，这确实给研究带来了挑战，不过被说成城墙的礁石更有可能是冰碛。尽管如此，该地区显然曾有人居住，因为在一堆树桩中发现了石炉、木道、石器。

大不列颠岛沿岸也发现了类似的水漫森林。在末次冰期（约11.5万—1.17万年前，见第294、295页），大不列颠岛曾与欧洲大陆相连，冰川消退后海平面才上升，淹没了曾经肥沃的陆桥，使大不列颠岛遗世独立。

上覆的沙被冲走，**被藻类覆盖**的树木残骸暴露出来

低潮时的树桩和树根

森林地貌

2014年，一场大型风暴席卷锡尔迪金郡沿岸。海浪退去后，埋在泥炭中的古森林树桩暴露了出来。研究表明，这些树木在6 000年—4 000年前就停止了生长。残骸在水位很低时可见，如果长期暴露，可能会腐烂，不过海水也有防腐作用。

"人类世"

　　智人这一物种对生物圈的影响远远超过了其他任何一种生物。其全部化石记录还不到50万年，但对环境的影响却将持续比这长得多的时间。人类的影响如此巨大，以致科学家提出了一个新的地质年代——"人类世"，以体现人类的重要性。大约1万年前，人类已占据了世界大部分地区，以农业改变地貌，将大型动物猎杀殆尽。从那时起，新的工业和技术时代正在污染世界、改变气候，导致全球变暖。

人类的印记

　　地球上只有不到1/4的陆地面积仍是荒野，基本未被人类踏足。左图是肯尼亚内罗毕国家公园的长颈鹿，站在100平方千米的保护区之内，但这片土地三面有围栏，肯尼亚的首都内罗毕也出现在远处。

废弃塑料杯是天然贝壳的代替

塑料危机

　　虽然右边这个塑料杯成了寄居蟹的临时住所，但塑料难以分解，最终依然是土地和海洋污染危机的一部分。这种危机威胁着自然界。

人类世逐渐显现

　　和所有物种一样，人类使用资源并产生废物，但也通过农业、运输、城市化、燃烧燃料大幅改变环境。森林和其他栖息地让位于农田和城市，入侵物种被引进，技术和工业产生污染物。没有任何单一事件可以定义人类世的开始，专家对它何时起始也各执一词。

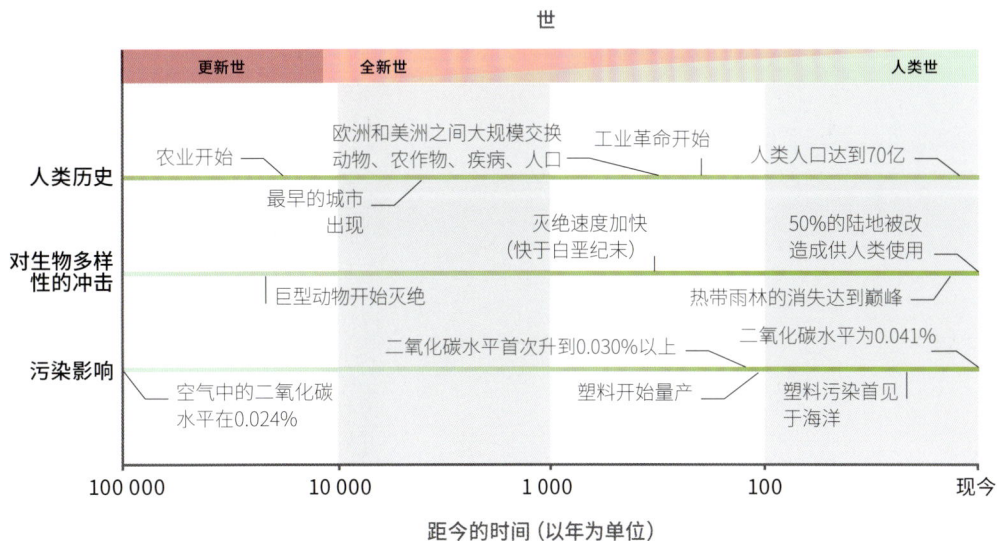

世

	更新世	全新世		人类世

人类历史
- 农业开始
- 最早的城市出现
- 欧洲和美洲之间大规模交换动物、农作物、疾病、人口
- 工业革命开始
- 人类人口达到70亿

对生物多样性的冲击
- 灭绝速度加快（快于白垩纪末）
- 50%的陆地被改造成供人类使用
- 巨型动物开始灭绝
- 热带雨林的消失达到巅峰

污染影响
- 空气中的二氧化碳水平在0.024%
- 二氧化碳水平首次升到0.030%以上
- 塑料开始量产
- 二氧化碳水平为0.041%
- 塑料污染首见于海洋

100 000	10 000	1 000	100	现今

距今的时间（以年为单位）

丹浓谷

尽管"人类世"（见第307页）对大自然来说是个噩耗，但仍有少数原始、多样的野生动物栖息地幸存下来。婆罗洲上的热带雨林正在受到威胁（1973年以来50%以上的原始森林已消失），不过位于岛东北海岸的丹浓谷保护区拥有400多平方千米的无人雨林。它是东南亚仅存的未受干扰的原始森林之一，主要生长着龙脑香科树木，这是世界上高大的开花树木之一。婆罗洲有270种龙脑香科树木，其中155种只生长于婆罗洲，丹浓谷可见到大部分。此区域有独特的植物物种，例如食虫的猪笼草、世界上最大的花——大王花、最高的热带树——极高黄娑罗。森林中栖息着极度濒危的动物，如婆罗洲猩猩、婆罗洲象、云豹。丹浓谷是超过124种哺乳动

成年猴完全长成后体重仅6千克

黑红叶猴

物和340种鸟类的保护区，它们被猎杀或生境破碎化威胁着。

在丹浓谷等指定保护区（免受狩猎和砍伐影响）进行的生物多样性研究表明，保护工作有作用，并能成功指导管理政策。因此，森林砍伐率最近有所下降，保护区也有所扩大。

丹浓谷中心

上图中，晨雾笼罩着婆罗洲沙巴丹浓谷的雨林。这里的龙脑香科树木每10年结一次独特的带翼种子，而且是大规模结籽，令数十亿种子充斥雨林。许多此地特有的动植物物种在此生存，远离森林砍伐和狩猎的威胁。

术语表

注: 字体加粗表示术语表中有此条目。

B

斑状 用于描述**火成岩**的质地，形容大的**晶体**嵌在较细腻的母岩中。

板状 **晶习**的一种，具有大而平的平行面。

宝石 用于首饰的石头或珠宝，因耐久、美丽、稀有而备受推崇。

背斜 原本平坦的地层因水平压缩而形成的拱形向上的**褶皱**。参见**向斜**。

崩解 冰块从**冰川**脱落，落入海洋或湖泊而形成冰山的过程。

笔石 已灭绝的群居**无脊椎动物**，大多为浮游生物，通常以长条群落的形式生长，附于骨架之上。

变质圈 岩浆周围因**接触变质**而改变的岩石带。

变质岩 在地下受热或受压而发生质地或矿物变化的岩石，例如大理石就是变质石灰岩。参见**火成岩**。

表面张力 形成于将表面分子向内或向侧拉的内聚力，使液体看起来好像有弹性"表皮"。

表土层 土壤的最表层，含有植物生长所需的**矿物质**和有机物。参见**底土层**。

冰川相关

冰川 从冰盖或山区缓慢下行的大冰体。在山谷壁之间流动的称为山谷冰川，流入大海的山谷冰川称为潮水冰川。

冰川擦痕 **冰川**在基岩上移动时留下的沟槽和划痕。

冰盖 穹顶状的冰体，盖住小至一座山、大至整片极地的地貌。

冰架 **冰原**或**冰川**延伸而浮在海洋上的部分。

冰盘 大片的漂浮**海冰**。

冰碛 因**冰川**作用而堆积的岩石碎屑。活跃的山谷**冰川**会在其两侧形成侧碛垄，在中间形成中碛垄，在末端形成终碛垄。冰碛通常在**冰川**融化后仍然存在。参见**冲刷**、**条痕迹**。

冰原 非常大的流动冰体，永久覆盖一部分陆地，如在南极洲或格陵兰岛。

波列 一系列波长相近、间隔规律的波。参见**折射**。

哺乳动物 一类温血**脊椎动物**，几乎都胎生，并由雌性分泌乳汁来喂养幼崽。

不整合 地质记录缺失，表明一个或多个地层已被侵蚀作用清除。参见**沉积岩**。

C

沧龙 已灭绝的白垩纪海洋爬行动物，被认为是蛇和巨蜥的近亲。

层理 **沉积岩**的分层。层理面是分隔这些层的面。

层状火山 火山喷发的**熔岩**和岩石碎片层层交叠形成。参见**火山渣锥**、**盾形火山**。

沉积物 由流水、风或冰携带的颗粒，或其形成的砾石、沙、土、泥浆等。参见**沉积岩**。

沉积岩 风、水、火山过程或大规模运动沉积下来的小颗粒被压实、胶结而形成的岩石。

冲积 指河流的沉积。冲积扇是河流从高到低后在平原上形成的。参见**沉积物**。

冲刷 冰川融水携带的沙子、砾石等沉积下来。参见**冰碛**。

臭氧 氧气的一种形式，其分子有三个氧原子，存在于高层大气（臭氧层）中，能吸收紫外线辐射。

磁层 地球（或其他行星）周围受其磁场影响的区域。

D

大潮 月亮和太阳的影响相互加强而产生最高高潮和最低低潮的潮汐。参见**小潮**。

大陆岛 位于**大陆架**上且四面环水的陆地。

大陆地壳 形成大陆的**地壳**，比**海洋地壳**密度小且更厚。

大陆架 大陆周围相对平坦而浅的海底，在地质学上被认为是该大陆的一部分。参见**大陆坡**。

大陆克拉通 **大陆地壳**中长期稳定的构造单元，构成它的岩石自前寒武纪以来基本未受造山运动影响。

大陆隆起 深海海床与**大陆坡**之间的区域。

大陆坡 从**大陆架**边缘向下延伸至**大陆隆起**的倾斜海床。

单孔目 产卵的**哺乳动物**，如现在的鸭嘴兽和针鼹（刺食蚁兽）。产卵被认为是**哺乳动物**最初的繁殖方式。参见**有袋动物**、**胎盘动物**。

单子叶植物 一类被子植物，包括禾本科、兰科、棕榈科、百合科。其特点是每粒种子只有一个子叶。

地层学 对**地壳**中地层（**沉积岩**层）排列顺序和相对位置的地质研究。

地核 地球的最内层，由液态外核和固态内核组成，均由、镍铁构成。参见**地幔**、**地壳**。

地壳 地球最外层的岩石层。大陆及其边缘由较厚但密度较低的**大陆地壳**构成，而深海之下则是较薄但密度较高的**海洋地壳**。参见**地幔**、**构造板块**。

地幔 **地壳**和**地核**之间的岩层，占地球体积的84%。

地幔焰 穿过**地幔**和**地壳**上升的炽热岩浆，在地表形成**热点**。

地下水 地表以下、岩石间隙中的水，其上限称为**地下水位**。

地下水位 地下水未受不透水岩石限制时的上表面。渗入地下的水会向下流动，直到地下水位处。

地震 地震波在**岩石圈**传播而引起的地表突然震动。

地震仪 用来记录地震波的仪器，其记录下的图形称为地震图。参见**地震**。

等深流 平行于**大陆隆起**的缓慢洋流。

底土层 表土层之下的土壤层。

跌水池 瀑布底部的洼地，由水流冲击松软的基岩形成。

动力变质 一种变质作用，地壳大规模运动过程中岩石在特定方向上受到压力而发生变化。参见**接触变质**、**区域变质**。

断层 两侧岩石相对移动的断裂处。如果断层与垂直面有一定角度，且上盘岩体（位于断层面之上）向下滑动，则称为正断层。如果上盘岩体（相对）向上滑动，则称为逆断层。两侧岩体仅水平运动则称为走滑断层。

对流 在地球大气或**地幔**等之中，由温度差引起的环流，温度较高、密度较小的空气或流体上升，从而形成环流。

对流层 大气中最低、密度最大的一层，大多数天气现象都发生于此。对流层上限称为**对流层顶**，从赤道到两极高度不同。

对流层顶 对流层和**平流层**的分界线，再往上则空气温度随高度而上升。对流层顶的高度不等，赤道处约为16千米，两极处约为8千米。

盾皮鱼 已灭绝的有颌鱼，在泥盆纪分布甚广，其皮肤由骨质装甲板保护。

盾状火山 稀薄的流体熔岩形成的缓坡火山。参见**火山渣锥**、**层状火山**。

多光谱 与电磁波谱中的两种及以上波长相关。多光谱成像可用于绘制自然和地质特征图。

多瘤齿兽 已灭绝的早期**哺乳动物**，生活于侏罗纪至古近纪，主要为啮齿动物。

E

二齿兽下目 有两颗獠牙和一个钝喙状嘴的草食性**合弓纲**动物（**哺乳动物**的祖先）。

F

反气旋 风围绕高压区旋转的天气系统。参见**气旋**、**飓风**、**热带气旋**。

泛大陆 古老的超大陆，几乎包括现今所有大陆。

非晶体 粒子排列不规律的固体材料。

分异 在早期地球或**岩浆**房等之中，重**元素**下沉而轻**元素**上浮的过程。

风化 岩石与冰、水、风、热、化学物质等接触而原地碎裂。参见**侵蚀**。

风浪区 风浪或水波所经过的开阔水域范围。

疯狗浪 突如其来、异常巨大的海浪。

浮游动物 浮游生物中的动物和类动物生物。参见**浮游生物**、**浮游植物**。

浮游生物 生活在开放水域中随水漂流的任何生物物种（植物、动物或微生物）。大多数浮游生物体型较小，但也有些（如水母）体型较大。参见**浮游植物**、**浮游动物**。

浮游生物爆发 海洋或湖泊中**浮游生物**的迅速增加，会使海水呈现蓝绿色、棕色甚至红色。

浮游植物 生活在海洋和湖泊表层水域的微小生物，多为单细胞，是大多数水生食物链的基础。参见**藻类**、**浮游生物**。

俯冲 两个**构造板块**会聚时，一个海洋**构造板块**下降到另一板块之下。根据两个会聚板块的性质，俯冲带可分为海洋—海洋型或海洋—大陆型。参见**地壳**、**会聚边界**。

腐殖质 土壤中的一种深色物质，源于死亡的动植物和微生物。

副爬行动物 传统上被称为爬行动物的多种已灭绝**羊膜动物**，包括中龙目和其他几个类群。

腹足纲 软体动物中最大的一类，包括所有的海螺、蜗牛、蛞蝓，以及帽贝和海蛞蝓。

G

冈瓦纳大陆 古老的超大陆，包括南美洲、非洲、南极洲、澳大利亚、印度。

构造板块 地球**岩石圈**被分割出的巨大刚性板块。不同板块的相对运动导致**地震**、火山活动、大陆漂移和造山运动。参见**会聚边界**、**离散边界**、**转换边界**。

主龙形下纲 属于**双孔亚纲**，包括鳄鱼、**恐龙**和鸟类。

古生代 从寒武纪开始到二叠纪结束的地质时代，即5.39亿至2.52亿年前，之后是中生代。

光合作用 植物、藻类和蓝细菌在叶绿素的作用下，利用阳光的能量将水和二氧化碳转化为有机物的过程。参见**化能合成**。

光泽 **矿物**反射光线的方式及其光亮程度。

广翅鲎目 已灭绝的水生捕食性节肢动物，又名板足鲎目，生活于奥陶纪至二叠纪。

硅酸盐 由硅原子和氧原子与各种金属原子化合而成的岩石或**矿物**。硅酸盐岩构成了地球的大部分**地壳**和**地幔**。

硅质 形容岩石含有**硅酸盐**或由硅酸盐组成。

H

海冰 海水冻结而成的冰。参见**坚冰**、**油脂状冰**、**冰盘**、**冰架**。

海底黑烟囱 一种**海底热泉，**深色是硫化物导致的，白烟囱则喷出硅石和重晶石等其他矿物。

海底扩张 **构造板块**相离而产生新海洋**地壳**的过程。参见**洋中脊**。

海底热泉 海底火山活动区的裂缝喷出富含化学物质的热水。参见**海底黑烟囱、化能合成、热液矿脉**。

海底山 通常由火山活动形成。参见**环礁**。

海底扇 **大陆隆起**底部的**沉积物**又沉积在**海床**上形成的。

海蚀柱 海岸线附近凸出海面的高大岩柱，是周围的悬崖峭壁被**侵蚀**后留下的残余。

海啸 快速移动、通常具有破坏性的海浪，由**地震**活动产生，到达浅水区时迅速升高。参见**涌潮**。

海洋地壳 世界上大部分海洋下面的**地壳**，比**大陆地壳**薄而密度大。

合弓纲 四足**脊椎动物**的主要类群，在**羊膜动物**进化早期就分化出来，并最终产生了**哺乳动物**。合弓纲是二叠纪最大的陆生生物。参见**双孔亚纲**。

河口湾 许多大河入海口的宽阔、有潮汐、漏斗状的微咸水海域。

河漫滩 河边的平原，河水泛滥时会被水覆盖。

化合物 含有两种或两种以上**元素**原子的物质。

化能合成 生物利用储存在硫化氢或甲烷等简单化学物质中的能量

来生长和繁殖的过程。化能合成不同于**光合作用，**后者的能量来自太阳。许多细菌可以进行化能合成，尤其是生活在**海底热泉**周围的细菌。

环礁 **潟湖**周围的环状珊瑚岛群，通常位于**海底山**顶部。

黄土 风吹来的沙土形成的非固结沉积层。中国北方的黄土高原就是巨大的例子之一。参见**沉积岩**。

会聚边界 会合的**构造板块**的边界。

彗星 由岩石和冰组成的天体，绕太阳运行，通常具有高度偏心的轨道。接近太阳时，冰汽化而产生大的云团，称为彗发，以及一条或多条彗尾。

喙头龙 已灭绝的**主龙形下纲**食草动物，三叠纪常见的爬行动物之一。

火成岩 由熔融**岩浆**凝固而成的岩石。参见**变质岩**。

火成岩侵入体 岩浆在地下冷却凝固后形成的**火成岩体**。参见**岩基**。

火山臼 碗状火山凹陷，比**火山口**大，直径通常大于1千米，形成于火山坍塌至空**岩浆房**。

火山口 火山将气体、岩石碎片和**熔岩**喷出的碗状凹陷。火山口壁由喷出物质堆积而成。参见**火山臼**。

火山喷气孔 火山地区的地面小开口，排出蒸汽和热气。

火山烟羽 火山爆发时释放出的火山灰渣和气体形成的柱状体。

火山渣锥 由落下的火山渣和火山灰形成，高度相对较低。

J

极光 南北极地区夜空中的光，由太阳发出的带电粒子与地球磁场相互作用形成。

脊椎动物 有脊椎的动物，包括鱼类、两栖动物和**羊膜动物**（包括爬行动物、鸟类和**哺乳动物**）。参见**无脊椎动物**。

棘皮动物 海洋**无脊椎动物**，包括海星、海胆、海参及其近亲。具有管足，用于进食和移动。

坚冰 冻结于海岸的连续**海冰**，或陆地冰在陆地侧边缘的部分。

间歇泉 每隔一段时间从地下喷出沸水和蒸汽，由炙热的岩石加热周围**地下水**形成。

降水 从大气到达地表的水，包括雨、雪、冰雹、露。

交错层理 **沉积岩**中与主层理面成一定角度的分层。参见**层理**。

角砾岩 一种**沉积岩**，由角状**碎屑**岩组成，由**矿物**胶结。参见**砾岩**。

接触变质 岩石因与炽热**岩浆**接触而发生变化的过程。参见**动力变质、区域变质**。

节肢动物 节肢动物门中的一员，包括螨虫、蜘蛛、蝎子及其近亲。

结核状 形容岩石中有圆形块状的矿物或其他材料，例如白垩中的结核状燧石。

解理 某些**矿物**沿其原子结构所决定的优势平面（称为解理面）断裂。

演化支 由某一祖先的所有后代组成的物种群。

晶洞 岩石中的空腔，内有**晶体**。

晶体 原子或分子以规则的几何模式排列的固体，相对于玻璃等无序固体。晶体生长有七种基本模式，称为晶系。参见**晶洞、晶习**。

晶习 **晶体**（或晶簇）的常见外形，包括单个晶体的形状和晶面。

菊石 已灭绝的头足类**软体动物**，是鱿鱼的近亲，常见大螺旋外壳化石。大约灭绝于6 600万年前，大类被称为菊石亚纲。

飓风 巨大的环形热带风暴，风速达到或超过119km/h，也被称为**热带气旋**，在东亚被称为**台风**。其能量来自温暖海洋蒸发水的潜热，在凝结成水时放出。

均变论 认为当今地球上的运行规律及过程与久远过去一致的理论。

均衡隆起 陆地在**冰盖**的巨大重量被移走后回弹隆起。

K

喀斯特地貌 地下水流过可溶性岩石（尤其石灰岩）而形成的特别景观。喀斯特海岸形成于石灰岩被海水侵蚀并淹没。

开花植物 又称被子植物，包括许多乔木树种，区别于**针叶树、蕨类、苔藓**等。

科里奥利效应 地球自转导致南北向的风和洋流偏转, 北半球向右偏转, 南半球向左偏转。

克拉 用来描述黄金合金中的黄金比例, 24K (克拉) 金为纯金。也是重量单位, 相当于0.2克, 用于表示钻石和宝石的重量。

坑洼 水流携带的卵石和**沉积物**在河床上造成的坑洞。

恐龙 **主龙形下纲羊膜动物**的一个主要类群, 具有直立步态, 四肢在身体下方。白垩纪末期灭绝, 鸟类是其后代。

矿石 可以商业开采提炼金属的岩石。

矿物 任何天然存在的固体无机物, 具有特征**晶体**结构和明确的化学成分。大多数岩石是多种矿物的混合物。

L

蓝细菌 种类繁多的微小**光合**细菌, 以前称为**蓝绿藻**。与其他细菌一样, 其细胞没有细胞核。

劳亚古大陆 古代超大陆, 包括北美洲、欧洲和印度之外的亚洲大部分地区。

雷击石 闪电击中地面而形成的天然管状玻璃质**矿物**。

离散边界 两个构造板块相互远离的边界。

离子 失去或获得一个或多个电子而带电的原子或原子团。大多数矿物分子都包含**阳离子** (带正电的离子) 和**阴离子** (带负电的离子)。

砾岩 一种**沉积岩**, 由粗粒圆形碎屑组成, 并由**矿物**胶结在一起。参见**角砾岩**。

裂谷 与周围相比垂直下沉的大块陆地, 形成于地壳的水平延伸和正断层。参见**断层**。

灵长目 一类哺乳动物, 包括猴、猿、人, 其典型特征包括双手能抓握、眼睛朝前。

流星 来自太空的小块岩石, 穿过地球大气时完全气化, 并在过程中发光。

流星体 未进入地球大气的潜在**流星**或**陨石**。

隆升海滩 高出高潮水位的海滩, 形成于海平面的变化或陆地的隆起。

陆缘海 濒临大陆的、部分封闭的海域。

落水洞 **喀斯特地貌**的地表凹陷, 通常通向地下洞穴系统。

M

毛细波 流体边界上的波, 由流体的**表面张力**而非重力主导。

莫氏硬度 矿物硬度 (抗划伤能力) 的度量, 等级从1到10。

母岩 相对细颗粒的岩石, 在异质**沉积岩**中, 其他大颗粒嵌于母岩之中, 在火山岩中, 较大**晶体**嵌于母岩之中。参见**斑状**。

木贼属 一类孢子植物, 地上茎呈节状, 轮状分枝生有细小鳞状叶。某些已灭绝的种类大如乔木。

N

南方古猿 生活在距今440万—120万年前的直立类人猿。

内温动物 通过体内新陈代谢过程调节体温的温血动物。

鸟臀目 两大**恐龙**亚群之一 (另一亚群为蜥臀目), 包括鸟脚亚目、剑龙亚目、甲龙亚目、角龙亚目。

P

喷出岩 **熔岩**流到地表或被火山喷出而形成的岩石。

平流层 地球大气的一层, 从8～16千米高度的**对流层**顶部至约50千米高度。参见**中间层**。

Q

气候变化 全球或局部地区天气模式和平均气温的长期改变。

气旋 空气围绕低气压区域旋转的气压系统。参见**反气旋**、**飓风**、**热带气旋**。

侵入岩 在地表以下凝固的**火成岩**, 冷却速度较慢, 足以形成较大的**晶体**。

侵蚀 岩石或土壤松动、磨损、从地表被带走的过程。风、流水、冰及其携带的岩石颗粒是侵蚀的主要因素。

区域变质 大范围内 (如山脉中), 岩石因变质作用而发生变化。

犬齿兽亚目 二叠纪晚期出现的高级**合弓纲**动物。**哺乳动物**是其后代。

R

热层 地球大气的一层, 在**中间层**之上, 高度为80～640千米。

热带气旋 热带和亚热带地区的大规模环状天气系统, 由温暖海水驱动, 产生狂风暴雨, 也称为**飓风**或台风。参见**气旋**。

热点 长期火山活动区域, 被认为源于**地幔**深处。经过热点的**构造板块**会出现线状火山链, 火山距离热点越远则越老。参见**地幔焰**。

热盐环流 全球深海洋流环流, 由不同水体之间的温度和**盐度**差异驱动。参见**科里奥利效应**。

热液矿脉 薄而呈片状的矿脉, 由**地壳**中含有矿物的热水形成。

熔岩 流到地表的**岩浆**。

肉鳍鱼 大部分已灭绝的一类鱼, 成对的前后鳍有肉质基部, 最早见于志留纪, 包括今天的肺鱼和腔棘鱼。

软骨鱼类 骨骼由软骨而非硬骨构成的鱼类, 包括鲨鱼和鳐鱼。

软流层 紧接在坚硬**岩石圈**之下的**地幔**层, 足够软化, 可在固态下缓慢流动, 在**构造板块**运动中起着关键作用。

软体动物 无脊椎动物, 包括腹足纲、双壳纲和头足纲 (如章鱼和鱿鱼)。参见**菊石**、**鹦鹉螺亚纲**。

S

三角洲 河流入海、入湖或进入另一条河流时形成的缓坡泥沙沉积区，其形状取决于河流携带的**沉积物**、**水流**、**潮汐**。参见**河口湾**、**海底扇**。

三叶虫 于二叠纪末期灭绝的海洋节肢动物，种类繁多。

上升流 深海海水上升到海面。造成这种现象的原因可以是与海岸线平行的风，也可以是**海底山**等水下障碍物阻断了深海洋流。上升的海水通常会为海洋表层带来丰富的营养物质。参见**下降流**。

深海平原 深海海底几乎平坦的平原，位于大陆边缘之外。深海区指水深4 000～6 000米的区域。

生态系统 一个地区的全部生物和非生物特征，以及它们之间的相互作用。

生物矿化 生物产生矿物的过程。

石灰质 含有碳酸钙或由碳酸钙组成。

石笋 从溶洞地面生长起来的碳酸钙沉积。

兽脚亚目 两足类**恐龙**的主要类群，包括霸王龙等顶级捕食者，以及许多较小的种类，如伶盗龙和现代鸟类的祖先。

双壳纲 牡蛎或蛤蜊等水生**软体动物**，有两片覆盖全身的铰接壳。

双孔亚纲 **羊膜动物**的主要分类，名称来自头骨两侧各有两个孔。传统上被视为爬行动物，包括**主龙形下纲**（包括**恐龙**、鸟类和鳄鱼）和鳞龙超目（包括蜥蜴和蛇）。参见**合弓纲**。

霜冻作用 岩石裂缝中的水反复冻结解冻造成的**风化**。

苏铁 非开花植物的种子植物，表面上与棕榈相似，但种子和花粉产生于锥体。参见**开花植物**。

碎浪 浪击打岩石或海岸时的浪尖。参见**涌**。

碎屑 **矿物**或岩石的碎块，尤指结合形成**沉积岩**时。

T

胎盘动物 除有袋动物和单孔目以外的所有**哺乳动物**，胎儿在母体子宫内成长到相对完善的阶段，由胎盘提供营养。

台风 发生在西太平洋或印度洋的**热带气旋**。

太阳风 太阳上层大气射出的等离子体带电粒子流。

同位素 同一种化学**元素**的多种形态之一，原子核中质子数相同，但中子数不同。

推移 粗大的**沉积物**被水流或风推着移动的过程。

W

外温动物 指冷血动物，通过外部热源（如阳光）调节体温的动物。

腕足动物门 海洋**无脊椎动物**的一个主要类群，其外壳由两部分组成，表面上看起来与**双壳纲软体动物**相似，但二者无亲缘关系。**古生代**和中生代有数量丰富、种类繁多的腕足动物。

微行星 存在于早期太阳系的岩质天体，有数百万个，大小不一，后来聚集成行星。

温跃层 海洋中特定深度、平均温度随深度迅速变化的层。湖泊、大气中也有温跃层。

无脊椎动物 没有脊椎的动物，如昆虫、蜗牛、蠕虫。参见**脊椎动物**。

物种多样化 进化过程中物种种类的不断增加，通常是为了填补生态位。

X

蜥脚下目 巨大的食草**恐龙**，包括梁龙和腕龙，长颈长尾，是曾存在过的最大的陆地动物。

峡湾 原是海岸边的冰川峡谷，后变成海湾。

下降流 海水从海洋表面下沉。某些地区的大规模下降流引起了**热盐环流**。参见**上升流**。

显晶质 **晶体**大到肉眼可见。参见**隐晶质**。

向斜 原本平坦的地层因水平压缩而产生的下凹**褶皱**。参见**背斜**。

小潮 潮差最小的潮汐。参见**大潮**、**涌潮**。

小行星 绕太阳运行的数以千计的岩质天体，直径从几米到1 000千米不等。

潟湖 被围起的、几乎与开放大洋隔绝的海域。

玄武岩 地球上最常见的火山岩，通常以凝固的**熔岩**形式出现，呈玻璃状至细粒状（由非常小的**晶体**组成）。

悬谷 大山谷一侧高处的山谷，通常由**冰川**凿成。

Y

鸭嘴龙 生活在白垩纪晚期的鸭嘴食草**恐龙**。

岩床 大致水平的片状**火成岩侵入体**，通常形成于**火成岩**挤入**沉积岩**层之间时。

岩基 地下深处的**岩浆**侵入而形成的巨大且形状不规则的**火成岩**，直径在100千米以上。 参见**岩体**。

岩浆 **地幔**和**地壳**中的液态熔融岩石，冷却后形成**火成岩**。可在地表之下结晶或以**熔岩**的形式喷出。

岩脉 穿过已有岩石结构的页状**火成岩**侵入体。

岩漠 沙漠中形成的石质表层，许多沙漠中都有。

岩石圈 地球的地层，包括**地壳**和上**地幔**。

岩体 地表之下由**岩浆**凝固形成的较小块**火成岩**。参见**岩基**。

盐 酸与碱反应生成的**化合物**。也是氯化钠的俗称。

盐场 有析出盐的洼地，通常位于沙漠中。

盐度 水或土壤中溶解盐的浓度。

盐湖 蒸发导致含盐量很高的内陆水体。

羊膜动物 胚胎受膜保护的**脊椎动物**，有时膜外还有壳。爬行动物、鸟类和**哺乳动物**都属于羊膜动物。

阳离子 带正电的离子。参见**阴离子**、**离子**。

洋中脊 海床上的海底山脉，是新的海洋**地壳**形成的地方。

叶理 某些变形的**变质岩**中，**矿物**的平行带状排列。

翼龙目 与**恐龙**有亲缘关系的会飞的**双孔亚纲**动物，前肢上有皮肤形成的翼。起源于三叠纪，在白垩纪末期灭绝。

阴离子 带负电的离子。参见**阳离子**、**离子**。

银杏 原产于中国的种子树木，叶片扇形。

隐晶质 **晶体**非常微小，借助显微镜才能看到。参见**显晶质**。

鹦鹉螺亚纲 头足类**软体动物**，与**菊石**有亲缘关系。其螺旋外壳内有充满气体的腔室，可减轻身体在水中的重量。

营养物质 生物体生长所必需的化学物质，特别是氮、磷、铁等**元素**的盐类。

硬度 指**矿物**抗划痕及磨损的程度。参见**莫氏硬度**。

涌 天气系统在长距离上形成的一系列规则波浪。

涌潮 涨潮进入**河口湾**等逐渐变窄的水道时产生大浪。

油脂状冰 海冰形成的第一阶段。冰的**晶体**在海水中形成，呈油脂状。

有袋动物 一种**哺乳动物**，如考拉或袋鼠，其后代出生时发育相对不完全，通常在母体的育儿袋中继续成长。参见**胎盘动物**。

幼体 动物的幼年阶段，其结构与成年后截然不同。

余震 较大**地震**后的较小地震。

雨影区 山脉下风处降雨量较低的区域，形成于空气在越过山脉时脱水。

元素 无法分解成更简单物质的物质。

原生动物 类似动物的单细胞生物，主要为显微级别，几乎见于所有类型的栖息地，可自主生存也可寄生。有几千种，分为许多不同的亚群，并非都有密切的亲缘关系。参见**浮游动物**。

云凝结核 空气中的微小颗粒，在其周围可形成雨滴或雪花晶体。参见**降水**。

陨石 从太空坠落到地表、未完全烧尽的岩石。

Z

再结晶 在变质作用过程中，较小的**晶体**在极高压力下转变为较大的**晶体**。

藻类 任何能进行**光合作用**但不是真正植物的生物，包括海草和许多显微级物种。**蓝细菌**现通常不归入藻类。

增生 大陆板块在俯冲带增加物质的过程。

黏度 流体的流动阻力，黏度越高流动越难。

长石 **火成岩**中常见的一种**硅酸盐**矿物。

折射 波（包括光波）从一种介质进入另一种介质时改变方向。水波到达浅水区时会改变方向。

褶皱 原本平坦的岩层在压缩作用下弯曲而产生的地质结构。可向上凸起，形成**背斜**；也可向下凹陷，形成**向斜**。如果褶皱的一翼比另一翼移动幅度更大并延伸至其上，即为倒转褶皱。

针叶树 结锥体的树。几乎所有针叶树，如松树和杉树，都是常绿植物。只有某些，如落叶松，在冬季会落叶。

枕状熔岩 水下喷出的**熔岩**形成的枕状石块。

震中 **震源**在地表的投影点。参见**地震**。

中间层 地球大气中介于**平流层**和**热层**之间的层，高度为$50\sim80$千米。

钟乳石 从溶洞顶部垂下的碳酸钙沉积。

种子蕨 已灭绝的几类种子植物，叶子类似蕨类，但与蕨类没有亲缘关系。

转换边界 水平滑动而错开的**构造板块**之间的边界。

浊流 含有大量**沉积物**的高密度水流，可出现在湖泊中或从大陆边缘流向海底。

自然元素 在自然界中以单质状态存在的化学**元素**。

索引

致谢

注: 本部分中的页码为原始书页码, 减10后为中文版页码, 减10后为负数的是文前页。

DK 向以下人士致谢:

英国绍斯沃尔德My Lost Gems (mylostgems. com) 的Lee Skoulding, 感谢帮助拍摄;

Ina Stradins, 感谢对设计的贡献;

Gary Ombler , 感谢拍照;

Steve Crozier, 感谢修图;

Peter Bull, 感谢为第224页水循环所画的图;

ETH Zurich, 感谢提供山峦模型的新图片;

Maya Myers, 感谢核对事实;

Aarushi Dhawan, Kanika Kalra, Arshti Narang, Pooja Pipil, 感谢协助设计;

Vijay Kandwal, Nityanand Kumar, Mohd Rizwan, 感谢对高分辨率的协助;

Mrinmoy Mazumdar, 感谢对桌面出版的协助;

Ahmad Bilal Khan, Vagisha Pushp, 感谢协助寻找图片;

Rakesh Kumar, 感谢书衣的桌面出版设计;

Tom Booth, 感谢整理术语表;

Richard Gilbert, 感谢审稿;

Helen Peters, 感谢整理索引

Alamy Stock Photo: Siim Sepp (tr). 88-89 Getty Images: Pete Rowbottom / Moment. 89 Alamy Stock Photo: J M Barres / agefotostock (tc). 90 Alamy Stock Photo: Siim Sepp (cra). 90-91 Getty Images: Dean Fikar / Moment. 92-93 Getty Images: MelindaChan / Moment. 93 Science Photo Library: Sinclair Stammers (br). 94-95 Getty Images / iStock: Meinzahn. 95 Getty Images / iStock: Pears2295 (crb). 96-97 Alamy Stock Photo: michal812. 97 Alamy Stock Photo: kristianbell / RooM the Agency (br). 98 Getty Images: Sherry H. Bowen Photography / Moment (tl). 98-99 Alamy Stock Photo: Dennis Hardley. 100-101 Getty Images: Sergey Pesterev / Moment. 101 Alamy Stock Photo: Guy Edwardes Photography (br). 102-103 Paddy Scott. 104-105 Alamy Stock Photo: Quagga Media. 106-107 Alamy Stock Photo: J M Barres / agefotostock. 107 Alamy Stock Photo: Kitchin and Hurst / All Canada Photos (cl). 108 Alamy Stock Photo: NASA / agefotostock. 109 NASA. 110-111 Getty Images: Posnov / Moment. 111 Alamy Stock Photo: van der Meer Marica / Arterra Picture Library (tr). 112 Alamy Stock Photo: Susan E. Degginger (bl). 112-113 Getty Images: DEA / Pubbli Aer Foto / De Agostini Editorial. 114 Alamy Stock Photo: Hitendra Sinkar. 116 Shutterstock.com: Joanna Rigby-Jones (tr). 116-117 Getty Images: by wildestanimal / Moment. 118-119 Science Photo Library: Bernhard Edmaier. 119 Alamy Stock Photo: Matthijs Wetterauw (br). 120-121 Roberto Zanette. 122-123 Department of Earth Sciences, ETH Zrich. 123 Science Photo Library: Eth-Bibliothek Zrich (tr). 124-125 EyeEm Mobile GmbH: Salvatore Paesano. 125 Getty

Images: iGoal.Land.Of. Dreams / Moment (crb). 126-127 NASA: Earth Observatory images by Robert Simmon and Jesse Allen, using Landsat data from the USGS Earth Explorer.. 126 Dreamstime.com: Chris Curtis (bl). 128-129 Shutterstock.com: Jiji Press / Epa-Efe. 131 Science Photo Library: NASA (cl). 132-133 Anchorage Daily News: Marc Lester. 132 ESA: Copernicus data (2014) / ESA / PPO.labs / Norut / COMET-SEOM Insarap study (bl). 134-135 Getty Images / iStock: RiverNorthPhotography / E+. 135 Dreamstime.com: Sarit Richerson (cla). 136-137 Getty Images: Wild Horizon / Universal Images Group Editorial. 137 Alamy Stock Photo: Brad Mitchell (clb). 138-139 James Rushforth. 139 Getty Images: Ignacio Palacios / Stone (cla). 140-141 Getty Images: Daiva Baa / EyeEm. 141 Getty Images: Sebastin Crespo Photography / Moment (cra). 142-143 NASA: NASA Earth Observatory images by Lauren Dauphin, using Landsat data from the U.S. Geological Survey. 144-145 Getty Images: Tobias Titz / fStop. 146 SuperStock: Colin Monteath / age fotostock (tl). 146-147 Getty Images: Arctic-Images / Stone. 148-149 Getty Images: Monica Bertolazzi / Moment. 149 Alamy Stock Photo: Art Publishers / Africa Media Online (tr). 150-151 Getty Images: Agnes Vigmann / 500px. 151 Science Photo Library: NASA (tr). 152-153 Alamy Stock Photo: Dennis Frates. 153 Alamy Stock Photo: blickwinkel / McPHOTO / TRU (tr). 154-155 Alamy Stock Photo: Christopher Drabble. 154 Getty Images: Walter Bibikow / DigitalVision (tr). 156-157 Alamy Stock Photo: B.A.E. Inc.. 157 Science Photo

Library: Dr Morley Read (cr). 158 Getty Images: Maxim Blinov / 500px Prime (tl). 158-159 Getty Images: Daniel Bosma / Moment. 160-161 Shutterstock.com: travelwild. 161 Alamy Stock Photo: Daniel Korzeniewski (tr). 162 Getty Images: Martin Harvey / The Image Bank (cl). 162-163 NASA: Jesse Allen and Robert Simmon / United States Geological Survey / Landsat 7 / ETM+. 164-165 ESA: Copernicus Sentinel (2021). 165 Getty Images: Posnov / Moment (tr). 166-167 Shutterstock.com: bengharbia. 168 Getty Images: Amrish Aroonda Manikoth / EyeEm (cl). 168-169 Getty Images: Westend61. 170-171 Getty Images: Bernhard Klar / EyeEm. 172-173 Getty Images: Ignacio Palacios / Stone. 172 Dreamstime.com: Bennymarty (crb). 174-175 Georg Kantioler. 175 Alamy Stock Photo: Danita Delimont Creative (tr). 176-177 Dreamstime.com: Channarong Pherngjanda. 178-179 Tom Hegen GmbH. 179 Getty Images / iStock: mantaphoto (tr). 180-181 Science Photo Library: Karsten Schneider. 182 Alamy Stock Photo: Doug Perrine / Nature Picture Library (bc); Eric Grave / Science History Images (cb); Scenics & Science (fcrb). naturepl.com: Shane Gross (br); Solvin Zankl (fbr). Science Photo Library: Wim Van Egmond (crb). 183 Science Photo Library: NASA. 184 Science Photo Library: Ryan Et Al / Geomapapp (cra). 184-185 NASA: Image courtesy Serge Andrefouet, University of South Florida.. 186 Alamy Stock Photo: Paul Brady (cla). 186-187 Getty Images: Streeter Lecka. 188-189 Josef Valenta Photography. 188 Flying Focus aerial photography: (bl). 190-191

Getty Images: Cavan Images. 190 Getty Images: Fuse / Corbis (tl). 192-193 Getty Images: Holger Leue / The Image Bank. 193 Getty Images: Paul Souders / DigitalVision (tr). 194-195 Dreamstime.com: Rabor74. 195 Science Photo Library: Planetobserver (br). 196-197 Rob Suisted / Nature's Pic Images. 196 Getty Images: Photo 12 / Universal Images Group Editorial (bc). Julian Hodgson: (tl). 198-199 Jon Anderson Wildlife Photography. 198 naturepl. com: Franco Banfi (bl). 200 Library of Congress, Washington, D.C.: Berann, Heinrich C. / Heezen, Bruce C. / Tharp, Marie. 201 Alamy Stock Photo: Granger - Historical Picture Archvie (cl). Library of Congress, Washington, D.C.: Berann, Heinrich C. / Heezen, Bruce C. / Tharp, Marie (tr). 202 Alamy Stock Photo: NOAA (tl). 202-203 Shutterstock.com: Lovkush Meena. 204 Science Photo Library: Steve Gschmeissner. 205 Science Photo Library: Eye Of Science (cla); Eye Of Science (ca); Eye Of Science (cra); Eye Of Science (clb); Eye Of Science (cb); Eye Of Science (crb). 206-207 MARUM- Center for Marine Environmental Sciences, University of Bremen: CC BY 4.0. 206 Science Photo Library: OAR / National Undersea Research Program (tl). 208-209 Dreamstime.com: Fabio Lamanna. 208 Getty Images: DigitalGlobe / ScapeWare3d / Maxar (tr). 210 Science Photo Library: Tony & Daphne Hallas (cra). 210-211 Shutterstock.com: studio23. 212-213 Getty Images: Elena Pueyo / Moment. 213 Shutterstock.com: Vladi333 (br). 214-215 G Sharad Haksar: Eye-light Pictures. 215 Alamy Stock Photo: JordiStock (crb). 216 Alamy Stock Photo: